普通高等教育数据科学与大数据技术专业教材

数据清洗

主　编　黄　源　刘智杨　孙大松

副主编　陈　勇　王曙光　刘广敏

中国水利水电出版社
www.waterpub.com.cn
·北京·

内 容 提 要

本书编写目的是向读者介绍大数据清洗的基本概念和相应的技术应用，共分 8 章：数据清洗简介、数据清洗中的理论基础、文件格式及其转换、Excel 数据清洗、Kettle 数据清洗、Kettle 与数据仓库、Python 数据清洗、数据清洗综合实训。

本书将理论与实践操作相结合，通过大量的案例帮助读者快速了解和应用数据清洗相关技术，并对重要的核心知识点加大练习比例，以达到熟练应用的目的。

本书适用于高校人工智能、大数据技术相关专业的学生，也可供大数据技术爱好者自学使用。

图书在版编目（CIP）数据

数据清洗 / 黄源，刘智杨，孙大松主编. -- 北京 ：中国水利水电出版社，2021.12
普通高等教育数据科学与大数据技术专业教材
ISBN 978-7-5226-0382-7

Ⅰ. ①数… Ⅱ. ①黄… ②刘… ③孙… Ⅲ. ①数据处理－高等学校－教材 Ⅳ. ①TP274

中国版本图书馆CIP数据核字(2021)第271508号

策划编辑：石永峰　　责任编辑：周春元　　封面设计：梁　燕

书　　名	普通高等教育数据科学与大数据技术专业教材 数据清洗 SHUJU QINGXI
作　　者	主　编　黄　源　刘智杨　孙大松 副主编　陈　勇　王曙光　刘广敏
出版发行	中国水利水电出版社 （北京市海淀区玉渊潭南路 1 号 D 座　100038） 网址：www.waterpub.com.cn E-mail：mchannel@263.net（万水） sales@waterpub.com.cn 电话：（010）68367658（营销中心）、82562819（万水）
经　　售	全国各地新华书店和相关出版物销售网点
排　　版	北京万水电子信息有限公司
印　　刷	三河市航远印刷有限公司
规　　格	210mm×285mm　16 开本　12 印张　300 千字
版　　次	2021 年 12 月第 1 版　2021 年 12 月第 1 次印刷
印　　数	0001—2000 册
定　　价	38.00 元

前　言

近年来，随着数字经济的快速发展，数据成为继土地、劳动力、资本、技术之后的第五大生产要素，在国家治理、社会发展和人民生活中的作用日益突出。而大数据是现代社会高科技发展的产物，是第四次工业革命最主要的内容之一，也是数字经济发展重要的推动力量。

当前，发展大数据已经成为国家战略，大数据在引领经济社会发展中的新引擎作用更加明显。2015年，国家印发《关于促进大数据发展的行动纲要》，第一次将大数据上升到国家战略高度，提出了我国大数据的顶层设计。此后，随着大数据底层设施逐渐成熟，大数据分析开始结合具体行业，向下游垂直行业应用延伸。

大数据必须经过清洗、分析、建模、可视化才能体现其潜在的价值。例如政府、银行和保险公司等内部存在海量的非结构化、不规则的数据，而只有将这些数据采集并清洗为结构化、规则的数据，才能提高公司决策支撑能力和政府决策服务水平，使之发挥应有的作用。

本书以理论与实践操作相结合的方式深入讲解了数据清洗的基本知识和实现的基本技术，在内容设计上既有上课时老师讲述的部分（包括详细的理论与典型的案例），又有大量的实训环节，双管齐下，极大地激发了学生的学习积极性和主动创造性，让学生在课堂上跟上老师的思维，从而学到更多的知识和技能。

本书特色如下：

（1）采用“理实一体化”教学方式：课堂上既有老师讲述的内容又有学生独立思考、上机操作的内容。

（2）丰富的教学案例：包含教学课件、习题答案等多种教学资源。

（3）紧跟时代潮流，注重技术变化：书中包含最新的大数据分析知识及一些开源库的使用。建议读者在阅读本书时使用3.7以上的Python程序版本，且需要安装MySQL和Kettle等软件。

（4）编写本书的老师都具有多年教学经验，做到重难点突出，能够激发学生的学习热情。

（5）配有微课视频：对本书中的重难点进行细致讲解，方便学生课后学习。

本书可作为大数据专业、人工智能专业、软件技术专业、云计算专业、计算机网络专业的教材，也可作为大数据爱好者的参考书。

本书建议学时为50学时，具体分布见下表。

章节	建议学时
数据清洗简介	4
数据清洗中的理论基础	6
文件格式及其转换	6
Excel 数据清洗	4
Kettle 数据清洗	8
Kettle 与数据仓库	6
Python 数据清洗	12
数据清洗综合实训	4

本书由黄源、刘智杨、孙大松任主编，陈勇、王曙光、刘广敏任副主编。其中，黄源编写第1章和第2章并负责统稿工作，刘智杨编写第3章，孙大松编写第4章，陈勇编写第5章和第6章，王曙光编写第7章，刘广敏编写第8章。

在本书编写过程中，编者得到了中国电信金融行业信息化应用重庆基地总经理助理杨琛的大力支持，同时参阅了大量相关资料，在此一并表示感谢。

由于编者水平有限，书中难免存在疏漏甚至错误之处，恳请读者批评指正，编者电子邮箱：2103069667@qq.com。

编　者

2021年10月

目　录

前言

第 1 章　数据清洗简介 1
1.1　数据清洗概述 2
1.1.1　什么是数据清洗 2
1.1.2　数据清洗的原理 2
1.1.3　数据清洗的过程 3
1.2　数据质量管理 5
1.2.1　数据质量管理的含义 5
1.2.2　数据质量的评估 6
1.2.3　数据质量管理应用 7
1.3　数据清洗模型研究 8
1.3.1　数据清洗模型描述 8
1.3.2　数据清洗模型应用 9
1.4　数据清洗常用软件与工具 9
1.4.1　数据清洗常用软件 9
1.4.2　数据清洗常用工具 11
1.5　实训 11
练习 1 13

第 2 章　数据清洗中的理论基础 14
2.1　微积分 15
2.1.1　微积分概述 15
2.1.2　微积分的作用 15
2.2　线性代数 15
2.2.1　线性代数概述 16
2.2.2　线性代数的定义 16
2.3　概率论与数理统计 21
2.3.1　概率论与数理统计概述 21
2.3.2　概率论与数理统计基本概念 21
2.4　最优化理论 26
2.4.1　最优化理论定义 26
2.4.2　凸函数 26
2.5　主成分分析 27
2.5.1　主成分分析概述 27
2.5.2　主成分分析的实现 27
2.6　数据清洗常见算法 28
2.6.1　哈希算法 29
2.6.2　字符串匹配算法 29
2.6.3　聚类算法 31
2.7　实训 33
练习 2 34

第 3 章　文件格式及其转换 35
3.1　文件格式概述 36
3.1.1　文件格式简介 36
3.1.2　Windows 中常见的文件格式介绍 36
3.2　数据类型与字符编码 37
3.2.1　数据类型 37
3.2.2　字符编码 37
3.3　跨平台数据传输格式 38
3.3.1　XML 38
3.3.2　JSON 39
3.4　Kettle 中文件格式的运行与转换 40
3.4.1　文本文件的转换 41
3.4.2　XML 文件的转换 43
3.4.3　JSON 文件的转换 46
3.4.4　CSV 文件的转换 48
3.5　实训 50
练习 3 56

第 4 章　Excel 数据清洗 57
4.1　认识 Excel 58
4.1.1　Excel 介绍 58
4.1.2　Excel 数据清洗的特点 58
4.2　Excel 数据清洗基本操作 58
4.2.1　Excel 数据工具的认识 58
4.2.2　Excel 数据工具的应用 59
4.3　使用 Excel 中的函数进行数据清洗 65
4.3.1　Excel 中的函数介绍 65
4.3.2　Excel 函数的具体应用 66
4.4　实训 70

练习 4 71

第 5 章 Kettle 数据清洗 72

5.1 Kettle 数据清洗概述 73

5.1.1 Kettle 数据清洗简介 73

5.1.2 Kettle 数据清洗的认识 73

5.2 Kettle 数据清洗基础 74

5.2.1 Kettle 数据清洗基本操作 75

5.2.2 Kettle 数据清洗的实现 75

5.3 实训 94

练习 5 105

第 6 章 Kettle 与数据仓库 106

6.1 数据仓库概述 107

6.1.1 什么是数据仓库 107

6.1.2 数据仓库的特点 107

6.2 Kettle 中的数据仓库相关技术 107

6.2.1 Kettle 连接数据库 107

6.2.2 Kettle 成功连接数据库的其他操作 109

6.3 Kettle 在数据仓库中的应用 111

6.3.1 Kettle 读取数据库 111

6.3.2 Kettle 迁移数据库 115

6.4 实训 117

练习 6 119

第 7 章 Python 数据清洗 120

7.1 Python 数据清洗概述 121

7.1.1 Python 数据清洗简介 121

7.1.2 Python 扩展库的安装与导入 121

7.2 Python 数据清洗基础 122

7.2.1 NumPy 库的使用 122

7.2.2 Pandas 库的使用 128

7.3 机器学习中的数据清洗 149

7.3.1 Seaborn 库 149

7.3.2 对机器学习中的数据集进行分析清洗 152

7.4 Python 中的时间序列 154

7.4.1 时间序列基础 datetime 154

7.4.2 Pandas 中的日期与时间工具 156

7.5 实训 157

练习 7 165

第 8 章 数据清洗综合实训 166

8.1 Kettle 输入记录排序 167

8.2 Kettle 数据流优先级排序 171

8.3 Kettle 生成记录排序 175

8.4 使用 Python 清洗数据 178

8.5 Python 读取 CSV 文档 180

参考文献 186

第 1 章　数据清洗简介

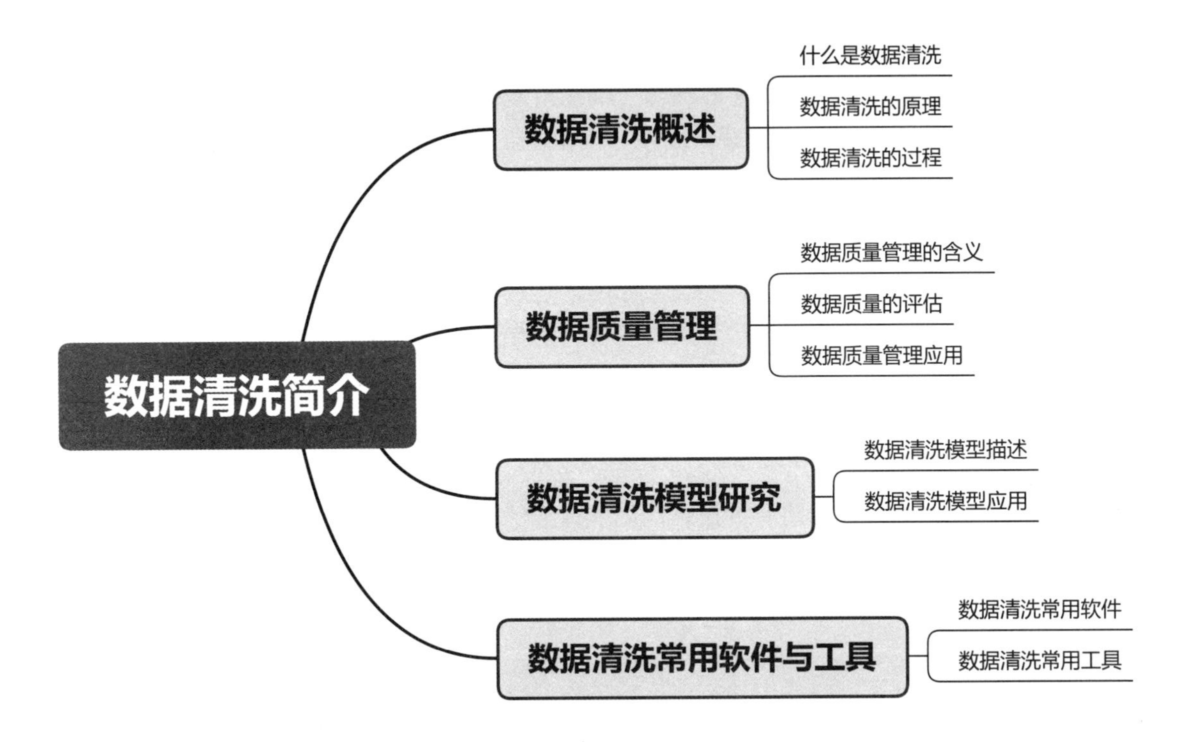

本章导读

数据清洗在大数据技术中有着重要的应用，据统计，在大数据项目的实际开发工作中，数据清洗通常占开发过程总时间的 50% ～ 70%。

本章要点

- 数据清洗概述
- 数据质量管理
- 数据清洗模型研究
- 数据清洗常用软件与工具

数据清洗概述

1.1 数据清洗概述

数据清洗是一项复杂且烦琐的工作，也是整个数据分析过程中最为重要的环节。

1.1.1 什么是数据清洗

在大数据时代，数据清洗通常是指把"脏数据"彻底洗掉。所谓"脏数据"是指不完整、不规范、不准确的数据，只有通过数据清洗才能从根本上提高数据质量。数据清洗的结果是对各种复杂的数据进行对应方式的处理，得到标准的、干净的、连续的数据，提 供给数据统计、数据挖掘等使用。在数据清洗的定义中包含两个重要的概念：原始数据和干净数据。其中，原始数据是来自数据源的数据，一般作为数据清洗的输入数据；干净数据也称目标数据，即为符合数据仓库或上层应用逻辑规格的数据，也是数据清洗过程的结果数据。

因此，数据清洗的目的主要有两个。第一个是通过清洗让数据可用，第二个是让数据变得更适合进行后续的分析工作。据统计，在大数据项目的实际开发工作中，数据清洗通常占开发过程总时间的 50% ～ 70%。

1.1.2 数据清洗的原理

数据清洗的原理为，利用有关技术，如统计方法、数据挖掘方法、模式规则方法等将脏数据转换为满足数据质量要求的数据。按照实现方式与范围，数据清洗可分为手工清洗和自动清洗。

1. 手工清洗

手工清洗是通过人工对录入的数据进行检查。这种方法较为简单，只要投入足够的人力、物力与财力，就能发现所有错误，但效率低下。例如，可以使用手工进行对遗漏值的填补，不过这种方法比较耗时，而且对于存在许多遗漏情况的大规模数据集而言，显然可行性较差。因此，在数据量较大的情况下，手工清洗数据的操作几乎是不可能的。

2. 自动清洗

自动清洗是由机器进行相应的数据清洗。这种方法能解决某个特定的问题，但不够灵活，特别是在清洗过程需要反复进行（一般来说，数据清洗一遍就达到要求的很少）或清洗过程变化时，导致程序复杂、工作量大，而且这种方法也没有充分利用目前数据库提供的强大数据处理能力。

此外，随着数据挖掘技术的不断提升，在自动清洗中经常使用清洗算法与清洗规则来帮助完成。清洗算法与清洗规则是根据相关的业务知识，应用相应的技术，如统计学、数据挖掘的方法，分析出数据源中数据的特点，并进行相应的数据清洗。常见的清洗方式有两种：一种是发掘数据中存在的模式，然后利用这些模式清理数据；另一种是基于数据的，根据预定义的清理规则查找不匹配的记录。值得注意的是，数据清洗规则已经在工业界被广泛利用，常见的数据清洗规则包括非空检核、主键重复校核、异常值校核、非法代码清洗、非法值清洗、数据格式检核、记录数检核等。

- 非空检核：要求字段为非空的情况下，需要对该字段数据进行检核。
- 主键重复校核：多个业务系统中同类数据经过清洗后，在统一保存时，为保证主键唯一性，需要进行校核工作。

- 异常值校核：包括取值错误、格式错误、逻辑错误、数据不一致等，需要根据具体情况进行校核及修正。
- 非法代码清洗、非法值清洗：非法代码问题包括非法代码、代码与数据标准不一致等，非法值问题包括取值错误、格式错误、多余字符、乱码等，需要根据具体情况进行校核及修正。
- 数据格式检核：通过检查表中属性值的格式是否正确来衡量其准确性，如时间格式、币种格式、多余字符、乱码。
- 记录数检核：指各个系统相关数据之间的数据总数检核。

1.1.3　数据清洗的过程

数据清洗的过程主要包括 4 个步骤：移除不必要的数据、解决结构性错误问题、筛选不必要的异常值、处理缺失数据。

1. *移除不必要的数据*

数据清洗的第一步是从数据库中将不需要的数据移除，包括重复的数据和不相关的数据。重复的数据最常见，比如当我们从不同的渠道或是部门收集数据、合并数据、抓取数据时不可避免地会出现重复数据。不相关的数据，是指那些对特定问题没有任何价值的数据。比如，当我们在建一个“单身人群”模型的时候，不会将“婴儿奶粉”的相关数据放在这个数据集里面。此外，还可以从分类特征上看一下是不是还有其他的特征数据不应该包含在这张表格里面。在工程开始前，检查不相关的数据将会帮助我们节省时间和省去分析不必要的问题。

2. *解决结构性错误问题*

数据清洗涉及解决结构性错误问题。结构性错误通常发生在度量、数据迁移等时候，比如输入或是大小写不一致的错误，以及中英文输入问题。这是特征分类里面一个非常恼人的错误。在开始测试前，我们需要检查这一错误。比如品牌 Adidas，会有 Adidas、adidas、adida、阿迪达斯等多个不同的输入，但都表示同一个含义。遇到这种情况，我们需要把它们合并归为一个类别，而不是标注为 4 个不同的类别。

3. *筛选不需要的异常值*

异常值也叫离群值，通常是指采集数据时可能因为技术或物理原因，数据取值超过数据值域范围。值得注意的是，异常值是数据分布的常态，处于特定分布区域或范围之外的数据通常被定义为异常或噪声。异常值常分为两种：伪异常和真异常。伪异常是由于特定的业务运营动作产生，是正常反应业务的状态，而不是数据本身的异常；真异常不是由于特定的业务运营动作产生，而是数据本身分布异常，即离群值。

异常值会导致某些模型问题。比如，线性回归模型会显得异常值偏离，影响决策树模型的建立。通常，如果我们能找到合理移除异常值的理由，那么将会大大改善模型的表现。但这不意味着是异常值就一定要排除，例如我们不能因为一个值“特别大”而将其归为异常值，不予以考虑。大数值可能对我们的模型提供重要的信息。这里不展开阐述。总之，在移除任何异常值之前，我们必须有充分的理由。

处理离群值，首先要识别离群值。目前对于异常值的检测可以通过分析统计数据的散度情况，即数据变异指标，来对数据的总体特征有更进一步的了解。常用的数据变异指标有极差、四分位数间距、均差、标准差、变异系数等。此外，也可以使用 3σ 原则来检测

异常数据。该方法是指若数据存在正态分布，那么在 3σ 原则下，异常值为一组测定值中与平均值的偏差超过 3 倍标准差的值。如果数据服从正态分布，距离平均值 3σ 之外的值出现的概率为 $P(|x-\mu|>3\sigma)\leqslant 0.003$，属于极个别的小概率事件。图 1-1 所示为 3σ 原则。

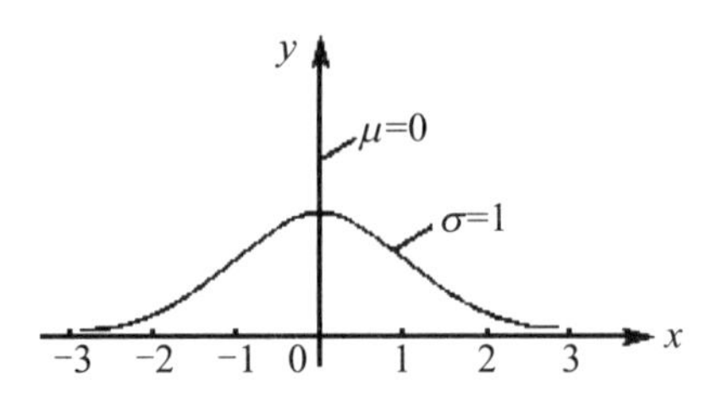

图 1-1 使用箱型图来检测异常值

此外，箱型图也提供了识别异常值的一个标准：异常值通常被定义为小于 QL -1.5IQR 或大于 QU +1.5IQR 的值。

QL 称为下四分位数，表示全部观察值中有四分之一的数据取值比它小。

QU 称为上四分位数，表示全部观察值中有四分之一的数据取值比它大。

IQR 称为四分位数间距，是上四分位数 QU 与下四分位数 QL 之差，其间包含了全部观察值的一半。

箱型图依据实际数据绘制，对数据没有任何限制性要求，如服从某种特定的分布形式，它只是真实直观地表现数据分布的本来面貌；箱型图判断异常值的标准以四分位数和四分位间距为基础，四分位数具有一定的鲁棒性：多达 25% 的数据可以变得任意远而不会严重扰动四分位数，所以异常值不能对这个标准施加影响。图 1-2 所示为使用箱型图来检测异常值。

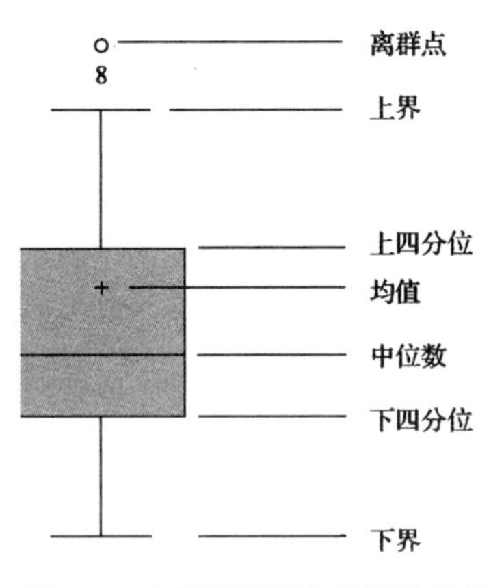

图 1-2 使用箱型图来检测异常值

4. 处理缺失数据

在数据集中，若某记录的属性值被标记为空白或“-”等，则认为该记录存在缺失值（空值），它也常指不完整的数据。

缺失数据在机器学习应用中是比较棘手的问题。首先，我们不能简单地忽略数据集中缺失的数据值，而是必须以合理的理由处理这类数据，因为大多数算法是不接受缺失数据值的。对于缺失数据清洗方法较多，如将存在遗漏信息属性值的对象（元组、记录）删除；或者将数据过滤出来，按缺失的内容分别写入不同数据库文件并要求客户或是厂商重新提交新数据，要求在规定的时间内补全，补全后才继续写入到数据仓库中；有时候也可以用一定的值去填充空值，从而使信息表完备化。填充空值通常基于统计学原理，根据初始数据集中其余对象取值的分布情况来对一个缺失值进行填充。图1-3所示为数据表中的缺失值（群友2中的绩点数据即为缺失值）。

XX学院2018年高数成绩公布				
姓名	学号	高数	绩点	时间
群友1	111	82	2.46	2018-3-1
群友2	112	60		2018-3-1
群友3	113	55	1.65	2018-3-1
群友4	114	91	2.73	2018-3-1
群友5	115	60	1.8	2018-3-1
群友6	116	54	1.62	2018-3-1

图1-3　数据表中的缺失值

处理缺失值按照以下4个步骤进行：

（1）确定缺失值范围：对每个字段都计算其缺失值比例，然后按照缺失值比例和字段重要性分别制定策略。

（2）对于一些重要性高，缺失率较低的缺失值数据，可根据经验或业务知识估计，也可通过计算进行填补。

（3）对于指标重要性高，缺失率也高的缺失值数据，需要和取数人员或业务人员了解，是否有其他渠道可以取到相关数据，必要时进行重新采集。若无法取得相关数据，则需要对缺失值进行填补。

（4）对于指标重要性低，缺失率也低的缺失值数据，可只进行简单填充或不作处理；对于指标重要性低，缺失率高的缺失值数据，可备份当前数据，然后直接删掉不需要的字段。

值得注意的是，对缺失数据进行填补后，填入的值可能不正确，数据可能会存在偏置，并不是十分可靠的。因此，在估计缺失值时，应考虑该属性的值的整体分布与频率，保持该属性的整体分布状态。

1.2　数据质量管理

数据质量管理

在大数据时代，数据资产及其价值利用能力逐渐成为构成企业核心竞争力的关键要素。然而，大数据应用必须建立在质量可靠的数据之上才有意义，建立在低质量甚至错误数据之上的应用有可能与其初心南辕北辙背道而驰。因此，数据质量正是企业应用数据的瓶颈，数据的质量决定了数据的可用性和易用性，大量不可用的垃圾数据不仅提炼不出有价值的分析结果，还占用了数据存储资源。高质量的数据可以决定数据应用的上限，而低质量的数据则必然拉低数据应用的下限。因此数据清洗的目的就是为了真正提高数据质量。

1.2.1　数据质量管理的含义

数据质量是对数据有效性和准确性进行分析的基础，通常使用过滤的方式对数据集中的“脏数据”进行清洗，进而确保基础数据集的有效性和准确性。

数据质量管理是指为了满足信息利用的需要，对信息系统的各个信息采集点进行规范，包括建立模式化的操作规程、原始信息的校验、错误信息的反馈和矫正等一系列过程。如果把整个数据应用比作人体的话，那好的数据就相当于新鲜和沸腾的血液，能让我们的身体充满活力，高效地工作思考；而质量差的血液携带废物和毒素，随着毒素越积越多，血液以及血管就会发生病变，血液流经的全身各处器官也会大受影响。

常见的数据质量管理中的规则管理如图 1-4 所示，数据质量管理与数据清洗的关系如图 1-5 所示。

图 1-4　数据质量管理中的规则管理

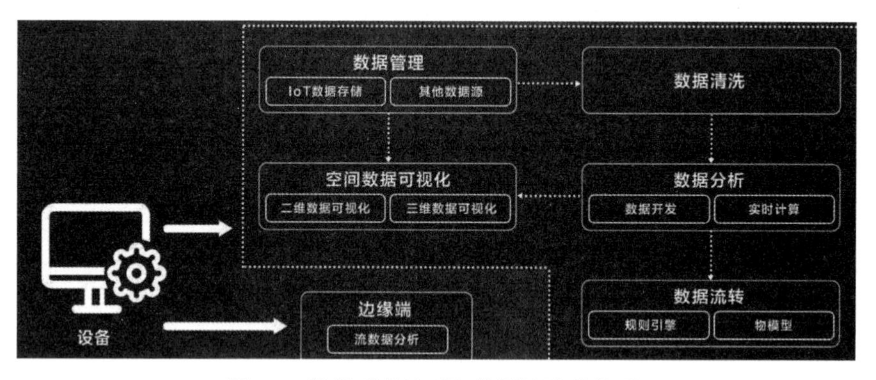

图 1-5　数据质量管理与数据清洗的关系

从图 1-5 可以看出，数据清洗在数据质量管理中起着十分重要的作用。

1.2.2　数据质量的评估

数据质量一般指数据能够真实、完整反映经营管理实际情况的程度，通常可在下述几个方面衡量和评价。

（1）准确性。准确性是指数据在系统中的值与真实值相比的符合情况，一般而言，数据应符合业务规则和统计口径。常见数据准确性问题如下：

- 与实际情况不符：数据来源存在错误，难以通过规范进行判断与约束。
- 与业务规范不符：在数据的采集、使用、管理、维护过程中，业务规范缺乏或执行不力，导致数据缺乏准确性。

（2）完整性。完整性是指数据的完备程度。常见数据完整性问题如下：

- 系统已设定字段，但在实际业务操作中并未完整采集该字段数据，导致数据缺失或不完整。
- 系统未设定字段，或存在数据需求，但未在系统中设定对应的取数字段。

（3）一致性。一致性是指系统内外部数据源之间的数据一致程度，数据是否遵循了统一的规范，数据集合是否保持了统一的格式。常见一致性问题如下：

- 缺乏系统联动：系统间应该相同的数据却不一致。
- 联动出错：在系统中缺乏必要的联动和核对。

（4）可用性。可用性一般用来衡量数据项整合和应用的可用程度。常见可用性问题如下：

- 缺乏应用功能，没有相关的数据处理、加工规则或数据模型的应用功能来获取目标数据。
- 缺乏整合共享，数据分散，不易有效整合和共享。

其他衡量标准，如有效性可考虑对数据格式、类型、标准的遵从程度，合理性可考虑数据符合逻辑约束的程度。例如对国内某企业数据质量问题进行的调研显示如下：常见数据质量问题中准确性问题占33%，完整性问题占28%，可用性问题占24%，一致性问题占8%，这在一定程度上代表了国内企业面临的数据问题。

1.2.3　数据质量管理应用

数据质量应用较多，下面以高校质量管理来讲述。

高校各类业务较多，应用系统繁杂，在系统建设过程中往往会忽视数据质量的重要性，没有采取足够的措施，导致随着系统和数据的逐步深入应用，数据质量问题一点点暴露出来，比如数据的有效性、准确性、一致性等。最坏的结果就是用户感觉系统和数据是不可信的，最终放弃使用系统，这样也就失去了建设系统的意义。因此，在高校中，数据质量是一个非常复杂的系统性问题，解决数据质量问题应该从数据质量管理制度、应用系统建设、数据质量监控三个方面开展，并且三者要有机结合形成联动，单靠某一方面的努力是不够的。图1-6所示为高校数据质量监控平台。

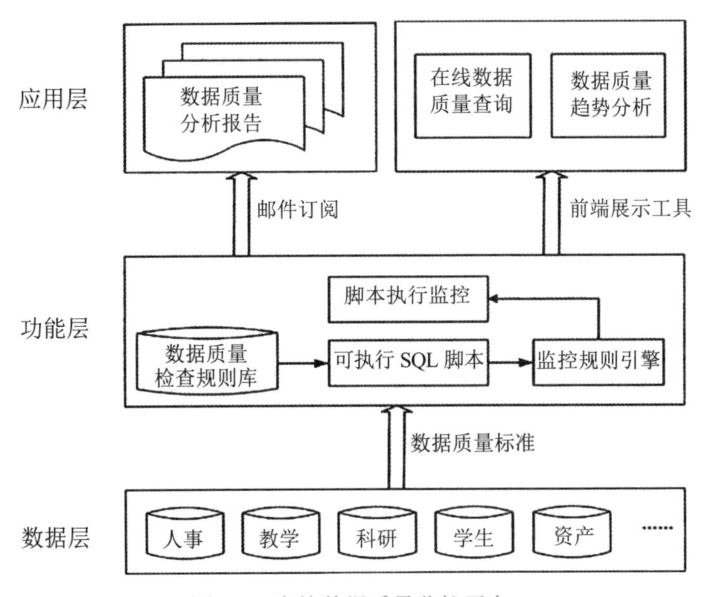

图1-6　高校数据质量监控平台

从图 1-6 可以看出，数据质量监控平台主要包括三个部分：数据层、功能层和应用层。

数据层定义了数据质量监控的对象，主要是各核心业务系统的数据，如人事系统、教学系统、科研系统、学生系统等。

功能层是数据质量监控平台的核心部分，包括数据质量检查规则的定义、数据质量检查规则脚本、监控规则引擎、数据质量检查规则执行情况监控等。

在应用层中，数据质量检查结果可以通过两种方式访问：一种是通过邮件订阅方式将数据质量检查结果发给相关人员，另一种是利用前端展示工具（如 MicroStrategy、Cognos、Tableau 等）开发数据质量在线分析报表、仪表盘、分析报告等。前端展示报表不仅能够查看汇总数据，而且能够通过钻取功能查看明细数据以便业务人员能够准确定位到业务系统的错误数据。

在该平台中，数据质量检查规则库是监控平台的核心，用来存放用户根据数据质量标准定义的数据质量检查规则脚本，供监控引擎读取并执行，同时将检查产生的结果存放到监控结果表中。

1.3 数据清洗模型研究

数据清洗方面的研究最早出现在美国，时至今日，已经涌现出不胜枚举的模型。随着时代的变迁，错误数据的形式变幻多样，数据量的增长也对数据清洗算法的设计提出新的要求，许多传统的数据清洗算法已无法满足大数据时代的需求，因此如何准确高效地清洗脏数据始终是值得研究的课题。

1.3.1 数据清洗模型描述

数据清洗是识别和消除数据中数据噪声的过程。数据清洗的过程可以描述为：给定具有模式 R 的数据库实例 I 以及数据质量需求；数据清洗是指找到数据库实例 I'，它可以满足所有的数据质量需求，同时清洗代价最小。

目前，学术界的研究多聚焦于数据内容质量的提升，特别是缺失数据补全、数据去重和错误数据纠正，此时指导数据清洗的指标可以具体表示为以下 3 个：

（1）完整性约束。数据库中完整性一词指数据的正确性和相容性。例如，实体完整性约束规定数据表的主键不能空和重复；域完整性约束要求表中的列必须满足某种特定的数据类型约束；参照完整性约束规定了数据表主键和外键的一致性；此外还有用户定义完整性约束。这些约束大多可以反映属性或属性组之间互相依存和制约的关系，干净的数据需要满足这些约束条件。

（2）数据清洗规则。数据清洗规则可以指明数据噪声及其对应的正确值，当数据表中的属性值与规则指出的真值匹配时，该数据满足数据质量需求。有的清洗规则直接把正确值编码在规则里，例如修复规则；而有的清洗规则需要通过建立外部数据源与数据库实例之间的对应关系来获取正确的数据，例如编辑规则、修复规则、Sherlock 规则和探测规则等。

（3）用户需求。在数据清洗中，用户需求是指由用户直接指明数据库实例中的错误数据和修复措施。例如，用户先标注部分数据后，接着通过监督式学习方法（比如支持向量机和随机森林）来模拟用户行为。

1.3.2　数据清洗模型应用

Yakout 等提出的 GDR（Guided Data Repair）模型是较为经典的数据清洗模型，该模型的使用可以提高和改善数据库中的数据质量。首先，该模型检测出在条件函数依赖上存在冲突的脏数据并利用现有算法计算出脏数据可能的清洗方式，加入到更新列表中。更新列表里的数据的结构为 <t, A, v, s>。其中，v 是属性值 t[A] 一种可能的清洗方式，s 代表这条数据清洗措施的置信度。接下来，将更新列表中所有的清洗方式分组后排序，获得收益最大的组会被首先呈现给用户，由用户决定是否执行组内的数据更新。所有被用户确定的数据更新会立刻执行，GDR 也会重新检测关系表中是否出现了新的数据冲突。

该系统的执行流程如图 1-7 所示。用户首先检测数据噪声并提供关系表上的数据修复关系。给定修复关系后，FALCON 生成一组数据更新策略，它可以包含 SQL 中的少量 UPDATE 语句，同时还可以修复数据中更多的错误。接下来，FALCON 从这组语句中选择一个有效性未知的验证语句，交由用户判断是否可以执行。如果该验证语句可以执行，那么它会被用来修复关系表中的数据错误。FALCON 可以利用验证语句的执行情况过滤掉一些不会被执行的更新策略，从而提高系统效率。

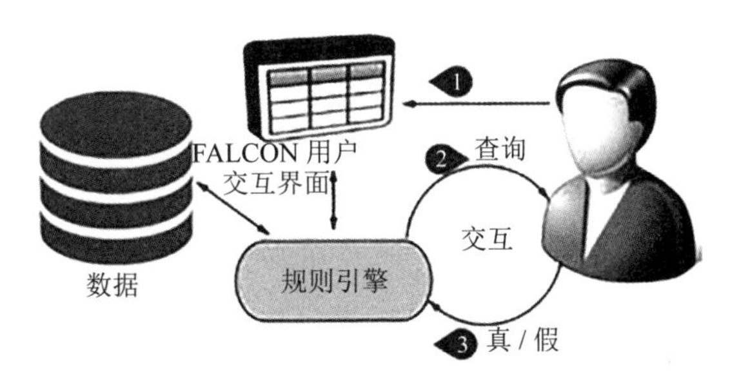

图 1-7　系统执行流程

1.4　数据清洗常用软件与工具

在进行数据清洗时通常需要依靠一些软件和工具来实现，这里主要介绍常用的数据清洗软件与工具。

1.4.1　数据清洗常用软件

本节介绍在数据清洗时常用的软件 Python 和 R。

1. Python

Python 是一种高级动态类型的编程语言。Python 代码通常被称为可运行的伪代码，可以用非常少的代码实现非常强大的功能，同时具有极高的可读性。在使用 Python 进行数据清洗和分析时，主要是依靠 Python 中的扩展库：NumPy 和 Pandas 来完成清洗任务。其中 NumPy 是 Python 中科学计算的第三方库，代表“Numeric Python”。它是一个提供多维数组对象、多种派生对象（如掩码数组、矩阵）以及用于快速操作数组的函数及 API，它包括数学、逻辑、数组形状变换、排序、选择、I/O、离散傅立叶变换、基本线性代数、基本统计运算、随机模拟等。NumPy 最重要的一个特点是 N 维数组对象 ndarray，数组（ndarray）是一系列相同类型数据的集合，元素可用从零开始的索引来访问。而 Pandas 是在 NumPy 基础上建立的新程序库，可以看成是增强版的 NumPy 结构化数组，它提供了两种高效的数据结构：Series 和 DataFrame。DataFrame 本质上是一种带行标签和列标签、支持相同类型数据和缺失值的多维数组。Pandas 不仅为带各种标签的数据提供了便利的存储界面，还实现了许多强大的数据操作，尤其是它的 Series 和 DataFrame 对象，为数据处理过程中处理那些消耗大量时间的“数据清理”任务提供了便利。

值得注意的是，在 Python 中进行数据清洗的同时，经常要使用可视化库来展示数据。图 1-8 所示为 Python 的工作界面。

图 1-8 Python 的工作界面

2. R

R 语言是用于统计分析、图形表示报告的编程语言和软件环境，它是由新西兰奥克兰大学的 Ross Ihaka 和 Robert Gentleman 创建的，目前由 R Development Core Team 开发和维护。R 语言的核心是一种解释型的计算机语言，允许使用分支和循环以及函数的模块化编程。图 1-9 所示为 R 语言的工作界面。

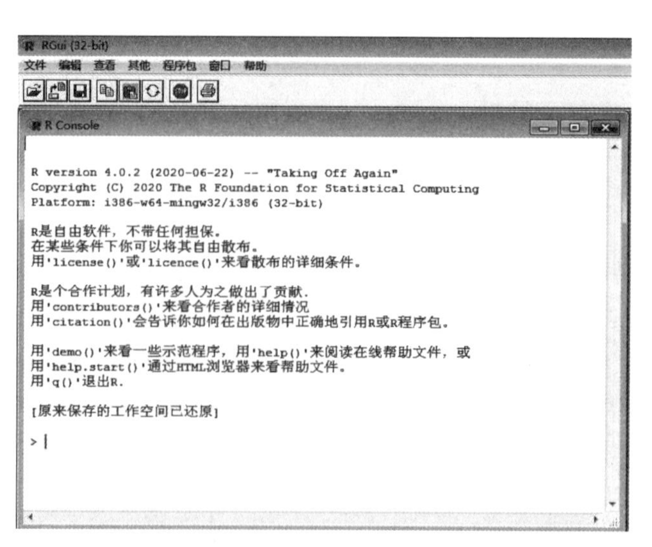

图 1-9 R 语言的工作界面

1.4.2 数据清洗常用工具

1. Excel

Excel 是人们熟悉的电子表格软件，自 1993 年被微软公司作为 Office 组件发布出来后，已被广泛使用了二十多年。虽然在之后的岁月里，各大软件公司也开发出了各类数据处理软件，但至今还有很多数据只能以 Excel 表格的形式获取到。Excel 的主要功能是处理各种数据，它就像一本智能的簿子，不仅可以对记录在案的数据进行排序、筛选，还可以整列整行地进行自动计算；通过转换，它的图表功能可以使数据更加简洁明了地呈现出来。

但 Excel 的局限在于它一次所能处理的数据量有限，若要针对不同的数据集来实现数据清洗则非常麻烦，这就需要用到 VBA 和 Excel 内置编程语言。因此，Excel 一般用于处理小批量的数据清洗。

2. Kettle

Kettle 中文名称叫水壶，是一款国外开源的 ETL 工具，纯 Java 编写，可以在 Windows、Linux、UNIX 上运行，数据抽取高效稳定。Kettle 中有两种脚本文件：transformation 和 job，transformation 完成针对数据的基础转换，job 完成整个工作流的控制。

使用 Kettle 可以完成数据仓库中的数据清洗与数据转换工作，常见的操作有数据类型的转换、数据值的修改与映射、数据排序、空值的填充、重复数据的清洗、超出范围的数据清洗、日志的写入、数据值的过滤、随机值的运算等。

3. DataCleaner

DataCleaner 是一个简单、易于使用的数据质量应用工具，旨在分析、比较、验证和监控数据。DataCleaner 包括一个独立的图形用户界面，用于分析、比较和验证数据，并监测 Web 应用。它能够将凌乱的半结构化数据集转换为所有可视化软件可以读取的干净的数据集。此外，DataCleaner 还提供数据仓库和数据管理服务。

DataCleaner 的特点有：可以访问多种不同类型的数据存储，如 Oracle、MySQL、MS CSV 文件等；可以作为引擎来清理、转换和统一来自多个数据存储的数据，并将其统一到主数据的单一视图中。

值得注意的是，DataCleaner 提供了一种和 Kettle 类似的运行模式。它依靠用户在图形界面通过数据源选择、组件拖动、参数配置、结果输出等一系列拖动操作过程，最终将程序运行的结果保存为一个任务文件（*.xml）。

1.5 实训

1．观察图 1-10 给出的数据表，回答以下问题：

（1）该数据库实例中包含哪些属性值缺失或无效值。

（2）该数据库实例中是否包含空值。

（3）该数据库实例中是否存在重复数据。

元组	姓名	级别	城市	州	年薪/千美元
t_1	Rabin	P8	San Diego	CA	400
t_2	Leoan	P5	New York	NY	-1
t_3	Rabin	P9	Sa Diego	CA	400
t_4	Mattan	N/A	San Diego	CE	310
t_5	Javier	P2	Chicago	IL	100

图 1-10 数据表

2．观察图 1-11 给出的数据表，思考表中是否有重复数据存在。

	name	gender	age	income	edu
0	张三	男	29	15600	本科
1	李四	男	25	14000	本科
2	王二	女	27	18500	硕士
3	张三	男	29	15600	本科
4	赵五	女	21	10500	大专
5	丁一	女	22	18000	本科
6	王二	男	27	13000	硕士

图 1-11 数据表

3．下载并安装 Python。

（1）登录 Python 官网并进入下载页面，网址是 https://www.python.org/downloads/。

（2）选择对应的版本，下载并安装，可使用较新的 Python 3.7 或 Python 3.8 版本。

4．下载并安装 Kettle。

（1）下载。从官网上下载 jdk。

（2）配置 path 变量。下载完之后进行安装，安装完毕后要进行环境配置。在“我的电脑”→“高级”→“环境变量”中找到 path 变量，并把 java 的 bin 路径添加进去用分号隔开，注意要找到自己安装的对应路径。例如 D:\Program Files\Java\jdk1.8.0_181\bin。

（3）配置 classpath 变量。在环境变量中新建一个 classpath 变量，里面的内容要填 java 文件夹中 lib 文件夹下 dt.jar 和 tools.jar 的路径。例如 D:\Program Files\Java\jdk1.8.0_181\lib\dt.jar 和 D:\Program Files\Java\jdk1.8.0_181\lib\tools.jar。

（4）从官网上下载 Kettle 软件。由于 Kettle 是绿色软件，因此下载后可以解压到任意目录。网址是 http://kettle.pentaho.org。本书下载最新的 8.2 版本（书中的 Kettle 程序也可使用 7.1 版本运行）。

（5）运行 Kettle。安装完成后，双击目录下的 spoon.bat 批处理程序即可启动 Kettle，运行界面如图 1-12 所示。

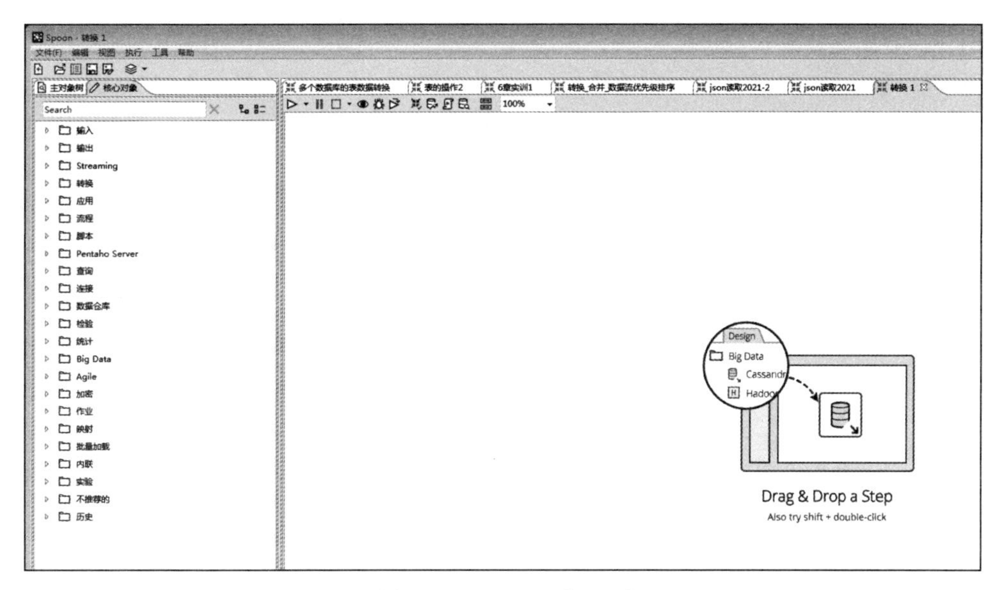

图 1-12 Kettle 运行界面

练习 1

1. 简述什么是数据清洗。
2. 简述什么是数据质量。
3. 简述数据清洗的常用软件和工具。
4. 简述如何安装 Python。
5. 简述如何安装 R。

第 2 章　数据清洗中的理论基础

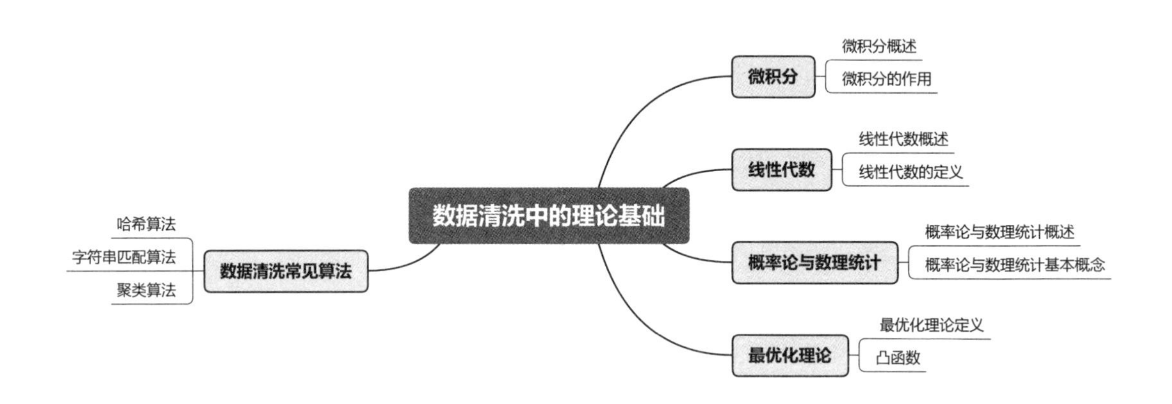

本章导读

在数据清洗中，特别是在机器学习的实践中需要用到一些数学理论与模型，本节主要讲述数据清洗中的基本理论。

本章要点

- 微积分
- 线性代数
- 概率论与数理统计
- 最优化理论
- 数据清洗常见算法

2.1 微积分

微积分又称为“初等数学分析”，它是一门纯粹的数学理论，也是现代数学的基础，在商学、科学和工程学领域有广泛的应用，主要用来解决那些仅依靠代数学和几何学不能有效解决的问题。

2.1.1 微积分概述

从发展历史上看，微积分理论由许多科学家和数学家共同努力才得以完善，而牛顿和莱布尼茨被认为是共同发明创立了微积分学。他们分别从不同角度和问题进行描述，牛顿的出发点是力学，而莱布尼茨的出发点是几何。牛顿偏向于不定积分，而莱布尼茨偏向于定积分。莱布尼茨创造的微积分符号更优秀，并沿用至今。

从内容上看，微积分包括微分和积分。其中，微分学是关于函数局部变化率的学问，主要就是利用极限思维求斜率（求导数），是关于变化速率的理论。积分学则为定义和计算面积等数据提供了一套通用的思路方法，也是数学分析的重要概念之一。

2.1.2 微积分的作用

微积分是整个近代数学的基础，有了微积分，才有了真正意义上的近代数学。统计学中的概率论部分就是建立在微积分基础之上的。比如，在函数关系的对应下，随机事件先是被简化为集合，继之被简化为实数，随着样本空间被简化为数集，概率相应地由奇函数约化为实函数。因此，微积分中有关函数的种种思想方法都可以畅通无阻地进入概率论领域。随机变量的数字特征、概率密度与分布函数的关系、连续型随机变量的计算等都是微积分现有成果的直接应用。

由于目前的大数据技术或人工智能更多的是基于机器学习，因此很多算法都需要微积分这个工具。从根本上讲，微积分与最优化是机器学习模型中问题最终解决方案的落地手段。当分析具体问题并建立好算法模型后，问题的最终求解过程往往都会涉及优化问题，因此我们需要去探寻数据空间中的极值。这一切如果没有微分理论和计算方法作为支撑，任何漂亮的模型都无法落地。因此夯实多元微分的基本概念，掌握最优化的实现方法，是通往问题最终解决方案的必经之路。单就人工智能中的机器学习和深度学习来说，更多用到的是微分，积分基本上只在概率论中被使用，例如概率密度函数、分布函数等概念和计算都要借助于积分来定义或计算。在人工智能中，几乎所有的机器学习算法在训练或者预测时都是求解最优化问题，因此都需要依赖于微积分来求解函数的极值，而模型中某些函数的选取也有数学性质上的考量。因此，对于机器学习而言，微积分的主要作用如下：

（1）求解函数的极值。

（2）分析函数的性质。

2.2 线性代数

线性代数研究的是向量空间以及将一个向量空间映射到另一个向量空间的函数。在人工智能中线性代数是计算的根本，因为所有的数据都是以矩阵的形式存在的，任何一步操作都是在进行矩阵相乘、相加等。事实上，线性代数不仅仅是人工智能的基础，更是现代数学和以现代数学作为主要分析方法的众多学科的基础。从量子力学到图像处理都离不开向量和矩阵。而在向量和矩阵背后，线性代数的核心意义在于提供了一个看待世界的抽象视角：万事万物都可以被抽象成某种特征的组合，并在由预制规则定义的框架之下以静态和动态的方式加以观察。

2.2.1 线性代数概述

线性代数要点如下：线性代数的本质在于将具体的事物抽象为数学对象，并描述其静态和动态的特性；向量的实质是 n 维线性空间中的静止点；线性变换描述了向量或者作为参考系的坐标系的变化，可以用矩阵表示；矩阵的特征值和特征向量描述了变化的速度与方向。

线性代数在人工智能领域的主要应用如下：

（1）搜索引擎的排名。

（2）线性规划。

（3）纠错码。

（4）信号分析。

（5）面部识别。

（6）量子计算。

2.2.2 线性代数的定义

线性代数中定义较多，本节主要讲述常见的基本定义。

1. 线性代数的形式

线性方程组的一般形式为：

$$\begin{cases} a_{11}x_1 + a_{12}x_2 + \ldots + a_{1n}x_n = b_1 \\ a_{21}x_1 + a_{22}x_2 + \ldots + a_{2n}x_n = b_2 \\ \ldots \\ a_{m1}x_1 + a_{m2}x_2 + \ldots + a_{mn}x_n = b_m \end{cases}$$

其中未知数的个数 n 和方程式的个数 m 不必相等。

线性方程组的解是一个 n 维向量 $(k_1,k_2,\ldots,k_n)$（称为解向量），它满足：当每个方程中的未知数 x_i 都用 k_i 替代时都成为等式。

线性方程组的解的情况有三种：无解、唯一解、无穷多解。

对线性方程组讨论的主要问题有两个：①判断解的情况；②求解，特别是在有无穷多解时求通解。

$b_1 = b_2 = \ldots = b_m = 0$ 的线性方程组称为齐次线性方程组。

n 维零向量总是齐次线性方程组的解，称为零解。因此齐次线性方程组解的情况只有两种：唯一解（即只有零解）和无穷多解（即有非零解）。

把一个非齐次线性方程组的每个方程的常数项都换成 0，所得到的齐次线性方程组称为原方程组的导出齐次线性方程组，简称导出组。

2. 矩阵和向量

（1）基本概念。

矩阵和向量都是描写事物形态的数量形式的发展。

由 $m\times n$ 个数排列成的一个 m 行 n 列的表格，两边界以圆括号或方括号，就成为一个 $m\times n$ 矩阵。对于上面的线性方程组，称矩阵

$$\boldsymbol{A}=\begin{pmatrix} a_{11}\, a_{12}\, \cdots\, a_{1n} \\ a_{21}\, a_{22}\, \cdots\, a_{2n} \\ \cdots\ \cdots\ \cdots \\ a_{m1}\, a_{m2}\cdots\, a_{mn} \end{pmatrix} (\boldsymbol{A}\,|\,\boldsymbol{\beta})=\left(\begin{array}{c|c} a_{11}\, a_{12}\, \cdots\, a_{1n} & b_1 \\ a_{21}\, a_{22}\, \cdots\, a_{2n} & b_2 \\ \cdots\ \cdots\ \cdots & \cdots \\ a_{m1}\, a_{m2}\cdots\, a_{mn} & b_m \end{array}\right)$$

为其系数矩阵和增广矩阵。增广矩阵体现了方程组的全部信息，而齐次方程组只用系数矩阵就可体现其全部信息。

一个矩阵中的数称为它的元素，位于第 i 行第 j 列的数称为 (i,j) 位元素。

元素全为 0 的矩阵称为零矩阵，通常就记作 $\mathbf{0}$。

两个矩阵 $\boldsymbol{A}$ 和 $\boldsymbol{B}$ 相等（记作 $\boldsymbol{A}=\boldsymbol{B}$），是指它的行数相等，列数也相等（即它们的类型相同），并且对应的元素都相等。

由 n 个数构成的有序数组称为一个 n 维向量，称这些数为它的分量。书写中可用矩阵的形式来表示向量，例如分量依次是 $a_1,a_2,...,a_n$ 的向量可表示成：

$$(a_1,a_2,\cdots,a_n)\ 或\ \begin{pmatrix} a_1 \\ a_2 \\ \cdots \\ a_n \end{pmatrix}$$

注意，作为向量它们并没有区别，但是作为矩阵，它们不一样（左边是 $1\times n$ 矩阵，右边是 $n\times 1$ 矩阵）。习惯上把它们分别称为行向量和列向量。请注意与下面规定的矩阵的行向量和列向量概念的区别。

一个 $n\times m$ 矩阵的每一行是一个 n 维向量，称为它的行向量；每一列是一个 m 维向量，称为它的列向量。常常用矩阵的列向量组来写出矩阵，例如当矩阵 $\boldsymbol{A}$ 的列向量组为 $a_1,a_2,...,a_n$ 时（它们都是表示为列的形式）可记 $\boldsymbol{A}=(a_1,a_2,...,a_n)$。

矩阵的许多概念也可对向量来规定，如元素全为 0 的向量称为零向量，通常也记作 $\mathbf{0}$。两个向量 $\boldsymbol{\alpha}$ 和 $\boldsymbol{\beta}$ 相等（记作 $\boldsymbol{\alpha}=\boldsymbol{\beta}$），是指它的维数相等，并且对应的分量都相等。

（2）线性运算和转置。

线性运算是矩阵和向量所共有的，下面以矩阵为例来说明。

1）加（减）法：两个 $m\times n$ 矩阵 $\boldsymbol{A}$ 和 $\boldsymbol{B}$ 可以相加（减），得到的和（差）仍是 $m\times n$ 矩阵，记作 $\boldsymbol{A}+\boldsymbol{B}$（$\boldsymbol{A}-\boldsymbol{B}$），法则为对应元素相加（减）。

2）数乘：一个 $m\times n$ 矩阵 $\boldsymbol{A}$ 与一个数 c 可以相乘，乘积仍为 $m\times n$ 矩阵，记作 $c\boldsymbol{A}$，法则为 $\boldsymbol{A}$ 的每个元素乘以 c。

这两种运算统称为线性运算，满足以下规律：

① 加法交换律：$\boldsymbol{A}+\boldsymbol{B}=\boldsymbol{B}+\boldsymbol{A}$

② 加法结合律：$(\boldsymbol{A}+\boldsymbol{B})+\boldsymbol{C}=\boldsymbol{A}+(\boldsymbol{B}+\boldsymbol{C})$

③ 加乘分配律：$c(\boldsymbol{A}+\boldsymbol{B})=c\boldsymbol{A}+c\boldsymbol{B}\quad (c+d)\boldsymbol{A}=c\boldsymbol{A}+d\boldsymbol{A}$

④ 数乘结合律：$c(d)\boldsymbol{A}=(cd)\boldsymbol{A}$

⑤ $c\boldsymbol{A}=\boldsymbol{0} \Leftrightarrow c=0$ 或 $\boldsymbol{A}=\boldsymbol{0}$。

3）转置：把一个 $m \times n$ 矩阵 $\boldsymbol{A}$ 的行和列互换，得到的 $n \times m$ 矩阵称为 $\boldsymbol{A}$ 的转置，记作 $r(\boldsymbol{A})=n$ 或 $\boldsymbol{A}'$。它有以下规律：

① $(\boldsymbol{A}^T)^T=\boldsymbol{A}$

② $(\boldsymbol{A}+\boldsymbol{B})^T=\boldsymbol{A}^T+\boldsymbol{B}^T$

③ $(c\boldsymbol{A})^T=c\boldsymbol{A}^T$

转置是矩阵所特有的运算，如把转置的符号用在向量上，就意味着把这个向量看作矩阵了。当 $\boldsymbol{\alpha}$ 是列向量时，$\boldsymbol{\alpha}^T$ 表示行向量，当 $\boldsymbol{\alpha}$ 是行向量时，$\boldsymbol{\alpha}^T$ 表示列向量。

向量组的线性组合：设有一组 n 维向量 $a_1,a_2,\ldots,a_s$，是一组数，则称 $c_1a_1+c_2a_2+\ldots+c_sa_s$ 为 $a_1,a_2,\ldots,a_s$ 的（以 $c_1,c_2,\ldots,c_s$ 为系数的）线性组合。

（3）n 阶矩阵与几个特殊矩阵。

行数和列数相等的矩阵称为方阵，行列数都为 n 的矩阵也常叫做 n 阶矩阵。把 n 阶矩阵从左上到右下的对角线称为它的对角线（其上的元素行号与列号相等）。

常用的 n 阶矩阵如下：

- 对角矩阵：对角线外的元素都为 0 的 n 阶矩阵。
- 单位矩阵：对角线上的元素都为 1 的对角矩阵，记作 E 或 I。
- 数量矩阵：对角线上的元素都等于一个常数 c 的对角矩阵，它就是 cE。
- 上三角矩阵：对角线下的元素都为 0 的 n 阶矩阵。
- 下三角矩阵：对角线上的元素都为 0 的 n 阶矩阵。
- 对称矩阵：满足 $\boldsymbol{A}^T=\boldsymbol{A}$ 的矩阵。也就是对任何 i、j，(i,j) 位的元素和 (j,i) 位的元素总是相等的 n 阶矩阵。

3. 矩阵乘法

当矩阵 $\boldsymbol{A}$ 的列数和 $\boldsymbol{B}$ 的行数相等时，$\boldsymbol{A}$ 和 $\boldsymbol{B}$ 可以相乘，乘积记作 $\boldsymbol{AB}$。$\boldsymbol{AB}$ 的行数和 $\boldsymbol{A}$ 相等，列数和 $\boldsymbol{B}$ 相等。$\boldsymbol{AB}$ 的 (i,j) 位元素等于 $\boldsymbol{A}$ 的第 i 个行向量和 $\boldsymbol{B}$ 的第 j 个列向量（维数相同）对应分量乘积之和。

$$\boldsymbol{A}=\begin{pmatrix} a_{11} & a_{12} & \cdots & a_{1n} \\ a_{21} & a_{22} & \cdots & a_{2n} \\ \cdots & \cdots & \cdots & \\ a_{m1} & a_{m2} & \cdots & a_{mn} \end{pmatrix}$$

设 $\boldsymbol{C}=\boldsymbol{AB}=\begin{pmatrix} c_{11} & c_{12} & \cdots & c_{1s} \\ c_{21} & c_{22} & \cdots & c_{2s} \\ \cdots & \cdots & \cdots & \\ c_{m1} & c_{m2} & \cdots & c_{ms} \end{pmatrix}$，则 $c_{ij}=a_{i1}b_{1j}+a_{i2}b_{2j}+\ldots+a_{in}b_{nj}$。

矩阵的乘法在规则上与数的乘法有所不同：

①矩阵乘法有条件。

②矩阵乘法无交换律。

③矩阵乘法无消去律，即一般地，由 $\boldsymbol{AB}=\boldsymbol{0}$ 推不出 $\boldsymbol{A}=\boldsymbol{0}$ 或 $\boldsymbol{B}=\boldsymbol{0}$；由 $\boldsymbol{AB}=\boldsymbol{AC}$ 和 $\boldsymbol{A}\neq\boldsymbol{0}$ 推不出 $\boldsymbol{B}=\boldsymbol{C}$（无左消去律）；由 $\boldsymbol{BA}=\boldsymbol{CA}$ 和 $\boldsymbol{A}\neq\boldsymbol{0}$ 推不出 $\boldsymbol{B}=\boldsymbol{C}$（无右消去律）。

注意，数的乘法和矩阵乘法不同。

矩阵乘法适合以下法则：

①加乘分配律：$\boldsymbol{A}(\boldsymbol{B}+\boldsymbol{C})=\boldsymbol{AB}+\boldsymbol{AC}$，$(\boldsymbol{A}+\boldsymbol{B})\boldsymbol{C}=\boldsymbol{AC}+\boldsymbol{BC}$

②数乘性质：$(c\boldsymbol{A})\boldsymbol{B}=c(\boldsymbol{AB})$

③结合律：$(\boldsymbol{AB})\boldsymbol{C}=\boldsymbol{A}(\boldsymbol{BC})$

④ $(\boldsymbol{AB})^T=\boldsymbol{B}^T\boldsymbol{A}^T$

4. 矩阵方程

矩阵不能规定除法，乘法的逆运算是解下述两种基本形式的矩阵方程：① $\boldsymbol{AX}=\boldsymbol{B}$；② $\boldsymbol{XA}=\boldsymbol{B}$。

这里假定 $\boldsymbol{A}$ 是行列式不为 0 的 n 阶矩阵，在此条件下，这两个方程的解都是存在并且唯一的（否则解的情况比较复杂）。

当 $\boldsymbol{B}$ 只有一列时，①就是一个线性方程组。由克莱姆法则知它有唯一解。如果 $\boldsymbol{B}$ 有 s 列，设 $\boldsymbol{B}=(b_1,b_2,...,b_s)$，则 $\boldsymbol{X}$ 也应该有 s 列，记 $\boldsymbol{X}=(x_1,x_2,...,x_s)$，则有 $\boldsymbol{AX}_i=\boldsymbol{B}_i$，$i=1,2,...,s$，这是 s 个线性方程组。由克莱姆法则，它们都有唯一解，从而 $AX=B$ 有唯一解。这些方程组系数矩阵都是 $\boldsymbol{A}$，可同时求解。

5. 向量组的线性关系与秩

（1）线性表示关系。

设 $a_1,a_2,...,a_s$ 是一个 n 维向量组，如果 n 维向量 $\boldsymbol{\beta}$ 等于 $a_1,a_2,...,a_s$ 的一个线性组合，就说 $\boldsymbol{\beta}$ 可以用 $a_1,a_2,...,a_s$ 线性表示。如果 n 维向量组 $b_1,b_2,...,b_t$ 中的每一个都可以用 $a_1,a_2,...,a_s$ 线性表示，则说向量 $b_1,b_2,...,b_t$ 可以用 $a_1,a_2,...,a_s$ 线性表示。

判别"$\boldsymbol{\beta}$ 是否可以用 $a_1,a_2,...,a_s$ 线性表示？表示方式是否唯一？"就是问"向量方程 $x_1a_1+x_2a_2+...+x_sa_s=b$ 是否有解？解是否唯一？"用分量写出这个向量方程，就是以 $(a_1,a_2,...,a_s|b)$ 为增广矩阵的线性方程组。反之，判别"以 $(\boldsymbol{A}|\boldsymbol{\beta})$ 为增广矩阵的线性方程组是否有解？解是否唯一？"的问题又可转化为"$\boldsymbol{\beta}$ 是否可以用 $\boldsymbol{A}$ 的列向量组线性表示？表示方式是否唯一？"的问题。

向量组之间的线性表示问题与矩阵乘法有密切关系：乘积矩阵 $\boldsymbol{AB}$ 的每个列向量都可以表示为 $\boldsymbol{A}$ 的列向量组的线性组合，从而 $\boldsymbol{AB}$ 的列向量组可以用 $\boldsymbol{A}$ 的列向量组线性表示；反之，如果向量组 $\beta_1,\beta_2,...,\beta_t$ 可以用 $\alpha_1,\alpha_2,...,\alpha_s$ 线性表示，则矩阵 $(\beta_1,\beta_2,...,\beta_t)$ 等于矩阵 $\alpha_1,\alpha_2,...,\alpha_s$ 和一个 $s\times t$ 矩阵 $\boldsymbol{C}$ 的乘积。$\boldsymbol{C}$ 可以这样构造：它的第 i 个列向量就是 β_i 对 $\alpha_1,\alpha_2,...,\alpha_s$ 的分解系数（$\boldsymbol{C}$ 不是唯一的）。

向量组的线性表示关系有传递性，即如果向量组 $\beta_1,\beta_2,...,\beta_t$ 可以用 $\alpha_1,\alpha_2,...,\alpha_s$ 线性表示，而 $\alpha_1,\alpha_2,...,\alpha_s$ 可以用 $\gamma_1,\gamma_2,...,\gamma_r$ 线性表示，则 $\beta_1,\beta_2,...,\beta_t$ 可以用 $\gamma_1,\gamma_2,...,\gamma_r$ 线性表示。

当向量组 $\alpha_1,\alpha_2,...,\alpha_s$ 和 $\beta_1,\beta_2,...,\beta_t$ 互相都可以表示时，就说它们等价，并记作 $\{\alpha_1,\alpha_2,...,\alpha_s\}\cong\beta_1,\beta_2,...,\beta_t$，等价关系也有传递性。

（2）向量组的线性相关性。

线性相关性是描述向量组内在关系的概念，它是讨论向量组 $\alpha_1,\alpha_2,...,\alpha_s$ 中有没有向量可以用其他的 s-1 个向量线性表示的问题。

定义 设 $\alpha_1,\alpha_2,...,\alpha_s$ 是 n 维向量组，如果存在不全为 0 的一组数 $c_1,c_2,...,c_s$ 使得 $c_1a_1+c_2a_2+...+c_sa_s=0$，则说 $\alpha_1,\alpha_2,...,\alpha_s$ 线性相关，否则（即要使得 $c_1a_1+c_2a_2+...+c_sa_s=0$，必

须 $c_1,c_2,\ldots,c_s$ 全为 0）就说它们线性无关。

于是，$\alpha_1,\alpha_2,\ldots,\alpha_s$“线性相关还是无关”也就是向量方程 $x_1a_1+x_2a_2+\ldots+x_sa_s=0$“有没有非零解”，也就是以（$\alpha_1,\alpha_2,\ldots,\alpha_s$）为系数矩阵的齐次线性方程组有无非零解。

当向量组中只有一个向量（$s=1$）时，它相关（无关）就是它是（不是）零向量。两个向量的相关就是它们的对应分量成比例。

（3）向量组的极大无关组和秩。

向量组的秩是刻画向量组相关“程度”的一个数量概念，它表明向量组可以有多大（指包含向量的个数）的线性无关的部分组。

设 $\alpha_1,\alpha_2,\ldots,\alpha_w$ 是 n 维向量组 $\boldsymbol{A}$，若从 $\boldsymbol{A}$ 中能选出 s 个向量 $\alpha_1,\alpha_2,\ldots,\alpha_s$ 满足 $\alpha_1,\alpha_2,\ldots,\alpha_s$ 线性无关，向量组 $\boldsymbol{A}$ 中任意 $s+1$ 个向量（若有的话）都线性相关，就称 $\alpha_1,\alpha_2,\ldots,\alpha_s$ 为向量组 $\boldsymbol{A}$ 的一个极大无关组。

当 $\alpha_1,\alpha_2,\ldots,\alpha_s$ 不全为零向量时，它就存在极大无关组，并且任意两个极大无关组都等价，从而包含的向量个数相等。

如果 $\alpha_1,\alpha_2,\ldots,\alpha_s$ 不全为零向量，则把它的极大无关组中所包含向量的个数（是一个正整数）称为 $\alpha_1,\alpha_2,\ldots,\alpha_s$ 的秩，记作 $r(\alpha_1,\alpha_2,\ldots,\alpha_s)$。如果 $\alpha_1,\alpha_2,\ldots,\alpha_s$ 全是零向量，则规定 $r(\alpha_1,\alpha_2,\ldots,\alpha_s)=0$。

由定义得出，如果 $r(\alpha_1,\alpha_2,\ldots,\alpha_s)=k$，则：

① $\alpha_1,\alpha_2,\ldots,\alpha_s$ 的一个部分组如果含有多于 k 个向量，则它一定相关。

② $\alpha_1,\alpha_2,\ldots,\alpha_s$ 的每个含有 k 个向量的线性无关部分组一定是极大无关组。

（4）秩的计算、有相同线性关系的向量组。

两个向量个数相同的向量组 $a_1,a_2,\ldots,a_s$ 和 $b_1,b_2,\ldots,b_s$ 称为有相同线性关系，向量方程 $x_1a_1+x_2a_2+\ldots+x_sa_s=0$ 和 $x_1b_1+x_2b_2+\ldots+x_sb_s=0$ 同解，即齐次线性方程组 $(a_1,a_2,\ldots,a_s)\boldsymbol{X}=\boldsymbol{0}$ 和 $(b_1,b_2,\ldots,b_s)\boldsymbol{X}=\boldsymbol{0}$ 同解。

当 $a_1,a_2,\ldots,a_s$ 和 $b_1,b_2,\ldots,b_s$ 有相同线性关系时：

①它们的对应部分组有一致的线性相关性。

②它们的极大无关组相对应，从而它们的秩相等。

③它们有相同的内在线性表示关系。

（5）矩阵的秩。

一个矩阵 $\boldsymbol{A}$ 的行向量组的秩和列向量组的秩相等，称此数为矩阵 $\boldsymbol{A}$ 的秩，记作 $r(\boldsymbol{A})$。于是 $r(\boldsymbol{A})=0 \Leftrightarrow \boldsymbol{A}=\boldsymbol{0}$。如果 $\boldsymbol{A}$ 是 $m\times n$ 矩阵，则 $r(\boldsymbol{A})\leqslant \mathrm{Min}(m,n)$。

当 $r(\boldsymbol{A})=m$ 时，称 $\boldsymbol{A}$ 为行满秩的；当 $r(\boldsymbol{A})=n$ 时，称 $\boldsymbol{A}$ 为列满秩的。

对于 n 阶矩阵 $\boldsymbol{A}$，则行满秩和列满秩是一样的，此时就称 $\boldsymbol{A}$ 满秩。于是：n 阶矩阵 $\boldsymbol{A}$ 满秩 $\Leftrightarrow r(\boldsymbol{A})=n$（即 $\boldsymbol{A}$ 的行（列）向量组无关）$\Leftrightarrow |\boldsymbol{A}|\neq 0 \Leftrightarrow \boldsymbol{A}$ 可逆。

矩阵的秩还可以用它的非零子式来看。

$\boldsymbol{A}$ 的 r 阶子式：任取 $\boldsymbol{A}$ 的 r 行和 r 列，由它们交叉位置上的元素构成行列式，如果它的值不为 0，就称为非零子式。

$r(\boldsymbol{A})$ 就是 $\boldsymbol{A}$ 的非零子式的阶数的最大值（即 $\boldsymbol{A}$ 的每个阶数大于 $r(\boldsymbol{A})$ 的子式的值都为 0，但是 $\boldsymbol{A}$ 有阶数等于 $r(\boldsymbol{A})$ 的非零子式）。

2.3 概率论与数理统计

概率论与数理统计是人工智能、机器学习领域的理论基础。概率论是研究随机现象数量规律的数学分支，是一门研究事情发生的可能性的学问。而数理统计则以概率论为基础，研究大量随机现象的统计规律性。

2.3.1 概率论与数理统计概述

由于概率与统计源于生活与生产，又能有效地应用于生活与生产，且应用面十分广泛，因此除了可以解决人们生活中的各类问题外，在前沿的人工智能领域同样有重要作用。例如，机器学习除了需要处理不确定量，也需要处理随机量。而不确定性和随机性可能来自多个方面，从而可以用概率论来量化不确定性。又例如，在人工智能算法中无论是对数据的处理还是分析、数据的拟合还是决策等，概率与统计都可以为其提供重要支持。

2.3.2 概率论与数理统计基本概念

不过，虽然数理统计以概率论为理论基础，但两者之间存在方法上的本质区别。概率论作用的前提是随机变量的分布已知，根据已知的分布来分析随机变量的特质与规律。而数理统计的研究对象是未知分布的随机变量，研究方法是对随机变量进行独立重复的观察，根据得到的观察结果对原始分布做出推断。

1. 频率

在相同的条件下，进行 n 次试验，其中事件 A 发生的次数 m 与试验总次数 n 的比值 $\frac{m}{n}$ 称为事件 A 发生的频率，记作 $f_n(A)$，有公式：

$$f_n(A)=\frac{m}{n}=\frac{\text{事件}A\text{发生的次数}}{\text{试验总次数}}$$

可见，频率描述了事件 A 发生的频繁程度。频率越大，说明事件 A 发生得越频繁，也意味着事件 A 在一次试验中发生的可能性就越大，反之亦然。这个规律就是频率的稳定性。

由频率的定义可知，频率具有以下性质：

① $0 \leqslant f_n(A) \leqslant 1$。

② $f_n(\Omega)=1$。

③ $f_n(\varnothing)=0$。

对于随机试验，就某一次具体的试验而言，其结果带有很大的偶然性，似乎没有规律可言，但大量的重复试验证实结果会呈现出一定的规律性，即“频率的稳定性”，这一频率的稳定性就是通常所说的统计规律性，可以用它来表示事件 A 发生的可能性的大小。

2. 概率

当随机试验次数 n 增大时，事件 A 发生的频率 $f_n(A)$ 将稳定于某一常数 p，称该常数 p 为事件 A 发生的概率，记作 $P(A)=p$。

此定义称为概率的统计定义，这个定义没有具体给出求概率的方法，因此不能根据此定义确切求出事件的概率，但定义具有广泛的应用价值，其重要性不容忽视，它给出了一种近似估算概率的方法，即通过大量的重复试验得到事件发生的频率，然后将频率作为概率的近似值，从而得到所要的概率。有时试验次数不是很大时，也可以这样使用。

由概率的统计定义可知，概率具有以下基本性质：

①对任一事件 A 有 $0 \leqslant P(A) \leqslant 1$。

② $P(\Omega)=1$。

③ $P(\varnothing)=0$。

由此可知，不可能事件的概率为 0。那么反过来概率为 0 的事件是否一定是不可能事件呢？回答是否定的。因为事件的概率为 0 仅仅说明事件出现的频率稳定于 0，而频率不一定就等于 0。例如，陨石击毁房屋的概率等于 0，但“陨石击毁房屋”不一定是不可能事件。

小概率事件：若某事件 A 的概率 $P(A)$ 与 0 非常接近，则事件 A 在大量的重复试验中出现的频率非常小，就称事件 A 为小概率事件，小概率事件虽然不是不可能事件，但在一次试验中它几乎不会出现。

3. 等可能概型（古典概型）

如果一个随机试验满足以下两个特征：

①有限性：每次试验只有有限个可能的结果，即组成试验的基本事件总数有限。

②等可能性：每一个结果在一次试验中发生的可能性相等。

则称该试验模型为等可能概型（又称古典概型）。它是概率论发展中最早的、最重要的研究对象，而且在实际应用中也是最常用的一种概率模型。

下面讨论古典概型中随机事件的概率的计算公式。

设某一试验 E 其样本空间 Ω 中共有 n 个基本事件，事件 A 包含 m 个基本事件，则事件 A 的概率为：

$$P(A)=\frac{m}{n}=\frac{\text{事件}A\text{包含的基本事件数}}{\Omega\text{中基本事件总数}}$$

上述定义称为概率的古典定义。

（1）条件概率。设 A、B 是两个事件，且 $P(B)>0$，则称 $P(A|B)=\dfrac{P(AB)}{P(B)}$ 为在事件 B 发生的条件下事件 A 发生的条件概率。相仿有 $P(B|A)=\dfrac{P(AB)}{P(A)}$ 的定义。

（2）乘法公式。由条件概率的定义立即可以得到：

$$P(AB)=P(A|B)P(B) \quad (P(B)>0)$$

$$P(AB)=P(B|A)P(A) \quad (P(A)>0)$$

这两个式子都称为概率的乘法公式，利用它们可以计算出两个事件同时发生的概率。

（3）全概率公式。全概率公式是概率论中非常重要的一个基本公式，它将计算一个复杂事件的概率问题转化为在不同情况或不同原因下发生的简单事件的概率的求和问题。

设 $A_1,A_2,\ldots,A_n$ 是一完备事件组，那么对任一事件 B 均有：

$$P(B)=P(A_1)P(B|A_1)+P(A_2)P(B|A_2)+\cdots+P(A_n)P(B|A_n)$$
$$=\sum_{i=1}^{n}P(A_i)P(B|A_i)$$

此公式称为全概率公式。

（4）贝叶斯公式。设 $A_1,A_2,...,A_n$ 构成一个完备事件组，那么对任一事件 B（$P(B)>0$）有：

$$P(A_j|B)=\frac{P(A_j)P(B|A_j)}{\sum_{i=1}^{n}P(A_i)P(B|A_i)}\qquad (j=1,2,\cdots,n)$$

此公式称为贝叶斯公式，也称逆概公式。

朴素贝叶斯是最常用的一种贝叶斯算法，它是基于贝叶斯公式建立的，公式为：

$$P(A|B)=\frac{P(B|A)P(A)}{P(B)}$$

在该公式中，$P(A|B)$ 表示 B 已经发生时 A 发生的概率，如 P(感冒 | 打喷嚏、发热) 表示出现打喷嚏和发热症状时感冒的概率，$P(A)$ 是指没有前提条件时 A 发生的概率。

朴素贝叶斯公式的“朴素”二字是基于一种假定，即“所有的特征都是独立的”，只有满足了这个假定才能使用朴素贝叶斯公式，如 P(打喷嚏、流鼻涕、发热 | 感冒)=P(打喷嚏 | 感冒)P(流鼻涕 | 感冒)P(发热 | 感冒) 表示感冒时同时出现打喷嚏、流鼻涕、发热 3 种症状的概率。

4. 随机变量

（1）基本概念。

设随机试验的样本空间为 $\Omega=\{\omega\}$，$X=X(\omega)$ 是定义在样本空间 Ω 上的实值单值函数，称 $X=X(\omega)$ 为随机变量。随机变量包含两种类型：离散型随机变量和连续型随机变量，分别定义如下：

如果随机变量 X 仅取有限个或可列无穷个值，则称 X 为一个离散型随机变量。

如果随机变量 X 的取值范围是某个实数区间 I（有界或无界），且存在非负函数 $f(x)$ 使得对于区间 I 上任意实数 a、b（设 $a<b$）均有

$$P\{a<X\leqslant b\}=\int_a^b f(x)\mathrm{d}x$$

则称 X 为连续型随机变量。

（2）随机变量的分布。

1）两点分布（0-1 分布）。

设随机变量 X 只可能取 0 和 1 两个值，它的分布律是：

$$P\{X=k\}=P^k(1-p)^{1-k}\qquad (k=0,1,\ 0<p<1)$$

则称 X 服从两点分布（0-1 分布）。

2）二项分布。

如果一个随机变量 X 的分布律为：

$$P\{X=k\}=C_n^k p^k(1-p)^{n-k}\quad (k=0,1,2,\cdots,n)$$

则称 X 服从参数为 n、p（$0<p<1$）的二项分布，记作 $X\sim B(n,p)$。

显然当 n=1 时，二项分布就是两点分布。

3）泊松分布。

如果随机变量 X 的分布律是：

$$P\{X=k\}=\frac{\lambda^k}{k!}\mathrm{e}^{-\lambda} \quad (k=0,1,2,\cdots)$$

则称 X 服从参数为 λ（λ>0）的泊松分布，记作 X~$P(\lambda)$。

泊松分布有着广泛的应用，例如某段时间内电话机接到的呼唤次数、一段时间内到某公交车站候车的乘客数、某一页书上印刷错误的个数、单位时间内纺纱机的断头数等都可以用泊松分布来描述，泊松分布也是概率论中的一种重要分布。

4）二项分布的泊松近似。

对于二项分布 $B(n,p)$，当试验次数 n 很大时，计算其概率很麻烦，可以证明，当 n 很大、p 很小时，有下面的二项分布的泊松近似公式：

$$C_n^k p^k (1-p)^{n-k} \approx \frac{\lambda^k}{k!}\mathrm{e}^{-\lambda}$$

其中 $\lambda=np$。

在实际计算中，当 $n \geqslant 10$，$p \leqslant 0.1$ 时，就可以用上述的近似公式。

5）均匀分布。

如果随机变量 X 的概率密度为：

$$f(x)=\begin{cases}\dfrac{1}{b-a} & (a \leqslant x \leqslant b)\\ 0 & (其他)\end{cases}$$

则称 X 服从在区间 $[a,b]$ 上的均匀分布，记作 X~$U(a,b)$，均匀分布的分布曲线如图 2-1 所示。

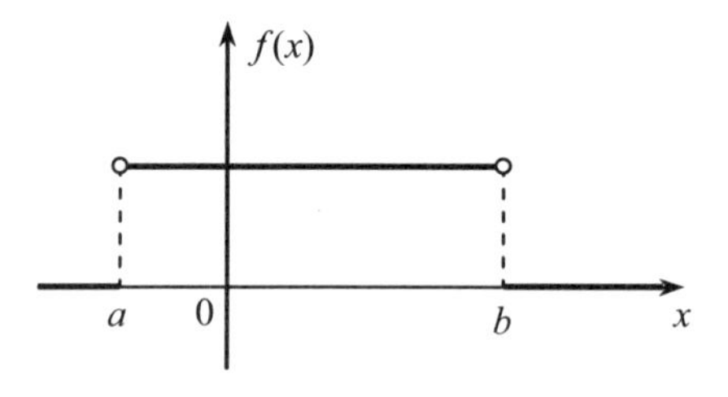

图 2-1 均匀分布

6）指数分布。

如果随机变量 X 的概率密度函数为：

$$f(x)=\begin{cases}\lambda\mathrm{e}^{-\lambda x} & (x>0)\\ 0 & (x \leqslant 0)\end{cases}$$

其中 λ>0，则称 X 服从参数为 λ 的指数分布。指数分布的分布曲线如图 2-2 所示。

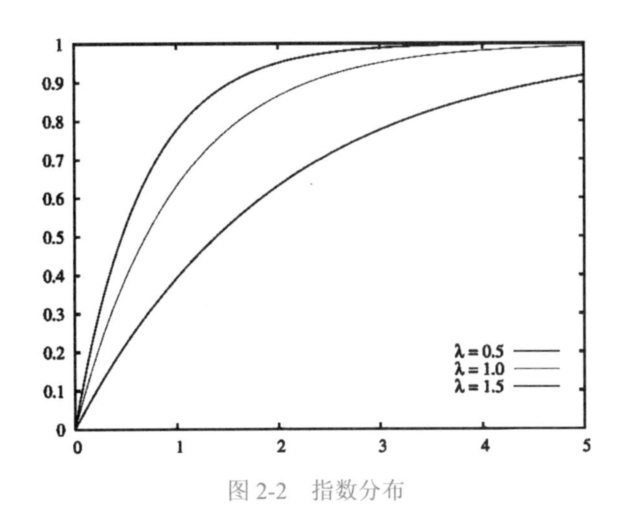

图 2-2 指数分布

7）正态分布。

如果随机变量 X 的概率密度函数为：

$$f(x)=\frac{1}{\sqrt{2\pi}\sigma}\mathrm{e}^{-\frac{(x-\mu)^2}{2\sigma^2}} \quad (-\infty<x<+\infty)$$

其中，μ、σ 为常数，且 $\sigma>0$，则称随机变量 X 服从参数为 μ、σ 的正态分布，记作 $X\sim N(\mu,\sigma^2)$。正态分布的分布曲线如图 2-3 所示。

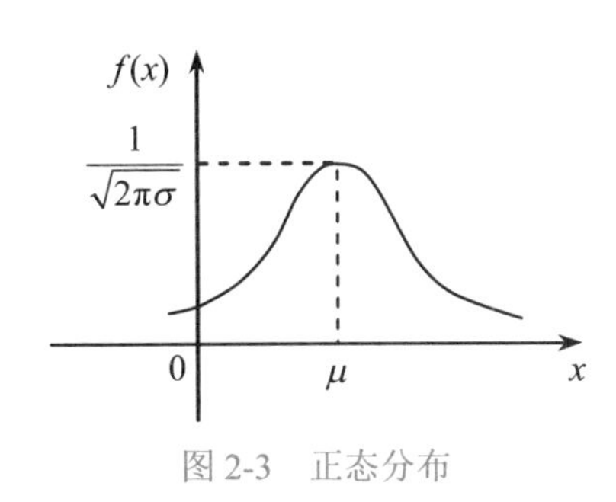

图 2-3 正态分布

5. 统计变量

（1）标准差。统计学中常用方差的算术平方根来表示标准差，用 S 表示。方差和标准差都适用于对称分布的变量，特别对服从正态分布或近似正态分布的变量，常把均数和标准差结合起来描述变量的分布特征。

（2）方差。方差的意义是总体内所有观察值与总体均数差值的平方之和。同类数据比较时，方差越大意味着数据间的离散程度越大，或者说变量的变异度越大。总体方差用 σ^2 表示，但在实际应用中总体均数和总体中个体的数目常常是未知的，因此在抽样研究中常用样本方差估计总体方差。

（3）极差。极差是指一个样本中最大值和最小值之间的差值，在统计学中也称为全距，它能够指出数据的“宽度”（范围）。但它和均值一样易受极端值影响，而且受样本量影响明显。

（4）变异系数。变异系数（简称 CV）主要用于不同变量间变异程度的比较，尤其是量纲不同变量间的比较，它是刻画数据相对分散性的一种度量。

（5）分位数。针对极差的缺点，统计学又引入分位数的概念，通俗地讲是把数据的“宽

度”细分后再去进行比较，从而更好地描述数据的分布形态。

(6)偏度。偏度是描述某变量取值分布对称性的统计量。如果数据服从正态分布的话，偏度就是三阶中心距，值为0。

(7) 峰度。峰度是描述某变量所有取值分布形态陡缓程度的统计量。它是和正态分布相比较的。当值为0时，与正态分布的陡缓程度相同；当值为负值时，其分布较正态分布的峰平阔；当值为正值时，其分布较正态分布的峰尖峭。

最优化理论

2.4 最优化理论

最优化理论是关于系统的最优设计、最优控制、最优管理问题的理论与方法。最优化，就是在一定的约束条件下，使系统具有所期待的最优功能的组织过程，是从众多可能的选择中做出最优选择，使系统的目标函数在约束条件下达到最大或最小。最优化是系统方法的基本目的。现代优化理论及方法是在20世纪40年代发展起来的，其理论和方法越来越多，如线性规划、非线性规划、动态规划、排队论、对策论、决策论、博弈论等。

2.4.1 最优化理论定义

从本质上讲，机器学习的目标就是最优化：在复杂环境与多体交互中做出最优决策。几乎所有的人工智能问题最后都会归结为一个优化问题的求解，因而最优化理论同样是机器学习必备的基础知识。最优化理论研究的问题是判定给定目标函数的最大值（最小值）是否存在，并找到令目标函数取到最大（最小）值的数值。如果把给定的目标函数看成一座山脉，最优化的过程就是判断顶峰的位置并找到到达顶峰路径的过程。

2.4.2 凸函数

凸函数是在机器学习的算法模型中经常见到的一种形式。它拥有非常好的性质，在计算上拥有更多的便利。这种感觉就好像看到一个复杂的7次函数 $f(x) = ax^7+bx+c$，但实际上它的7次项系数 $a = 0$，这个函数其实很好分析。凸函数作为一个十分经典的模型被大家不断研究学习，它也是众多优化算法的基础，下面开始介绍这类函数及其相关特点。

首先介绍凸集。如果一个集合 C 被称为凸集，那么这个集合中的任意两点间的线段仍然包含在集合中，如果用形式化的方法描述，那么对于任意两个点 $x_1+x_2 \in C$ 和任意一个处于 [0,1] 的实数 θ，都有：

$$\theta x_1+(1-\theta)x_2 \in C$$

下面给出凸函数和非凸函数的对比图像，如图2-4所示。可以看出，对于左边的凸集区域，任意两点间的线段都在集合中；而对于右边的非凸集区域，可以找到两点间的一条线段，使得线段上的点在集合外。

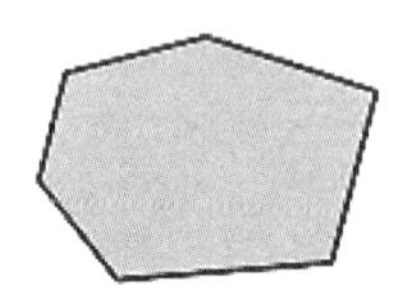
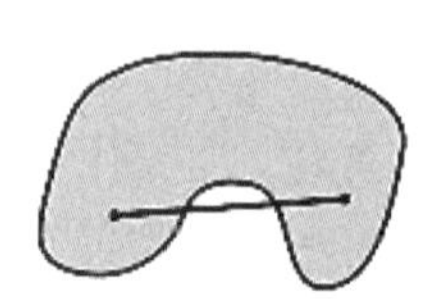

图2-4 凸函数和非凸函数

凸函数的定义域就是一个凸集，除此之外，它还具备另外一个性质：给定函数中任意两点 x、y 和任意一个处于 [0,1] 的实数 θ，有：

$$f(\theta x+(1-\theta)y) \leqslant \theta f(x)+(1-\theta)f(y)$$

这里给出一个凸函数的例子：$f(x)=x^2$，然后看看这个性质在函数上的表现，它的图像如图 2-5 所示，图中的横截线代表不等式右边的内容，横截线下方的曲线代表不等式左边的内容，从图中确实可以看出不等式所表达的含义，如果一个凸函数像 x^2 这样是一个严格的凸函数，那么实际上除非 0 等于 0 或者 1，否则等号不会成立。

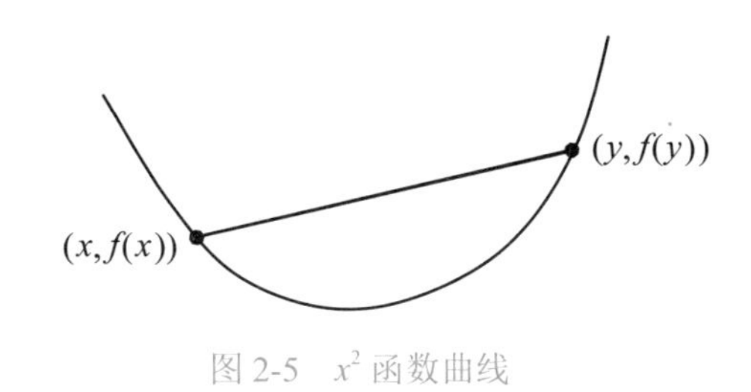

图 2-5　x^2 函数曲线

2.5　主成分分析

在进行数据挖掘或机器学习时，我们面临的数据往往是高维数据。相较于低维数据，高维数据为我们提供了更多的信息和细节，也更好地描述了样本；但同时，很多高效且准确的分析方法也将无法使用。因此，处理高维数据和高维数据可视化是数据科学家们必不可少的技能，解决这个问题的方法便是降低数据的维度。

2.5.1　主成分分析概述

主成分分析（Principal Component Analysis，PCA）是利用降维的思想，在保持数据信息丢失最少的原则下，对高维的变量空间进行降维，利用正交变换把一系列可能线性相关的变量转换为一组线性不相关的新变量，即在众多变量中找出少数几个综合指标（原始变量的线性组合），并且这几个综合指标将尽可能多地保留原来指标的信息，且这些综合指标互不相关，这些综合指标就称为主成分。主成分的数目少于原始变量的数目，从而利用新变量在更小的维度下展示数据的特征。组合之后新变量数据的含义不同于原有数据，但包含了原有数据的大部分特征，并且具有较低的维度，便于后续进一步的分析。在这里，主成分（Principal Component，PC）的个数一般小于原始数据变量的个数，因此主成分分析属于降维分析方法。

2.5.2　主成分分析的实现

主成分分析可以看成是一种构造新特征的方法，通过降低数据维度使模型更容易训练。它的目标是用方差来衡量数据的差异性，并将差异性较大的高维数据投影到低维空间中进行表示。因此，主成分分析经常用于降低数据集的维数，同时保持数据集的对方差贡献最大的特征。

主成分分析原理如下：绝大多数情况下，我们希望获得两个主成分因子，分别是从数

据差异性最大和次大的方向提取出来的，称为 PC1（Principal Component 1）和 PC2（Principal Component 2），也叫作第一主成分和第二主成分。在空间上，主成分分析可以理解为把原始数据投射到一个新的坐标系统，第一主成分为第一坐标轴，代表了原始数据中多个变量经过某种变换得到的新变量的变化区间；第二主成分为第二坐标轴，代表了原始数据中多个变量经过某种变换得到的第二个新变量的变化区间。这样把利用原始数据解释样本之间的差异转变为利用新变量解释样本之间的差异。

同时，主成分分析也是一种数学变换方法，它把给定的一组变量通过线性变换转换为一组不相关的变量。在这种变换中，保持变量的总方差不变，同时使第一主成分具有最大方差，第二主成分具有次大方差，依此类推。

图 2-6 所示为使用主成分分析对数据降维。

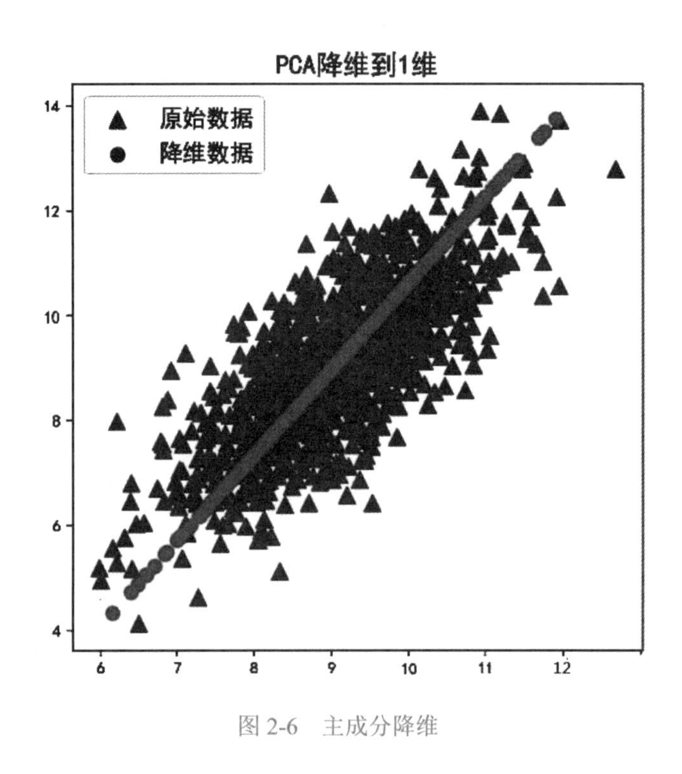

图 2-6　主成分降维

数据清洗常见算法

2.6　数据清洗常见算法

数据清洗的算法较多，如基于相似度函数的算法、基于规则的算法、基于机器学习的算法等。

其中相似度函数以数据对作为输入，输出一个相似度分值。两条数据越相似，输出的值越大。若两条数据的相似度大于给定的阈值，那么它们就是冗余的。

基于规则的算法利用规则来进行数据清洗，其中规则是指多个断言的组合，若一对数据满足所有的断言，那么它们将满足这个规则，从而被判定为冗余数据。每个断言包含一个相似度函数和一个阈值，许多算法需要用户来制定规则，也可以利用现有的技术从正例和负例中学出合适的相似度函数和阈值。

基于机器学习的算法。该算法在数据比对阶段，计算组内每对数据在某些属性上的相似度，并表示成数据对的特征向量。在接下来的冗余判断阶段，利用训练集训练出分类模型，其中训练集中的正例和负例分别表示冗余和不冗余的数据对。训练出的分类模型可以标记新的数据，常用的模型有聚类、决策树、支持向量机等。

2.6.1 哈希算法

Hash 也称散列、哈希，基本原理就是把任意长度的数据输入，通过 Hash 算法变成固定长度的数据输出。这个映射的规则就是对应的 Hash 算法，而原始数据映射后的二进制串就是哈希值。

哈希算法（Hash）又称摘要算法（Digest），它的作用是：对任意一组输入数据进行计算，得到一个固定长度的输出摘要。使用哈希算法可以将任意长度的二进制串转换为固定长度的二进制串。

构成哈希算法的条件如下：

（1）从哈希值不能反向推导出原始数据（所以哈希算法也叫单向哈希算法）。

（2）对输入数据非常敏感，哪怕原始数据只修改了一个 Bit，最后得到的哈希值也大不相同。

（3）散列冲突的概率要很小，对于不同的原始数据，哈希值相同的概率非常小。

（4）哈希算法的执行效率要尽量高，针对较长的文本，也能快速地计算出哈希值。

哈希算法有以下两个重要的特点：

（1）相同的输入一定得到相同的输出。

（2）不同的输入大概率得到不同的输出。

因此哈希算法的目的就是为了验证原始数据是否被篡改。

MD5 即 Message-Digest Algorithm 5（信息－摘要算法 5），是一种被广泛使用的密码散列函数，是哈希算法的重要应用。MD5 用于确保信息传输完整一致，它可以产生出一个 128 位（16 字节）的散列值，因此 MD5 计算广泛应用于错误检查。目前主流编程语言普遍已有 MD5 实现。

循环冗余校验（Cyclic Redundancy Check）是一种根据网络数据包或计算机文件等数据产生简短固定位数校验码的一种散列函数。它生成的数字在传输或者存储之前计算出来并且附加到数据后面，然后接收方进行检验确定数据是否发生变化。由于该函数易于用二进制的计算机硬件使用、容易进行数学分析并且尤其善于检测传输通道干扰引起的错误，因此获得了广泛应用。

2.6.2 字符串匹配算法

字符串匹配是一个经典算法问题，在实际工程中经常遇到。该算法通常输入为原字符串（主串）和子串（模式串），要求返回子串在原字符串中首次出现的位置。该算法假设 S 和 T 是给定的两个串，在主串 S 中找到模式串 T 的过程称为字符串匹配，如果在主串 S 中找到模式串 T，则称匹配成功，函数返回 T 在 S 中首次出现的位置，否则匹配不成功，返回 -1。字符串匹配的数学表达为：给定两个串 S=“$s_1s_2s_3...s_n$”和 T=“$t_1t_2t_3...t_n$”，在主串 S 中寻找子串 T 的过程叫作模式匹配，T 称为模式。比如原字符串为“ABCDEFG”，子串为“DEF”，则算法返回 3。

传统的字符串匹配算法可以概括为前缀搜索、后缀搜索、子串搜索，代表算法有 KMP 算法、Jaro Winkler 算法、Damerau Levenshtein 算法、Levenshtein 算法、BM 算法、

Horspool 算法、BNDM 算法、BOM 算法等。所用到的技术包括滑动窗口、位并行、自动机、后缀树等。

一般来讲，算法运行的速度是评价一个字符匹配算法最重要的标准。

（1）暴力匹配。

该算法规定 i 是主串 S 的下标，j 是模式 T 的下标。假设现在主串 S 匹配到 i 位置，模式串 T 匹配到 j 位置。如果当前字符匹配成功（即 S[i] = T[j]），则 i++，j++，继续匹配下一个字符；如果匹配失败（即 S[i] != T[j]），则令 i = i - (j - 1)，j = 0，相当于每次匹配失败时 i 回溯到本次失配起始字符的下一个字符，j 回溯到 0。

在该算法中如果 i 已经匹配了一段字符后出现了失配的情况，i 会重新往回回溯，j 又从 0 开始比较。因此该算法在运行时会浪费大量的时间。

（2）KMP 算法。

KMP 算法是一种改进的模式匹配算法，该算法要解决的问题就是在字符串（也叫原字符串）中的子串（模式串）定位问题，也就是人们平时常说的关键字搜索。在 KMP 算法中模式串就是关键字，如果它在一个主串中出现，就返回它的具体位置，否则返回 -1。

KMP 算法的实现原理如下：对于模式串 t 的每个元素 t_j 都存在一个实数 k，使得模式串 t 开头的 k 个字符（$t_0t_1...t_{k-1}$）依次与 t_j 前面的 k（$t_{j-k}t_{j-k+1}...t_{j-1}$，这里第一个字符 t_{j-k} 最多从 t_1 开始，所以 k<j）个字符相同。如果这样的 k 有多个，则取最大的一个。模式串 t 中每个位置 j 的字符都有这种信息，采用 next 数组表示，即 next[j]=MAX{k}。

在 KMP 算法中数组 next 的提取是整个 KMP 算法中最核心的部分。

（3）Jaro Winkler 算法。

Jaro Winkler 是一个度量两个字符序列之间的编辑距离的字符串度量标准，是用于计算两个字符串之间相似度的一种算法。Jaro Winkler 是 Jaro distance 算法的变种，主要用于 record linkage（数据连接）/duplicate detection（重复记录）领域。

Jaro Winkler 算法有一个最终得分，并且得分越高说明相似度越大，如 0 分表示没有任何相似度，1 分则代表完全匹配。Jaro Winkler 算法得分公式如下：

d_j = \frac{1}{3}\left(\frac{m}{|s_1|} + \frac{m}{|s_2|} + \frac{m-t}{m} \right)

其中 s_1、s_2 表示要比对的两个字符，d_j 表示最后得分，m 表示要匹配的字符数。

（4）Levenshtein 算法。

Levenshtein 是指两个字符串之间由一个转换成另一个所需要的最小编辑操作次数。

该算法常用于计算两个字符串之间的最小编辑距离，所谓最小编辑距离就是把字符串 A 通过添加、删除、替换字符的方式转变成 B 所需要的最少步骤。该算法许可的编辑操作包括将一个字符替换成另一个字符、插入一个字符、删除一个字符。一般来说，编辑距离越小，两个串的相似度越大。

Levenshtein 算法的实现步骤如下：定义两个字符串 strA、strB。首先计算 strA 的长度 n 和 strB 的长度 m，如果 n=0，则最小编辑距离是 m；如果 m=0，则最小编辑距离是 n。接着构造一个 (m+1)*(n+1) 的矩阵 Arr，并初始化矩阵的第一行和第一列分别为 0-n、0-m。然后两重循环遍历 strA，在此基础上遍历 strB，如果 strA[i]=strB[j]，那么 cost=0，否则 cost=1，并判断 Arr[j-1][i]+1、Arr[j][i-1]+1、Arr[j-1][i-1]+cost 的最小值，将最小值赋值给 Arr[j][i]。在循环结束后，矩阵的最后一个元素就是最小编辑距离。

2.6.3　聚类算法

聚类是指对一批没有标出类别的样本（可以看作是数据框中的一行数据），按照样本之间的相似程度进行分类，将相似的归为一类，不相似的归为另一类的过程。通俗来讲，聚类分析最终的目标就是实现“物以类聚，人以群分”。将样本的群体按照相似性和相异性进行不同群组的划分。经过划分后，每个群组内部各个对象间的相似度会很高，而不同群组之间的样本彼此间将具有较高的相异度。

1. 聚类算法中的距离公式

在聚类中经常要计算样本之间的距离，常用算法（公式）有下述 4 种。

（1）欧氏距离（Euclidean）。这是最常见的距离度量，衡量的是多维空间中两个点之间的绝对距离（如图 2-7 所示），用公式表示为：

$$d_{ij}=\sqrt{\sum_{k=1}^{p}(x_{ik}-x_{jk})^2}$$

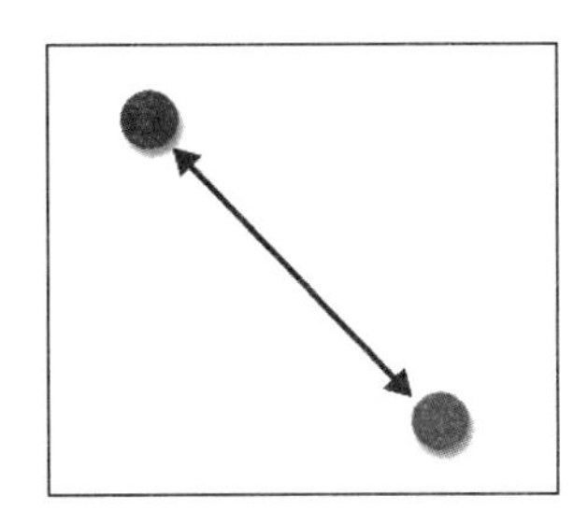

图 2-7　欧氏距离

值得注意的是，随着数据维数的增加，欧氏距离的作用会变小。

（2）明氏距离（Minkowski）。用公式表示为：

$$d_{ij}=\left(\sum_{k=1}^{p}|x_{ik}-x_{jk}|^q\right)^{\frac{1}{q}} \qquad (P>0)$$

明氏距离主要有以下两个缺点：

- 明氏距离的值与各指标的量纲有关，而各指标计量单位的选择有一定的人为性和随意性，各变量计量单位的不同不仅使此距离的实际意义难以说清，而且任何一个变量计量单位的改变都会使此距离的数值改变，从而使该距离的数值依赖于各变量计量单位的选择。
- 明氏距离的定义没有考虑各个变量之间的相关性和重要性。实际上，明氏距离是把各个变量都同等看待，将两个样本在各个变量上的距离差简单地进行了综合。

（3）兰氏距离（Lance & Williams）。这是兰思和威廉姆斯（Lance & Williams）所给定的一种距离，用公式表示为：

$$d_{ij}(L)=\frac{1}{p}\sum_{k=1}^{p}\frac{|x_{ik}-x_{jk}|}{x_{ik}+x_{jk}} \qquad (x_{ij}>0)$$

这是一个自身标准化的量，它对大的奇异值不敏感，这就使得它特别适合于高度偏倚的数据。虽然这个距离有助于克服明氏距离的第一个缺点，但它也没有考虑指标之间的相关性。

（4）马氏距离（Mahalanobis）。这是印度著名统计学家马哈拉诺比斯（P.C. Mahalanobis）所定义的一种距离，其计算公式为：

$$d_{ij}^2 = (x_i - x_j)'\Sigma^{-1}(x_i - x_j)$$

其中，Σ 表示观测变量之间的协方差矩阵。

在实践应用中，若总体协方差矩阵 Σ 未知，则可用样本协方差矩阵作为估计代替计算。马氏距离又称为广义欧氏距离。显然，马氏距离与上述各种距离的主要不同就是马氏距离考虑了观测变量之间的相关性。如果假定各变量之间相互独立，即观测变量的协方差矩阵是对角矩阵，则马氏距离就退化为用各个观测指标的标准差的倒数作为权数进行加权的欧氏距离。因此，马氏距离不仅考虑了观测变量之间的相关性，而且考虑到了各个观测指标取值的差异程度。

2. 聚类算法中的应用

聚类算法的应用较多，在这里主要介绍分层聚类和 k-means 聚类。

（1）分层聚类。分层聚类（Hierarchical Clustering Method），也译为“层次聚类法”或“系统聚类法”，是聚类算法的一种，通过计算不同类别数据点间的相似度来创建一棵有层次的嵌套聚类树。在聚类树中，不同类别的原始数据点是树的最低层，而树的顶层是一个聚类的根节点。

分层聚类的原理是开始时把每个样品作为一类，然后把最靠近的样品（即距离最小的群品）首先聚为小类，再将已聚合的小类按其类间距离再合并，不断继续下去，最后把一切子类都聚合到一个大类，如图 2-8 所示。

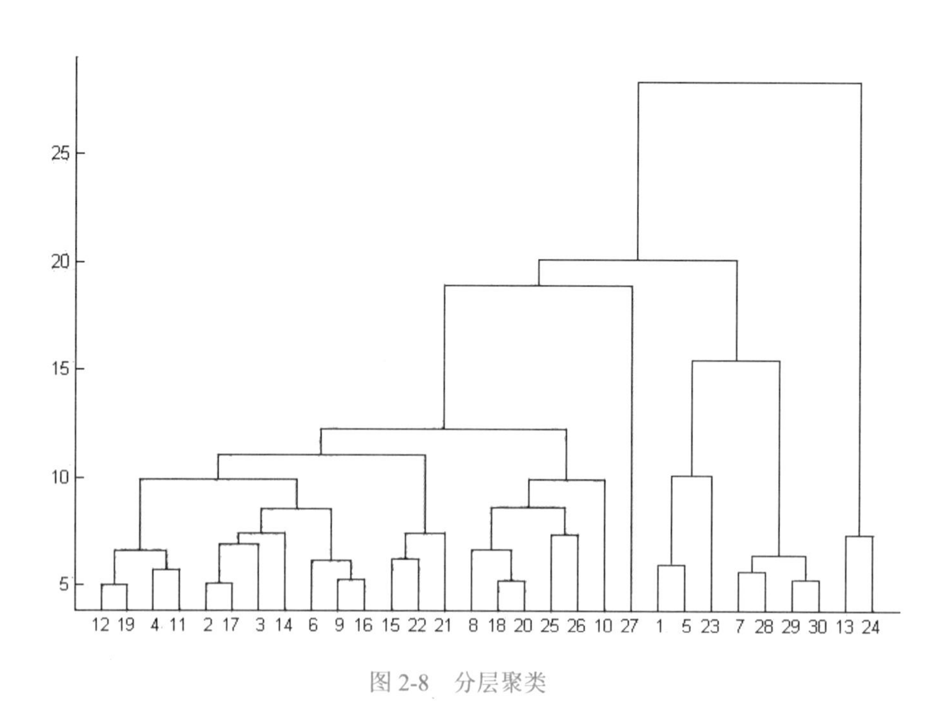

图 2-8 分层聚类

（2）k-means 聚类。k-means 聚类也叫动态聚类、逐步聚类、迭代聚类、k- 均值聚类、快速聚类，适用于大型数据。k-means 聚类中的 k 代表类簇的个数，means 代表类簇内数据对象之间的均值（这种均值是一种对类簇中心的描述），因此 k-means 算法又称为 k- 均值算法。k-means 聚类是一种基于划分的聚类算法，以距离作为数据对象间相似性度量的标准，即数据对象间的距离越小它们的相似性越高，则它们越有可能在同一个类簇，如图2-9所示。

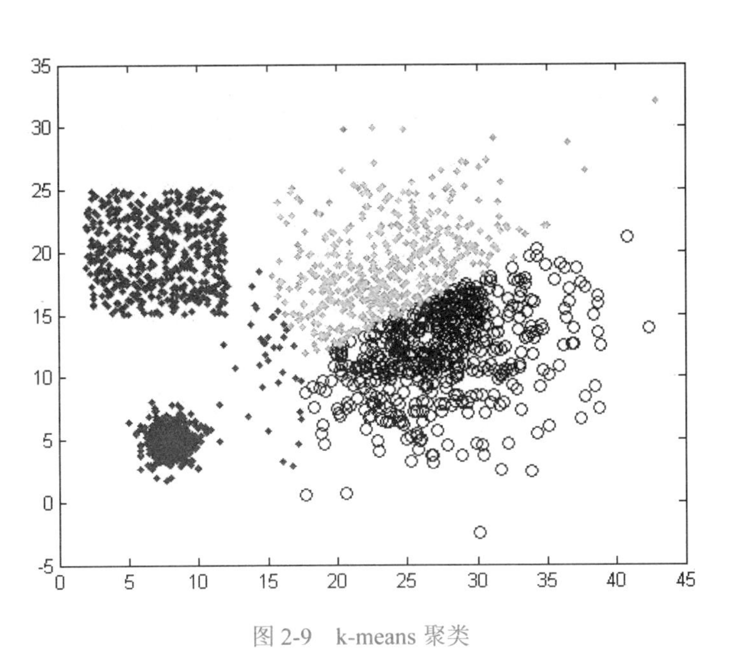

图 2-9 k-means 聚类

k-means 聚类的思想可以描述为：

1）导入一组具有 n 个对象的数据集，给出聚类个数 k。

2）初始化 k 个类簇中心。

3）根据欧几里得距离计算各个数据对象到聚类中心的距离，把数据对象划分至距离其最近的聚类中心所在的类簇中。

4）根据所得类簇更新类簇中心。

5）继续计算各个数据对象到聚类中心的距离，把数据对象划分至距离其最近的聚类中心所在的类簇中。

6）根据所得类簇，继续更新类簇中心；……；一直迭代，循环第 3 ～ 5 步直到达到最大迭代次数或者两次迭代的差值小于某一阈值时，迭代终止。

7）得到最终聚类结果。

2.7 实训

运行 R 语言并创建矩阵。

在 R 语言中可以使用 matrix() 函数来创建矩阵，语法格式如下：

matrix(data=NA, nrow = 1, ncol = 1, byrow = FALSE, dimnames = NULL)

参数含义如下：

data：矩阵的元素，默认为 NA，即未给出元素值的话，各项为 NA。

nrow：矩阵的行数，默认为 1。

ncol：矩阵的列数，默认为 1。

byrow：元素是否按行填充，默认按列。

dimnames：以字符型向量表示的行名和列名。

```
> matrix(c(1,2,3,4,5,6,7,8,9),nrow=3)
     [,1] [,2] [,3]
[1,]    1    4    7
[2,]    2    5    8
[3,]    3    6    9
```

该实训使用函数 matrix() 创建了一个 3*3 的矩阵（3 行 3 列），它由 1、2、3、4、5、6、7、8、9 组成。

练习 2

1．简述什么是微积分。
2．简述什么是线性代数。
3．简述什么是条件概率。
4．简述什么是哈希算法。
5．简述什么是欧氏距离。

第 3 章　文件格式及其转换

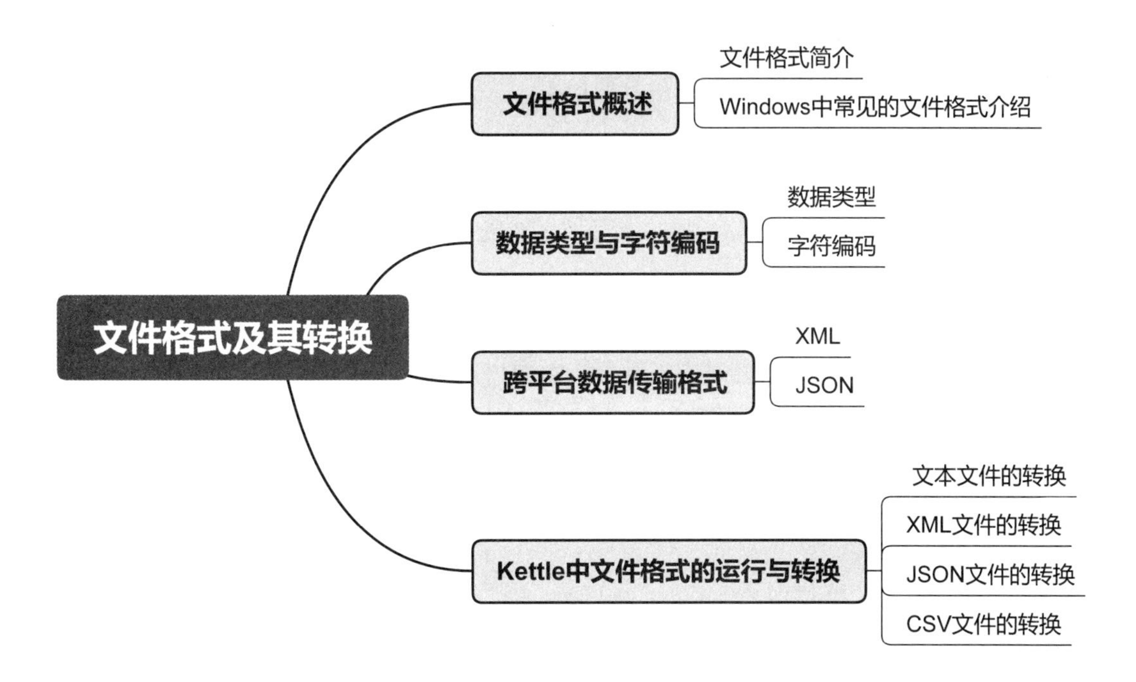

本章导读

在数据清洗操作中，我们需要面对各种不同格式的文件。本章主要介绍几种常见的文件格式类型以及转换的方式。

本章要点

- 文件格式概述
- 数据类型与字符编码
- 跨平台数据传输格式介绍
- Kettle 中的文件格式转换方式

3.1 文件格式概述

3.1.1 文件格式简介

文件格式也指文件类型，它是在计算机中为了存储信息而使用的对信息的特殊编码方式，用于识别内部储存的资料，如文本文件、视频文件、图像文件等。这些文件功能不同，有的文件用于存储文字信息，有的文件用于存储视频信息，有的文件用于存储图像信息等。此外，在不同的操作系统中文件格式也有所区别。

3.1.2 Windows 中常见的文件格式介绍

在 Windows 中常见的文件格式有文本文件、图像文件、视频与声音文件。

1. 文本文件

txt 是微软在操作系统上附带的一种文本格式，是 Windows 中最常见的文件格式。该格式常用记事本等程序保存，并且大多数软件都可以方便地查看，如记事本、浏览器等。

此外，doc 通常也用于微软的 Windows 系统中，该格式最早出现在 20 世纪 90 年的文字处理软件 Word 中。与 txt 格式不同，doc 格式可以编辑图片等文本文档所不能处理的内容。

值得注意的是，在数据清洗中还离不开 csv 文件，csv 文件一般以纯文本形式存储表格数据（数字和文本）。纯文本意味着该文件是一个字符序列，不含必须像二进制数字那样被解读的数据。csv 格式由任意数目的记录组成，记录间以某种换行符分隔；每条记录由字段组成，字段间的分隔符是其他字符或字符串，最常见的是逗号或制表符。

2. 图像文件

图像文件格式是记录和存储影像信息的格式，对数字图像进行存储、处理必须采用一定的图像格式，图像文件格式决定了应该在文件中存放何种类型的信息。

在 Windows 中常见的图像文件包括 BMP、JPEG 和 PNG。BMP（位图）格式是 DOS 和 Windows 兼容计算机系统的标准 Windows 图像格式，它支持 RGB、索引颜色、灰度和位图颜色模式，但不支持 Alpha 通道，支持 1 位、4 位、24 位、32 位的 RGB 位图。JPEG（联合图片专家组）是目前所有格式中压缩率最高的格式。大多数彩色和灰度图像都使用 JPEG 格式压缩图像，压缩比很大而且支持多种压缩级别，当对图像的精度要求不高而存储空间又有限时，JPEG 是一种理想的压缩方式。PNG 图片以任何颜色深度存储单个光栅图像，是与平台无关的格式。与 JPEG 的有损耗压缩相比，PNG 提供的压缩量较少。

3. 视频与声音文件

音频与视频格式主要用于存储计算机中的音频与视频文件。

在 Windows 中常见的音频与视频文件包括 MP3、WAV、MP4 和 AVI。MP3 是一种音频压缩技术，它被设计用来大幅度地降低音频数据量。利用 MPEG Audio Layer 3 的技术，将音乐以 1:10 甚至 1:12 的压缩率压缩成容量较小的文件。在 Windows 系统中用 MP3 形式存储的音乐叫作 MP3 音乐，能播放 MP3 音乐的机器就叫作 MP3 播放器。WAV 格式是微软开发的一种声音文件格式，用于保存 Windows 平台的音频信息资源，被 Windows 平台及其应用程序所广泛支持，该格式也支持 MSADPCM、CCITT A LAW 等多种压缩算法。

MP4 是一套用于音频、视频信息的压缩编码标准，由国际标准化组织（ISO）和国际电工委员会（IEC）下属的“动态图像专家组”制定。MP4 格式的主要用于网上流、光盘、语音发送和电视广播等。AVI 格式也叫作音频视频交错格式，它对视频文件采用了一种有损压缩方式，但压缩比较高，因此尽管画面质量不是太好，但其应用范围仍然非常广泛。AVI 支持 256 色和 RLE 压缩。目前 AVI 格式主要应用在多媒体光盘上，用来保存电视、电影等各种影像信息。

3.2　数据类型与字符编码

数据类型与字符编码在数据清洗中极为重要，本节主要讲述数据类型与字符编码的基本概念和应用。

3.2.1　数据类型

数据类型是一个值的集合和定义在这个值集上的一组操作的总称。它的出现是为了把数据分成所需内存大小不同的数据，以便于程序的运行。通常可以根据数据类型的特点将数据划分为不同的类型，如原始类型、多元组、记录单元、代数数据类型、抽象数据类型、参考类型、函数类型等。在每种编程语言和数据库中都有不同的数据类型。

3.2.2　字符编码

在计算机中，所有的信息都是 0/1 组合的二进制序列，计算机是无法直接识别和存储字符的。因此，字符必须经过编码才能被计算机处理。

字符编码也叫作字集码，把字符集中的字符编码为指定集合中的某一对象（例如比特模式、自然数序列、8 位组、电脉冲），以便文本在计算机中存储和通过通信网络传递。常见的例子包括将拉丁字母表编码成摩斯电码和 ASCII 码。

1. ASCII 码

ASCII 码于 1961 年被提出，用于在不同计算机硬件和软件系统中实现数据传输标准化，在大多数的小型机和全部的个人计算机中都使用此码。ASCII 码划分为两个集合：128 个字符的标准 ASCII 码和附加 128 个字符的扩充 ASCII 码。基本 ASCII 字符集共有 128 个字符，其中有 96 个可打印字符，包括常用的字母、数字、标点符号等，另外还有 32 个控制字符。标准 ASCII 码使用 7 个二进位对字符进行编码，对应的 ISO 标准为 ISO646 标准。

2. GB 2312 编码

GB 2312 是 ANSI 编码中的一种，它是为了用计算机记录并显示中文。GB 2312 是一个简体中文字符集，由 6763 个常用汉字和 682 个全角的非汉字字符组成。其中，汉字根据使用的频率分为两级，一级汉字 3755 个，二级汉字 3008 个。

3. Unicode 编码

由于世界各国都有自己的编码，极有可能会导致乱码的产生。因此为了统一编码，减少编码不匹配现象的出现，就产生了 Unicode 编码。Unicode 编码是一个很大的集合，现在的规模可以容纳 100 多万个符号。

3.3 跨平台数据传输格式

随着信息社会的不断发展，计算机中的跨平台应用变得越来越普及，目前常用的跨平台数据传输技术有 XML 和 JSON。

跨平台数据传输格式

3.3.1 XML

XML（可扩展标记语言）于 1998 年获得了其规范和标准，并一直沿用至今，是当今因特网上保存和传输信息的主要标记语言。XML 的主要特点是将数据的内容和形式相分离，以便于在互联网上传输。

1. XML 结构

从设计之初，人们便将 XML 文档在网页中显示成树状结构，它的显示总是从“根部”开始，然后延伸到“枝叶”。

一个完整的 XML 文档：

```
<?xml version="1.0" encoding="utf-8"?>
<persons>
  <person>
    <full_name>Tony Smith</full_name>
    <child_name>Cecilie</child_name>
  </person>
  <person>
    <full_name>David Smith</full_name>
    <child_name>Jogn</child_name>
  </person>
  <person>
    <full_name>Michael Smith</full_name>
    <child_name>kyle</child_name>
    <child_name>klie</child_name>
  </person>
</persons>
```

在 XML 中，第一句 <?xml version="1.0"encoding="utf-8"? > 用来声明 XML 语句的规范信息，包含了 XML 声明、XML 的处理指令和架构声明。其中，version="1.0" 指出版本，encoding="utf-8" 则给出语言信息。

从 <persons> 开始为文档主体。在这个例子中，所有的标记都是开发者自行定义的，以尖括号 <> 开始，并在结束时加以“/”封闭 </>。在标记元素中 <persons> 便是 XML 的根元素，其后的 <person> 是 <persons> 的子元素。子元素必须包含在根元素之中。

在记事本中书写完成后，创建该文档的后缀名为 .xml，即可在浏览器中打开查看。但是 XML 文档的书写必须要语法正确，否则会提示错误信息，如标记没有封闭、标记前后不一致等都将无法打开。

在浏览器中运行 XML，如图 3-1 所示。

```
<?xml version="1.0" encoding="UTF-8"?>
- <persons>
  - <person>
      <full_name>Tony Smith</full_name>
      <child_name>Cecilie</child_name>
    </person>
  - <person>
      <full_name>David Smith</full_name>
      <child_name>Jogn</child_name>
    </person>
  - <person>
      <full_name>Michael Smith</full_name>
      <child_name>kyle</child_name>
      <child_name>klie</child_name>
    </person>
  </persons>
```

图 3-1　XML 在浏览器中的运行

2. XML 的优点

XML 的设计思路是把数据和它显示的方式分开，以用于在不同的设备上显示相同的数据，优点如下：

（1）可读性和可扩展性。XML 文档标记由开发者自行定义，因此语义明确，可读性强，不容易出现歧义，并且 XML 允许各个行业和组织自己建立合适的标记集合，开发自己的语言标准，如数学标记语言 MathML、无线通信标记语言 WML、化学标记语言 CML、手持设备标记语言 HDML、生物序列标记语言 BSML、天文学标记语言 AML、气象标记语言 WOMF、广告标记语言 AdML 等，并且支持多种语言编码格式，使用广泛。

（2）跨平台的传输。XML 是基于互联网的文本传输和应用，比其他的数据存储格式更适合于网络传输，此格式文件小，浏览器对其解析很快，非常适合各种互联网应用。同时，XML 数据格式支持网络中的信息检索，并能降低网络服务器的负担，对智能网络的发展起到了关键作用。

3.3.2　JSON

JSON（JavaScript Object Notation）来源于 JavaScript，是新一代的网络数据传输格式。其中，JavaScript 是一种基于 Web 的脚本语言，主要用于在 HTML 页面中添加动作脚本。JSON 作为一种轻量级的数据交换技术，在跨平台的数据传输中起到了关键作用。

1. JSON 结构

从定义上看 JSON 本身即是一个 JavaScript 表达式，它由 IETF RFC4627 定义，在语法创建上与 JavaScript 类似，并可用 JSON 生成原生的 JavaScript 对象。JSON 的描述方式如下：

创建对象（名称）：一个对象以“{”（左花括号）开始，以“}”（右花括号）结束。

描述对象（值对）：用 "" 来保存。

例如，表示学生的一个对象：

```
{ "姓名":"王飞",
  "学号":003,
  "专业":"计算机"
}
```

在使用 JSON 书写时，一个对象中可以包含多个值对。

" 姓名 "："王飞"等同于 JavaScript 中的语句：姓名 =" 王飞 "，对于使用者而言这很容易理解。

又例如，表示一组学生：

```
{" 学生 ":[
  {" 姓名 ":" 王飞 "," 专业 ":" 计算机 "},
  {" 姓名 ":" 杨雪 "," 专业 ":" 电子 "},
  {" 姓名 ":" 张敏 "," 专业 ":" 机械 "},
  {" 姓名 ":" 黄丽 "," 专业 ":" 英语 "},
  ]
}
```

该例描述了一个学生数组，该组又包含多个学生对象。

2. JSON 的特点

总体上讲，JSON 实际上是 JavaScript 的一个子集，所以 JSON 的数据格式和 JavaScript 是对应的。与 XML 格式相比，JSON 书写更简洁，在网络中传输速度也更快。图 3-2 所示为 JSON 格式的文件。

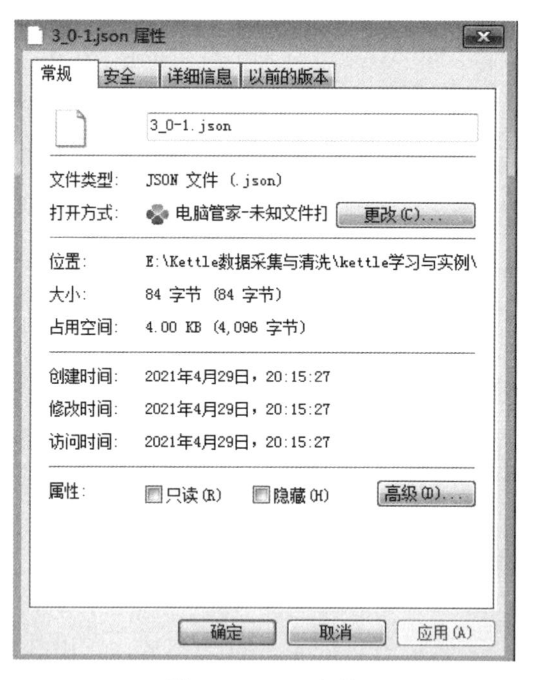

图 3-2　JSON 文件

3.4　Kettle 中文件格式的运行与转换

Kettle 使用图形化的界面来定义复杂的 ETL 程序和工作流，因此它也被认为是一种可视化编程语言。使用 Kettle，开发者可快速地构建各种 ETL 流程。

使用 Kettle 可以对不同格式的文件进行相互转换。在 Kettle 中，通过“核心对象”选项卡中的“输入”和“输出”文件夹即可看到多种不同格式的文件，如图 3-3 和图 3-4 所示。

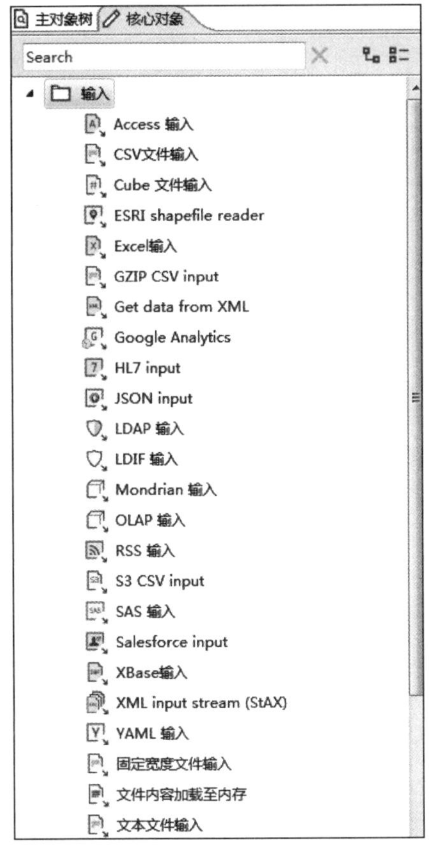

图 3-3　“输入”文件夹

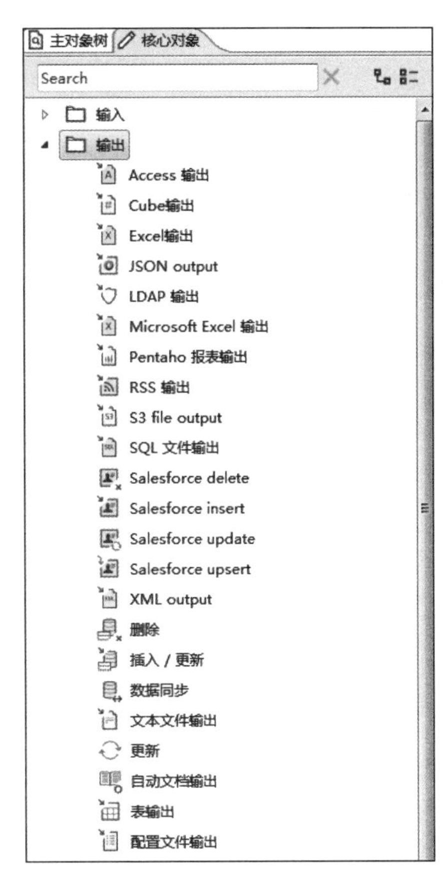

图 3-4　“输出”文件夹

3.4.1　文本文件的转换

文本文件在 Windows 中一般是指记事本文件，在本节中主要讲述使用 Kettle 来运行和转换文本文件中的数据。

【例 3-1】Kettle 转换文本文件。

（1）成功运行 Kettle 后在菜单栏中单击“文件”，可以看到有三个可选项：转换、作业和数据库连接，这里选择“转换”选项。在“输入”文件夹中选择“文本文件输入”并拖至屏幕中间区域，在“输出”文件夹中选择“Excel 输出”并拖至屏幕中间区域，建立节点的连接，如图 3-5 所示。

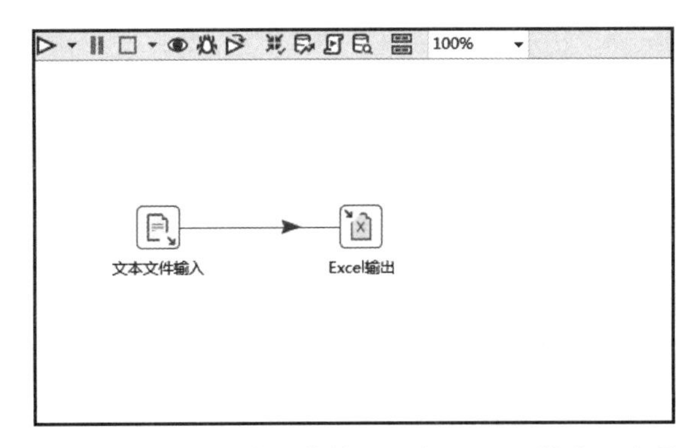

图 3-5　选择“文本文件输入”和“Excel 输出”选项

（2）在本地计算机中新建一个文本文件，输入如图 3-6 所示的内容并保存为 3-1.txt。

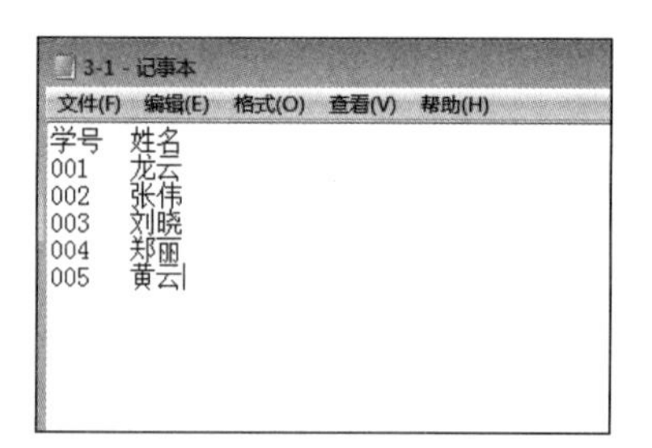

图 3-6 新建文本文件

（3）双击“文本文件输入”图标进入设置界面，将 3-1.txt 添加进去，如图 3-7 所示。

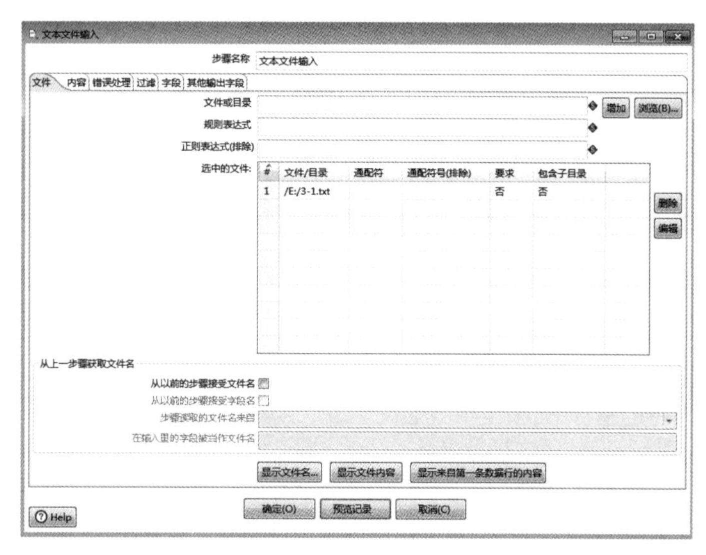

图 3-7 添加文本文件

（4）设置文件的内容，在“文件类型”下拉列表框中选择 CSV，在“分隔符”栏中选择“;”，在“格式”下拉列表框中选择 mixed，在“本地日期格式”下拉列表框中选择 zh_CN，如图 3-8 所示。

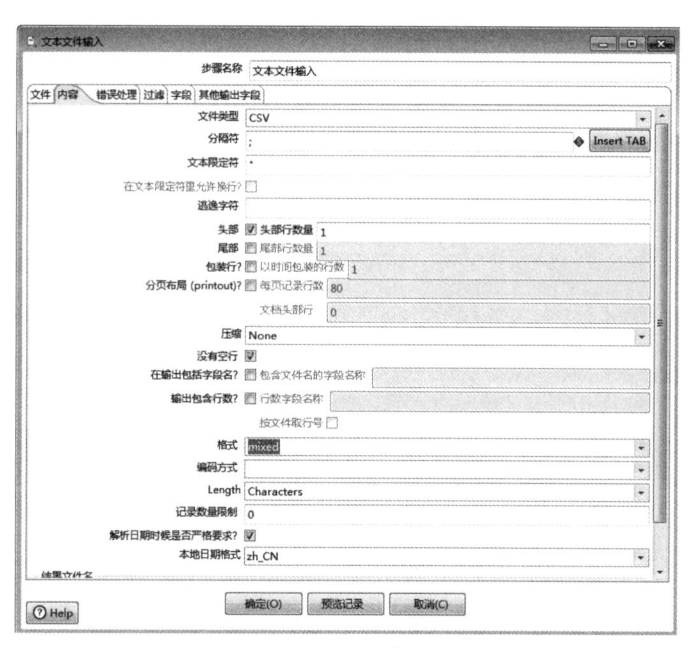

图 3-8 设置文件的内容

（5）获取字段内容，如图 3-9 所示。

图 3-9　获取对应的字段

（6）保存该文件，选择“运行这个转换”选项执行数据抽取，并可以在下方的“执行结果”栏中查看该次操作的运行结果，如图 3-10 所示。

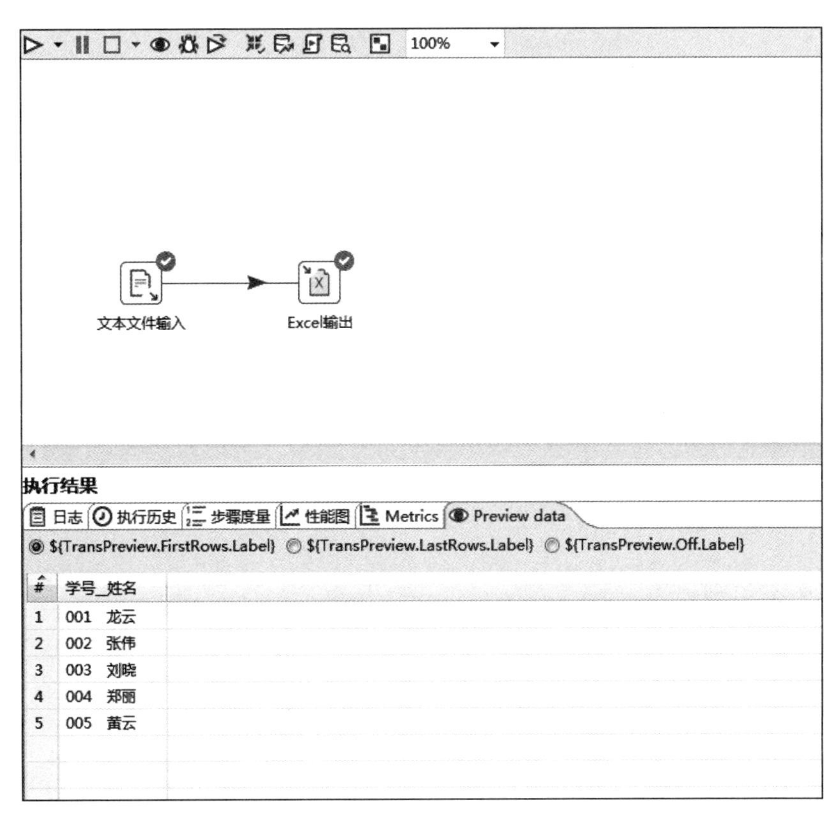

图 3-10　查看执行转换结果

3.4.2　XML 文件的转换

【例 3-2】Kettle 转换 XML 文件。

（1）准备一个 XML 文件，命名为 3-1.xml，内容如下：

```
<?xml version="1.0" encoding="utf-8"?>
<books>
  <book>
```

```
        <name>JAVA高级编程</name>
        <description>讲述JAVA程序开发的高级知识</description>
    </book>
    <book>
        <name>Python高级编程</name>
        <description>讲述Python程序开发的高级知识</description>
    </book>
</books>
```

（2）成功运行 Kettle 后在菜单栏中单击“文件”，可以看到有三个可选项：转换、作业和数据库连接，这里选择“转换”选项，在“输入”文件夹中选择 Get data from XML 并拖至屏幕中间区域，在“输出”文件夹中选择“文本文件输出”并拖至屏幕中间区域，建立节点的连接，如图 3-11 所示。

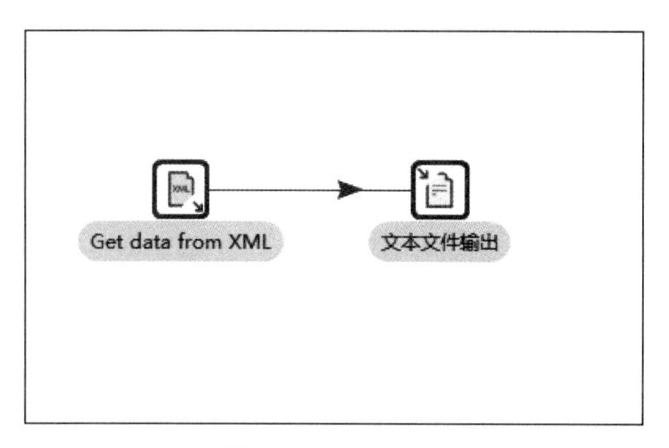

图 3-11 建立连接

（3）双击 Get data from XML 图标，在文件名中添加 3-1.xml 文件，如图 3-12 所示。

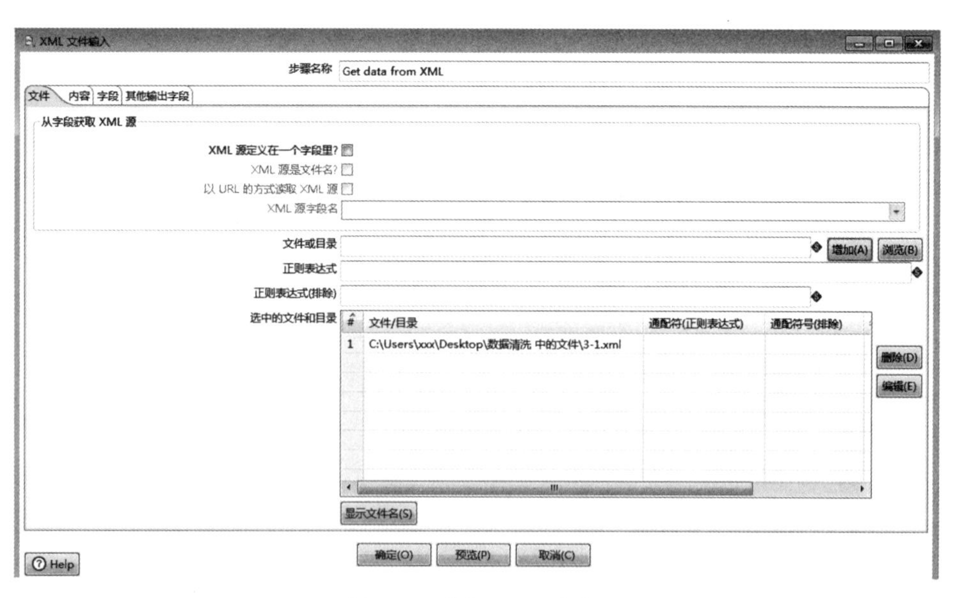

图 3-12 增加 XML 文件

（4）在“内容”选项卡中，在“循环读取路径”栏中单击“获取 XML 文档的所有路径”按钮，在弹出的对话框中选择第 2 项 /boos/book，设置好路径，如图 3-13 所示。

（5）选择“字段”选项卡，单击“获取字段”按钮，如图 3-14 所示。

（6）双击“文本文件输出”图标，设置保存的文本文件名称与位置，如图 3-15 所示。

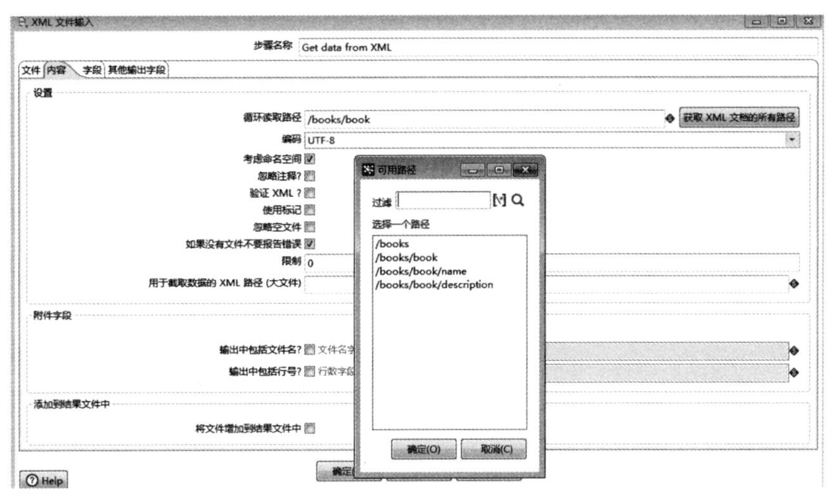

图 3-13 设置读取路径

图 3-14 设置字段

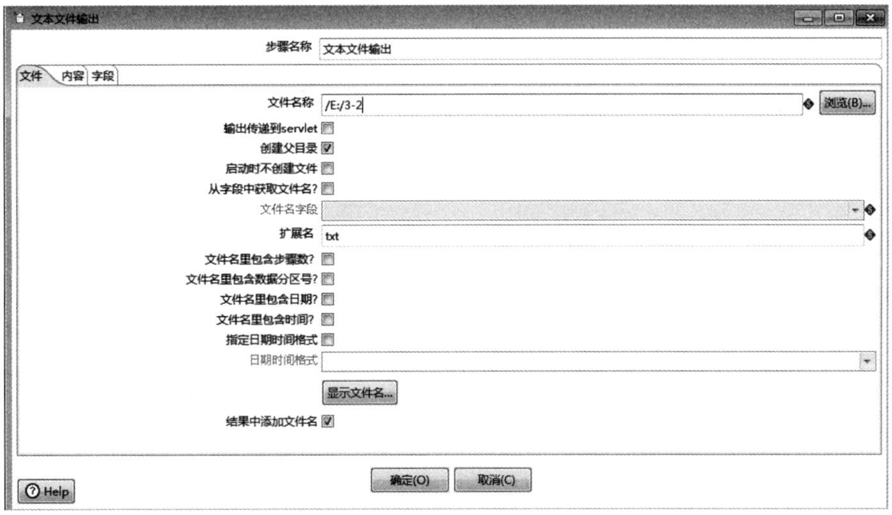

图 3-15 设置文本文件输出

（7）保存该文件，选择“运行这个转换”选项执行数据抽取，并可以在下方的“执行结果”栏中查看该次操作的运行结果，如图 3-16 所示。

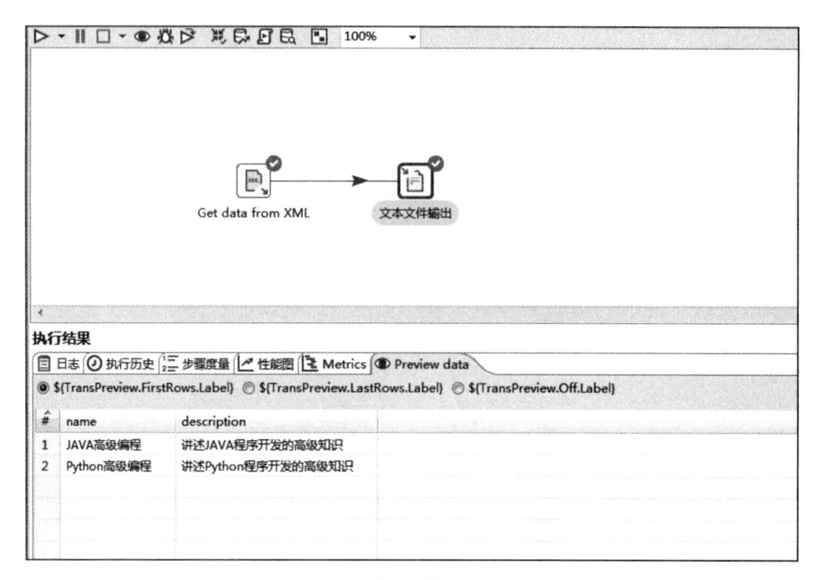

图 3-16 运行并查看结果

3.4.3 JSON 文件的转换

【例 3-3】Kettle 转换 JSON 文件。

（1）准备一个名为 3_0-1 的 JSON 文件并写入如下内容：

{"data":[{"name":"JAVA 高级编程 ","description":" 讲述 JAVA 程序开发的高级知识 "}]}

（2）在 Kettle 中新建“转换”，在其中选择“自定义常量数据”，在“输入”文件夹中选择 JSON input，建立节点连接，如图 3-17 所示。

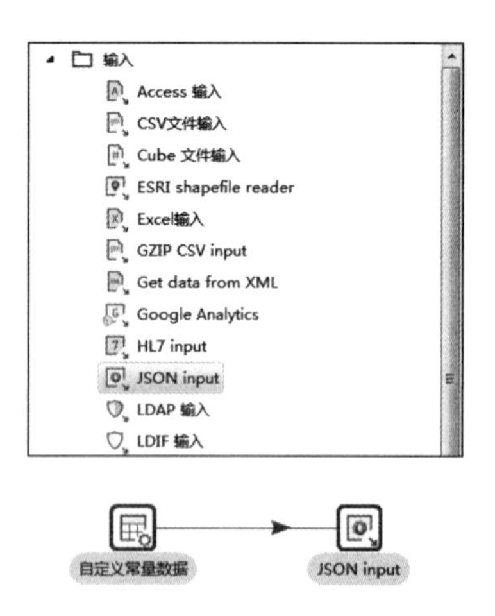

图 3-17 运行并查看结果

（3）双击“自定义常量数据”图标，设置元数据为 json，设置类型为 String，如图 3-18 所示。

（4）选择“数据”选项卡，手动设置 json 数据内容，如图 3-19 所示。

（5）双击 JSON input 图标，在“文件”选项卡中设置如图 3-20 所示，在“字段”选项卡中设置如图 3-21 所示。

图 3-18 json 文件输入设置

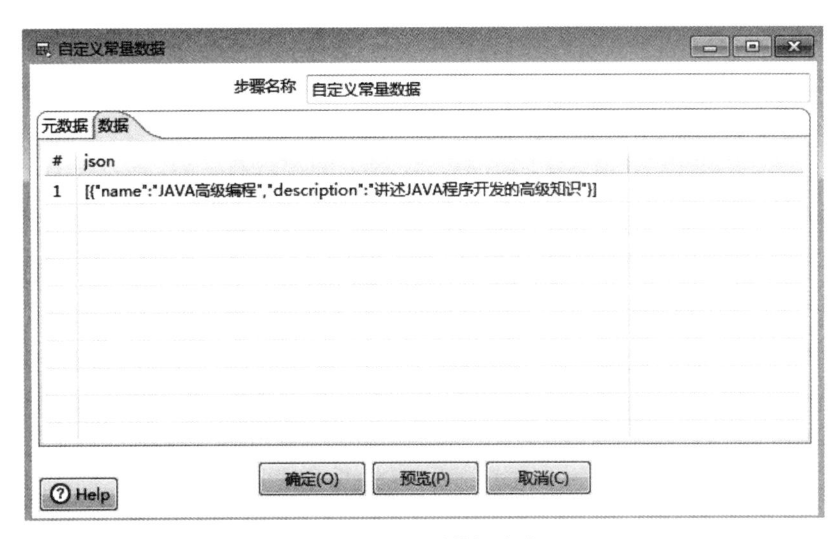

图 3-19 设置数据内容

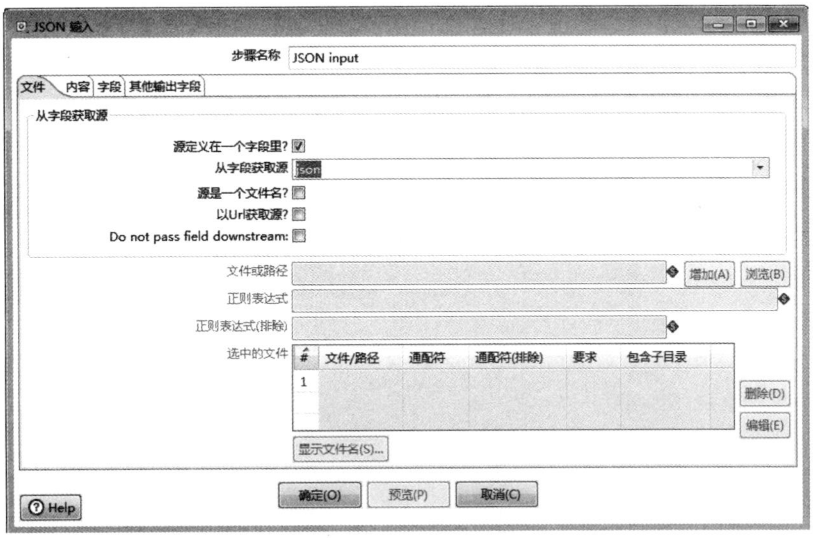

图 3-20 设置文件内容

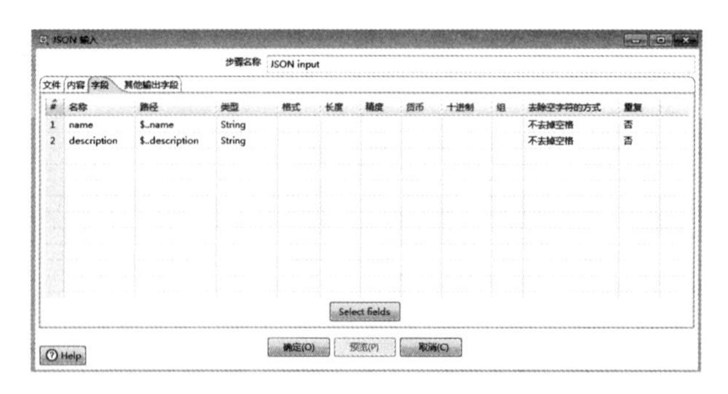

图 3-21　设置字段内容

（6）保存该文件，选择“运行这个转换”选项执行数据转换，如图 3-22 所示。

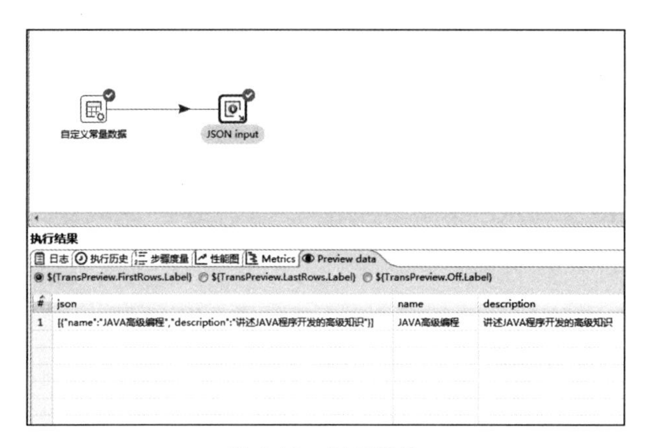

图 3-22　运行转换

3.4.4　CSV 文件的转换

【例 3-4】Kettle 转换 CSVL 文件。

（1）准备一个名为 3-1 的 CSV 文件，内容如图 3-23 所示。

A1 学校名称（中文）

	A	B	C	D	E	F
1	学校名称	学校名称	主校区地	邮编	学制	办公室电话（校务）
2	上海美国	Shanghai	闵行区，	201107	幼儿园、	62211445
3	上海协和	Concordi	浦东金桥，	201206	幼儿园至	58990380
4	上海虹桥	Shanghai	长宁区，	200335	幼儿园，小学	
5	上海日本	Shanghai	闵行区，	201103	小学、初中义务教育，高中	
6	上海耀中	Yew Chung	长宁区，	200336	学前教育到高中教育	
7	上海虹桥	German Sc	青浦区，	201702	幼儿园，	39760555-300
8	上海法国	Shanghai	青浦区，	201702	幼儿园，小学，中学	
9	上海英国	The Briti	上海市浦	201315	幼儿园，小学，初中，高中	
10	上海新加	Shanghai	闵行区，	201106	幼儿园、小学、初中、高中	
11	上海长宁	Shanghai	长宁区，	200051	幼儿园-高中	
12	上海韩国	Shanghai	闵行区，	201107		
13	上海德威	Shanghai	浦东新区，	201206	幼儿园至高中	
14	上海李文	Livingst	长宁区，	200335	高中	52188575-1005
15	上海西华	Western I	青浦区徐	201702	学前班及1	69766388
16	上海泰宁	Tiny Tots	徐汇区，	200031	幼儿园	64313788
17	上海美丘	Shanghai	上海市闵	201103	幼儿园	
18	上海奥伊	Shanghai	长宁区，	200335	幼儿园教育	
19	上海恩吉	Shanghai	闵行区，	201103	韩国幼儿	021）64012393
20	东进上海	Toshin In	闵行区，	201103	外籍人员子女学校	
21	东进上海	TOSHIN IN	浦东，浦	201204	外籍人员子女学校	
22	上海骏台	SHANGHAI	长宁区，	200336	中、小学生课外辅导	
23	上海日本	Japanese	长宁区，	201103	补习教育	
24	上海飞翔	Shanghai	长宁区，	201103	为在沪日本籍中小学生补习	
25	上海青海	Shanghai	长宁区，	201103	小学，中学，高中	
26	上海新大	Shanghai	长宁区，	201103	补习	
27	上海一麦	SHANGHAI	浦东新区，	200127	小学、初	50453072
28	上海中学	Shanghai	徐汇区，	200231	1年级至12年级	
29	上海市进	Internati	浦东新区，	200127	初中、高中	
30	上海外国	Shanghai	虹口区，	200083	高中	
31	华东师范	No2. High	浦东新区，	201203	初中、高中	
32	宋庆龄幼	Song Chin	长宁区，	201103		
33	复旦大学	Fudan Int	杨浦区，	200433	小学至高中（1-12年级）	
34	上海市实	Shanghai	浦东新区，	200125	1-9年级	64140233
35	上海宋庆	Shanghai	上海青浦	201703	小学，初中	
36	上海不列	Britannic	闵行区，	201103	学前、小学、初中和高中阶段教育	
37	上海惠灵	WELLINGTO	上海市浦	200126	外籍人员子女学校	
38	上海哈罗	Shanghai	浦东新区，	200137	学前至高中	
39						

图 3-23　CSV 文件内容

（2）运行 kettle 后选择“转换”选项，在“输入”文件夹中选择“CSV 文件输入”，在“输出”文件夹中选择“文本文件输出”并拖至屏幕中间区域，建立节点连接，如图 3-24 所示。

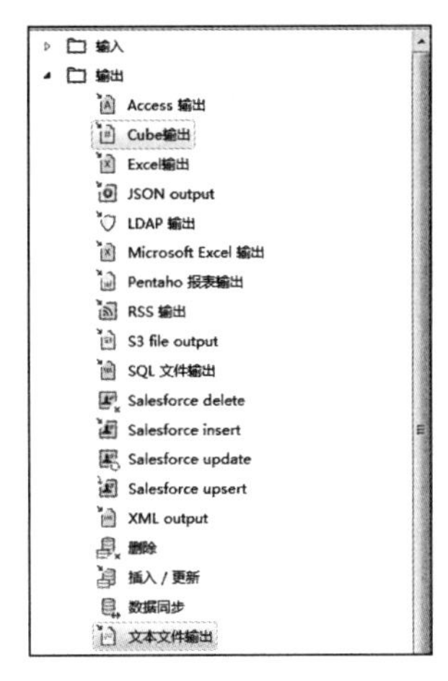

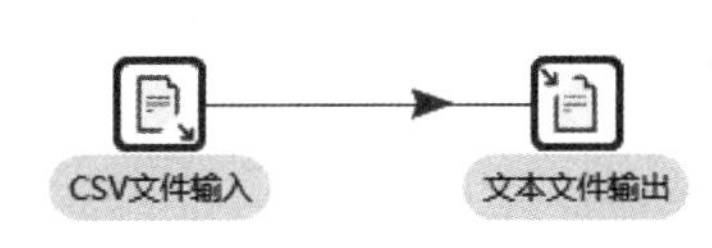

图 3-24　建立连接

（3）双击“CSV 文件输入”图标，在“文件名”栏中添加 CSV 文件，再单击“获取字段”按钮自动获得 CSV 文件各列的表头，如图 3-25 所示。

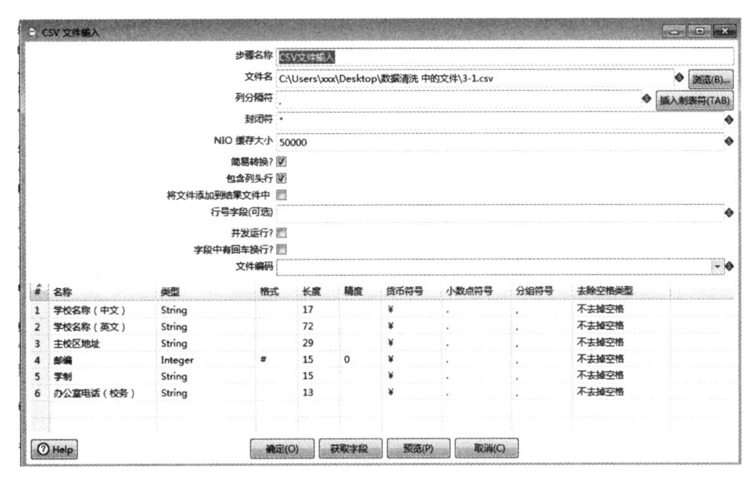

图 3-25　CSV 文件输入

（4）双击“文本文件输出”图标，设置输出的文件名，如图 3-26 所示。

图 3-26　文本文件输出设置

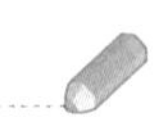

（5）保存该文件，选择“运行这个转换”选项，在下方的“执行结果”栏中可以查看该次操作的运行结果，如图 3-27 所示。

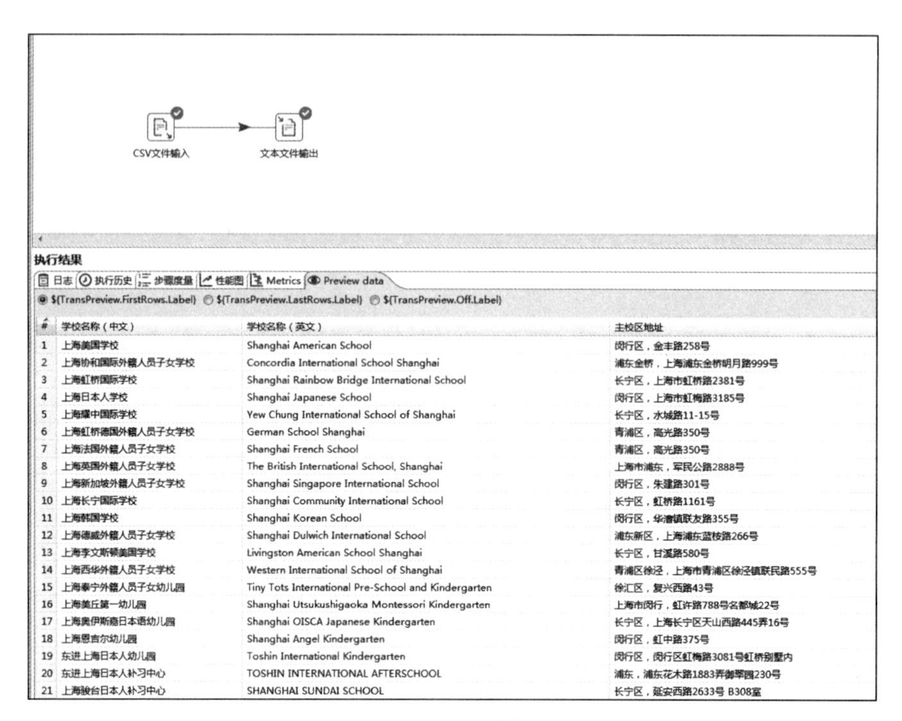

#	学校名称（中文）	学校名称（英文）	主校区地址
1	上海美国学校	Shanghai American School	闵行区，金丰路258号
2	上海协和国际外籍人员子女学校	Concordia International School Shanghai	浦东金桥，上海浦东金桥明月路999号
3	上海虹桥国际学校	Shanghai Rainbow Bridge International School	长宁区，上海市虹桥路2381号
4	上海日本人学校	Shanghai Japanese School	闵行区，上海市虹梅路3185号
5	上海耀中国际学校	Yew Chung International School of Shanghai	长宁区，水城路11-15号
6	上海虹桥德国外籍人员子女学校	German School Shanghai	青浦区，高光路350号
7	上海法国外籍人员子女学校	Shanghai French School	青浦区，高光路350号
8	上海英国外籍人员子女学校	The British International School, Shanghai	上海市浦东，军民公路2888号
9	上海新加坡外籍人员子女学校	Shanghai Singapore International School	闵行区，朱建路301号
10	上海长宁国际学校	Shanghai Community International School	长宁区，虹桥路1161号
11	上海韩国学校	Shanghai Korean School	闵行区，华漕镇联友路355号
12	上海德威外籍人员子女学校	Shanghai Dulwich International School	浦东新区，上海浦东蓝桉路266号
13	上海李文斯顿美国学校	Livingston American School Shanghai	长宁区，甘溪路580号
14	上海西华外籍人员子女学校	Western International School of Shanghai	青浦区徐泾，上海市青浦区徐泾镇联民路555号
15	上海泰宁外籍人员子女幼儿园	Tiny Tots International Pre-School and Kindergarten	徐汇区，复兴西路43号
16	上海美丘第一幼儿园	Shanghai Utsukushigaoka Montessori Kindergarten	上海市闵行，虹许路788号名都城22号
17	上海奥伊斯嘉日本语幼儿园	Shanghai OISCA Japanese Kindergarten	长宁区，上海长宁区天山西路445弄16号
18	上海恩吉尔幼儿园	Shanghai Angel Kindergarten	闵行区，虹中路375号
19	东进上海日本人幼儿园	Toshin International Kindergarten	闵行区，闵行区虹梅路3081号虹桥别墅内
20	东进上海日本人补习中心	TOSHIN INTERNATIONAL AFTERSCHOOL	浦东，浦东花木路1883弄御翠园230号
21	上海骏台日本人补习中心	SHANGHAI SUNDAI SCHOOL	长宁区，延安西路2633号 B308室

图 3-27　运行转换

在 Kettle 中对不同格式的文件进行相互转换的应用较多，读者可通过操作来自行熟悉。

3.5　实训

1．使用 Kettle 对 Excel 文件进行转换和显示。

（1）准备一个名为 3-1.xsl 的 Excel 文件并写入内容，如图 3-28 所示。

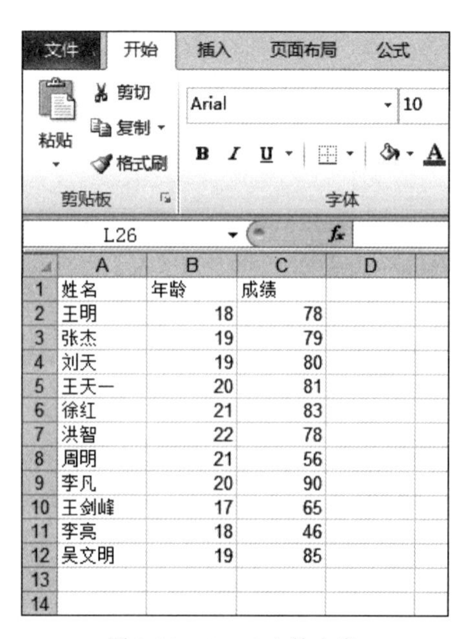

	A	B	C	D
1	姓名	年龄	成绩	
2	王明	18	78	
3	张杰	19	79	
4	刘天	19	80	
5	王天一	20	81	
6	徐红	21	83	
7	洪智	22	78	
8	周明	21	56	
9	李凡	20	90	
10	王剑峰	17	65	
11	李亮	18	46	
12	吴文明	19	85	
13				
14				

图 3-28　Excel 文件内容

（2）在 Kettle 中新建“转换”，在“输入”文件夹中选择“Excel 输入”，在“输出”文件夹中选择“文本文件输出”，建立节点连接，如图 3-29 所示。

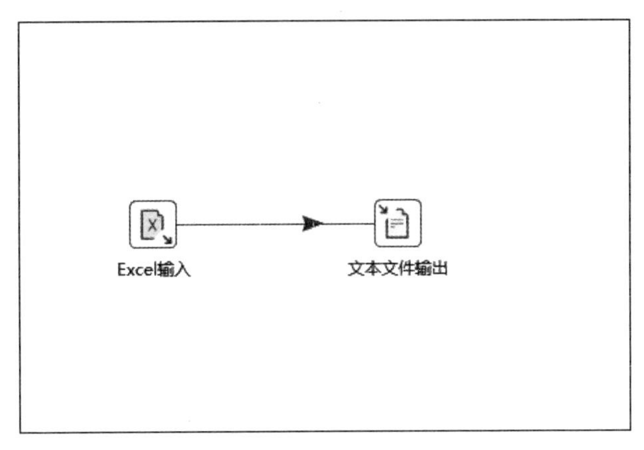

图 3-29 建立连接

（3）双击“Excel 输入”图标，在“文件”选项卡中添加 3-1.xsl 文件，在“工作表”选项卡中选择要读取工作表名称为 Sheet1，在“字段”选项卡中获取工作表字段，如图 3-30 至图 3-32 所示。

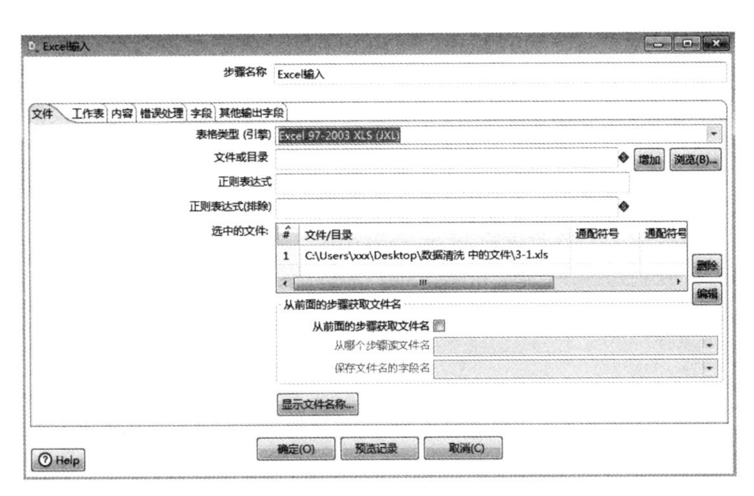

图 3-30 添加 Excel 文件

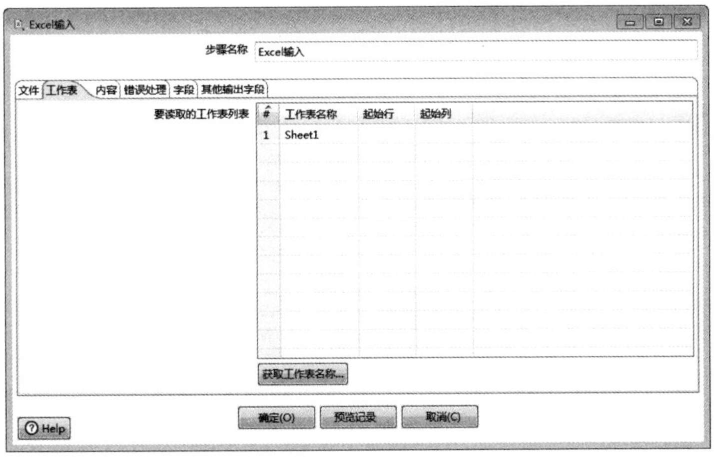

图 3-31 添加表

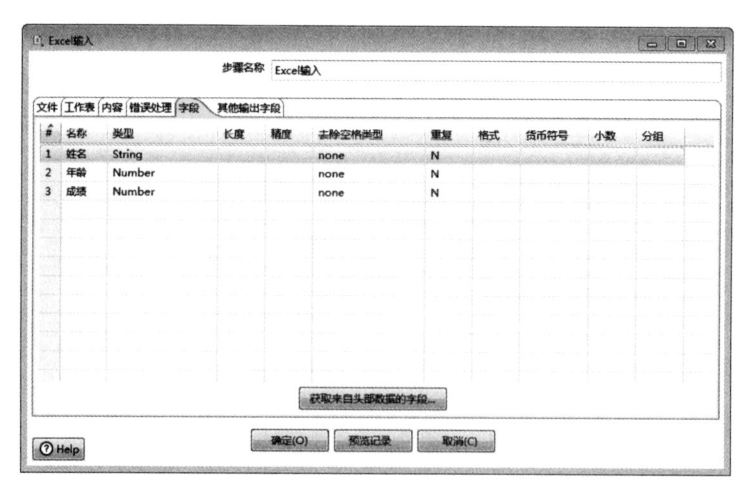

图 3-32　获取字段

（4）双击“文本文件输出”图标，在“文件”选项卡中设置要保存的文件名称和路径，在“字段”选项卡中获取要输出的字段，如图 3-33 和图 3-34 所示。

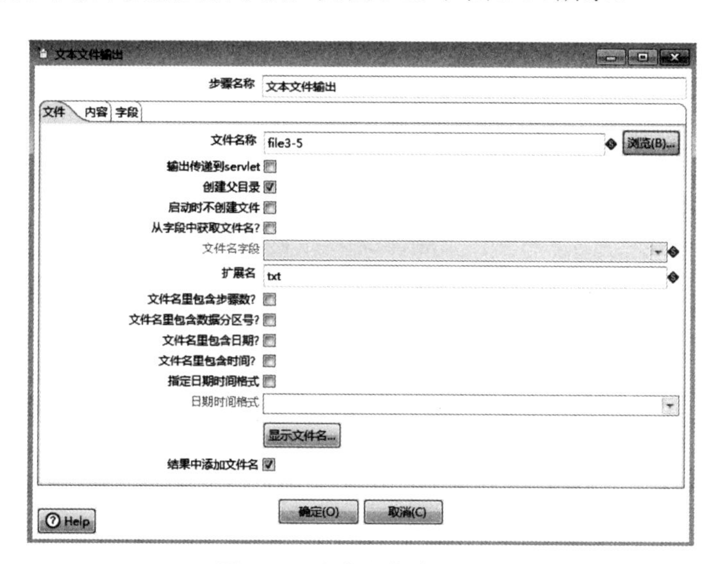

图 3-33　文本文件输出设置

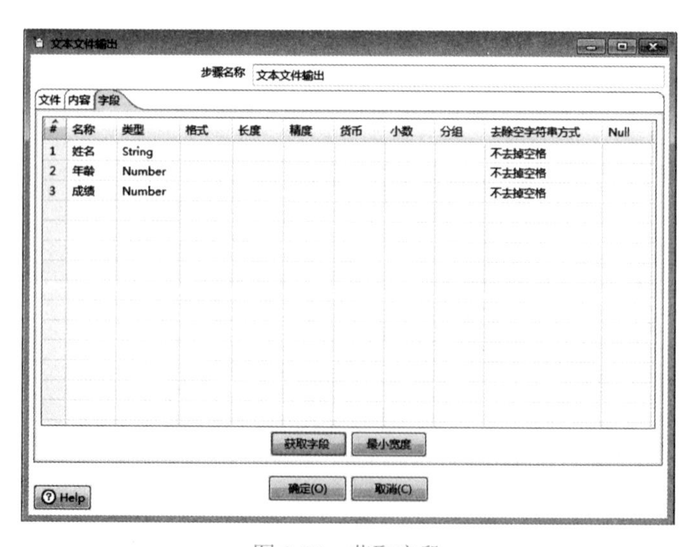

图 3-34　获取字段

（5）保存该文件，选择“运行这个转换”选项执行数据转换，如图 3-35 所示。

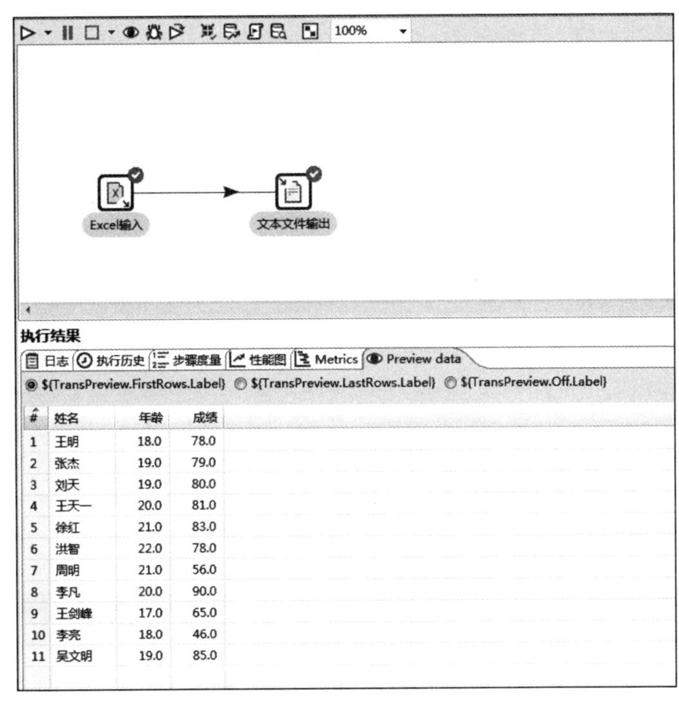

#	姓名	年龄	成绩
1	王明	18.0	78.0
2	张杰	19.0	79.0
3	刘天	19.0	80.0
4	王天一	20.0	81.0
5	徐红	21.0	83.0
6	洪智	22.0	78.0
7	周明	21.0	56.0
8	李凡	20.0	90.0
9	王剑锋	17.0	65.0
10	李亮	18.0	46.0
11	吴文明	19.0	85.0

图 3-35　运行转换

2．使用 Kettle 对 XML 文件进行转换和显示。

（1）准备一个名为 3-1.xml 的 XML 文件并写入内容，如图 3-36 所示。

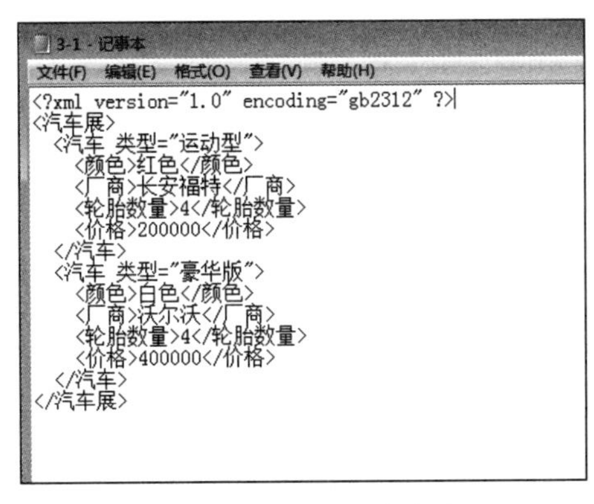


```
<?xml version="1.0" encoding="gb2312" ?>
<汽车展>
  <汽车 类型="运动型">
    <颜色>红色</颜色>
    <厂商>长安福特</厂商>
    <轮胎数量>4</轮胎数量>
    <价格>200000</价格>
  </汽车>
  <汽车 类型="豪华版">
    <颜色>白色</颜色>
    <厂商>沃尔沃</厂商>
    <轮胎数量>4</轮胎数量>
    <价格>400000</价格>
  </汽车>
</汽车展>
```

图 3-36　XML 文件内容

（2）运行 kettle 后选择“转换”选项，在“输入”文件夹中选择 Get data from XML，在“输出”文件夹中选择“Excel 输出”并拖至屏幕中间区域，建立节点连接，如图 3-37 所示。

图 3-37　建立流程

（3）双击“XML 文件输入”选项，在其中将 XML 文件添加进去，如图 3-38 所示。在“内容”选项卡中使用循环读取路径来实现（如图 3-39 所示），在“字段”选项卡中获取 XML 字段（如图 3-40 所示），预览数据（如图 3-41 所示）。

XML 文件输入
步骤名称 Get data from XML
文件 内容 字段 其他输出字段
从字段获取 XML 源
XML 源定义在一个字段里?
XML 源是文件名?
以 URL 的方式读取 XML 源
XML 源字段名
文件或目录 增加(A) 浏览(B)
正则表达式
正则表达式(排除)
选中的文件和目录

#	文件/目录	通配符(正则表达式)	通配符号(排除)	需要的	包含子目录
1	E:\Kettle数据采集与清洗\3-1.xml			N	N

删除(D) 编辑(E)
显示文件名(S)
Help 确定(O) 预览(P) 取消(C)

图 3-38　文件读取

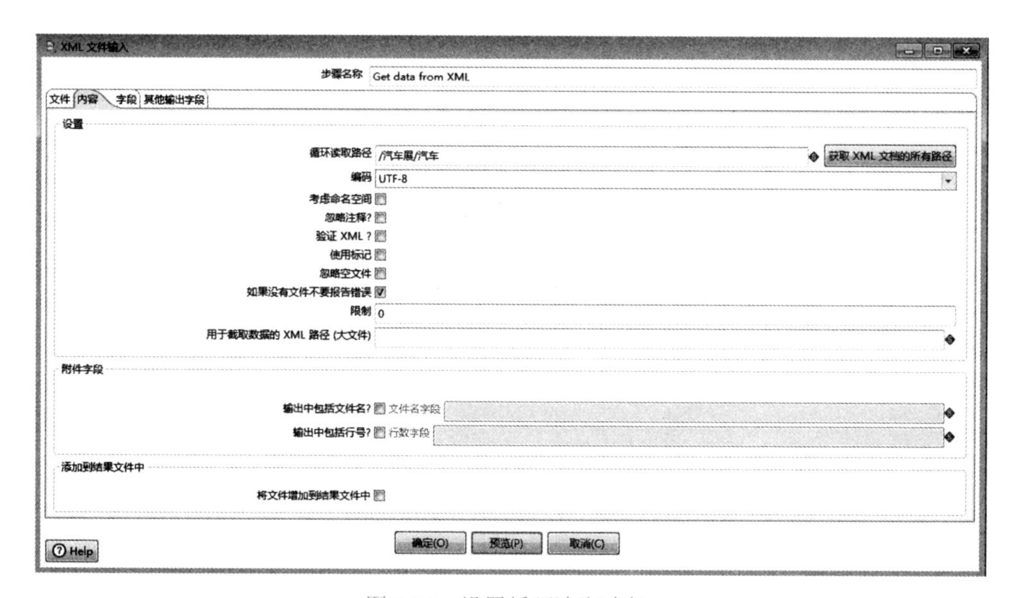

图 3-39　设置循环读取路径

图 3-40　获取字段

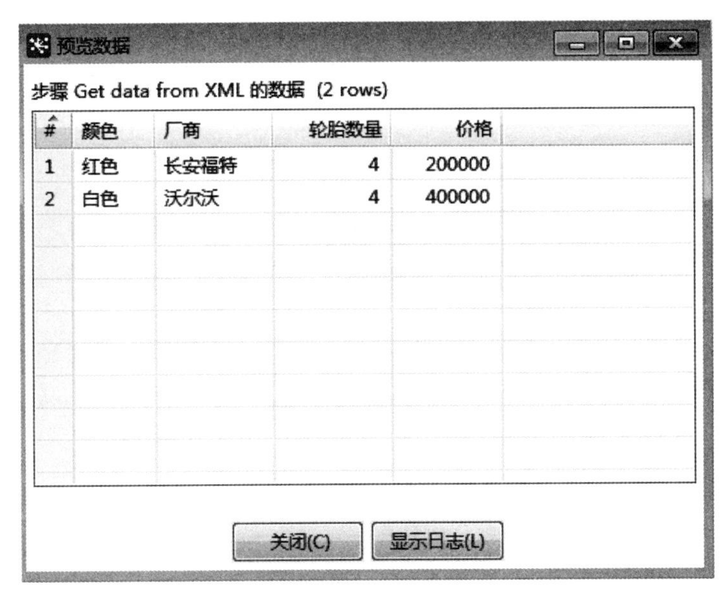

图 3-41 预览数据

（4）双击“Excel 输入”选项，设置要保存的文件名和路径，如图 3-42 所示。

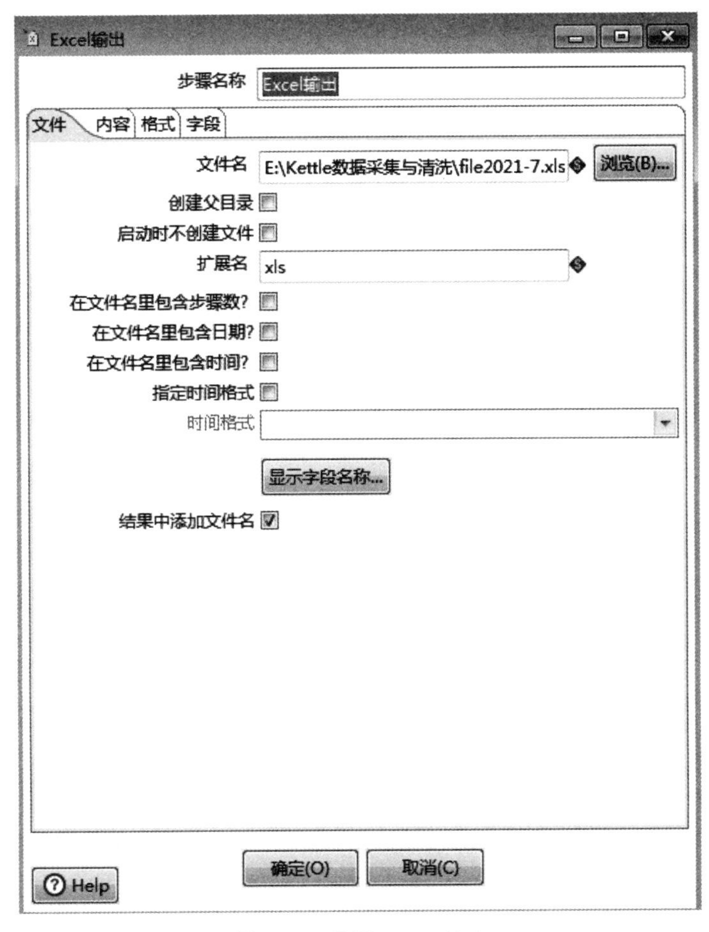

图 3-42 设置 Excel 输出

（5）保存该文件，选择“运行这个转换”选项执行数据转换，如图 3-43 所示。最后查看生成的 Excel 文件，如图 3-44 所示。

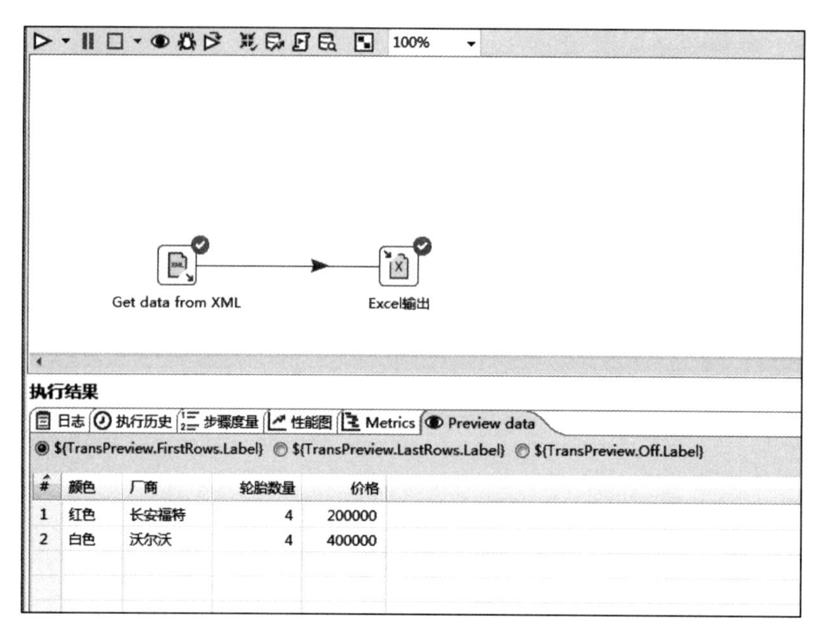

图 3-43 运行程序

A1 颜色

	A	B	C	D
1	颜色	厂商	轮胎数量	价格
2	红色	长安福特	4.00	200,000.00
3	白色	沃尔沃	4.00	400,000.00
4				
5				
6				
7				
8				
9				

图 3-44 查看生成的文件

练习 3

1. 简述什么是文件格式。
2. 简述 XML 文件的特点。
3. 简述如何在 Kettle 中通过输入和输出来转换不同的文件。

第 4 章　Excel 数据清洗

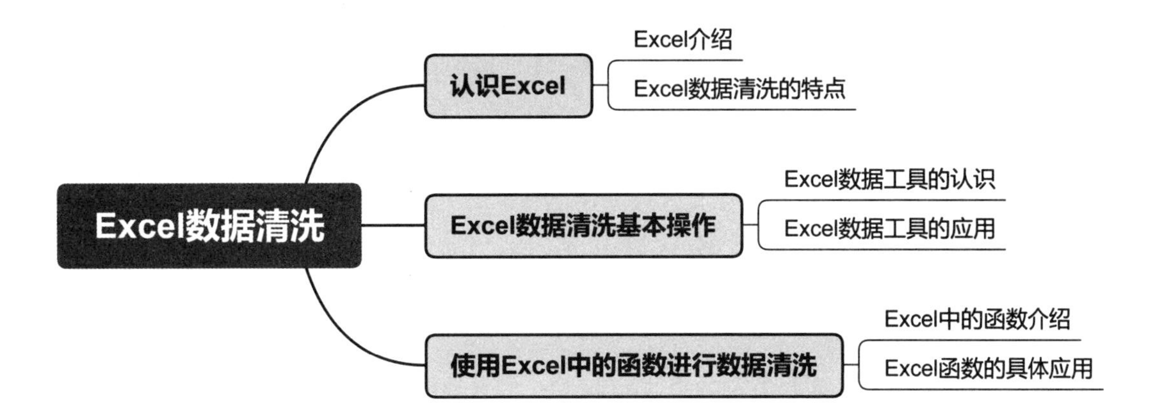

本章导读

Excel 是一个复杂的数据管理和分析软件，可以执行许多繁重而复杂的计算，帮助用户做出最佳决策。利用 Excel 可以方便地实现数据清洗功能，通过过滤、排序、绘图等方式直观地呈现数据的各种规律。

本章要点

- Excel 概述
- Excel 数据清洗基本操作
- 使用 Excel 中的函数进行数据清洗

4.1 认识 Excel

认识 Excel

Microsoft Excel 是一个功能强大的电子表格程序，是微软公司 Office 系列办公组件之一，不仅可以将整齐而美观的表格呈现给用户，还可以用来进行数据的分析和预测，完成许多复杂的数据运算，帮助用户做出更加有根据的决策。

4.1.1 Excel 介绍

Microsoft Excel 是一个复杂的数据管理和分析软件，它可以执行许多繁重而复杂的计算，帮助用户做出最佳决策。利用 Excel 可以方便地实现数据清洗功能，通过过滤、排序、绘图等方式可以直观地呈现数据的各种规律。但值得注意的是，Excel 主要用于日常办公和中小型数据集的处理，难以处理海量数据的清理任务。

这里介绍的 Excel 的基本操作和函数其用法在 Excel 的各个版本中差异很小，基本是通用的。

4.1.2 Excel 数据清洗的特点

Excel 的主要功能是处理各种数据，它就像一本智能的簿子，不仅可以对记录在案的数据进行排序、筛选，还可以整列整行地进行自动计算；通过转换，它的图表功能可以使数据更加简洁明了地呈现出来。

目前使用 Excel 做数据清洗主要有两种方式：一是使用 Excel 自带的数据功能来实现，二是使用 Excel 中的函数功能来实现。

1. Excel 自带的数据功能

Excel 软件中自带了一些简单的数据处理与分析功能。用户可以使用该功能来对数据集进行清洗，如数据拆分、数据排序、数据查重、过滤记录等。

2. Excel 中的函数功能

函数其实就是预先编写好的特殊公式，通过一些参数，按照特定的顺序或结构执行运算并返回结果。Excel 函数是其处理数据的重要手段之一，在生活实践中有很多种应用，用户甚至可以使用 Excel 函数来进行复杂的统计或设计小型数据库。

4.2 Excel 数据清洗基本操作

用户可以使用 Excel 中的数据工具对数据进行简单的清洗工作。

4.2.1 Excel 数据工具的认识

打开 Excel 2010，选中“数据”选项卡，可以使用“数据工具”选项组中的功能来进行基本的数据分析与清洗工作，如图 4-1 所示。

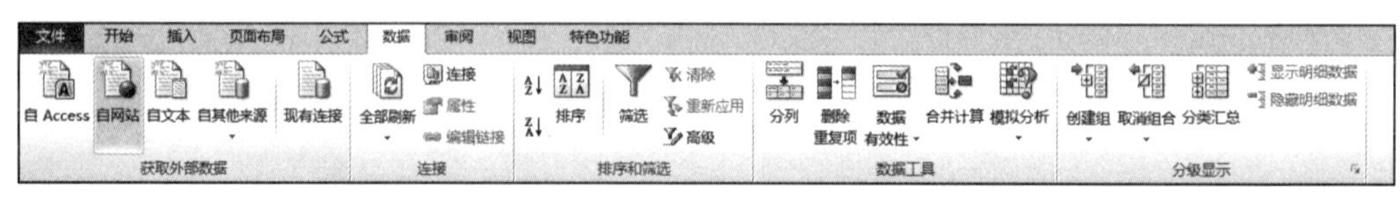

图 4-1 “数据工具”选项组

Excel 数据工具的应用

4.2.2 Excel 数据工具的应用

在 Excel 2010 版本中数据工具的主要功能有分列、删除重复项、验证数据有效性、合并计算和模拟分析。前面 4 个操作主要针对数据清洗，而模拟分析则针对的是数据分析（本书不讲）。值得注意的是，在 Excel 的其他版本中还会有新的功能，读者可自行研究使用。

1. 分列

【例 4-1】Excel 数据分列。

（1）准备 Excel 数据表（如图 4-2 所示），在该表的“成绩”列中存在两个数据值，用“,”隔开。

D4

	A	B	C
1	姓名	成绩	
2	王明	56,78	
3	张杰	78,79	
4	刘天	89,80	
5	王天一	90,81	
6	徐红	73,83	
7	洪智	90,78	
8	周明	62,56	
9	李凡	61,90	
10	王剑峰	84,65	
11	李亮	75,46	
12	吴文明	85,85	
13			
14			
15			
16			

图 4-2 Excel 数据表

（2）选中“成绩”列，单击“分列”按钮，如图 4-3 所示。

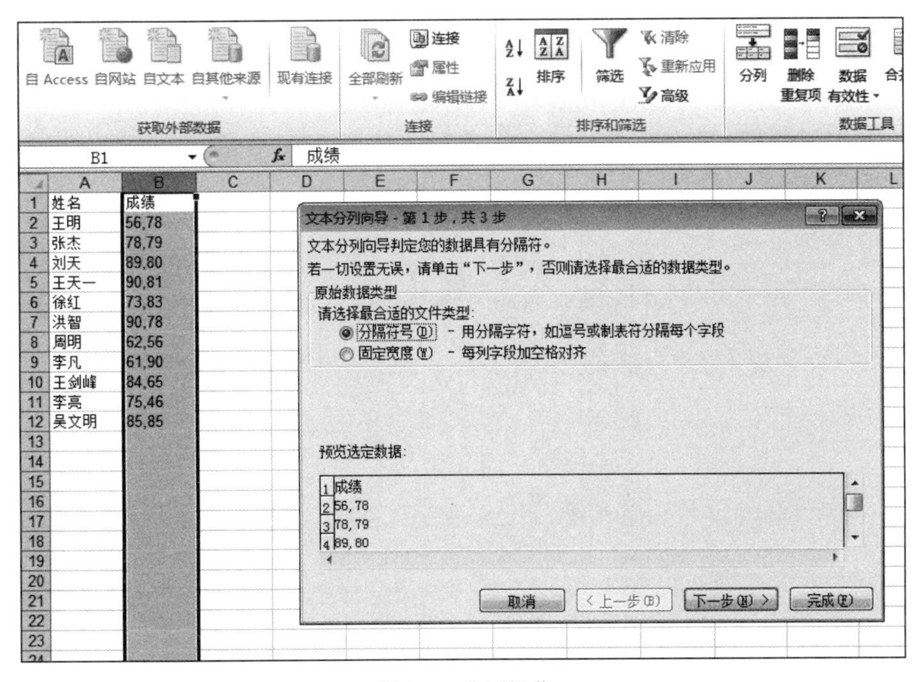

图 4-3 分列操作

（3）单击“下一步”按钮，在弹出的对话框中设置分隔符号为“逗号”，如图 4-4 所示。

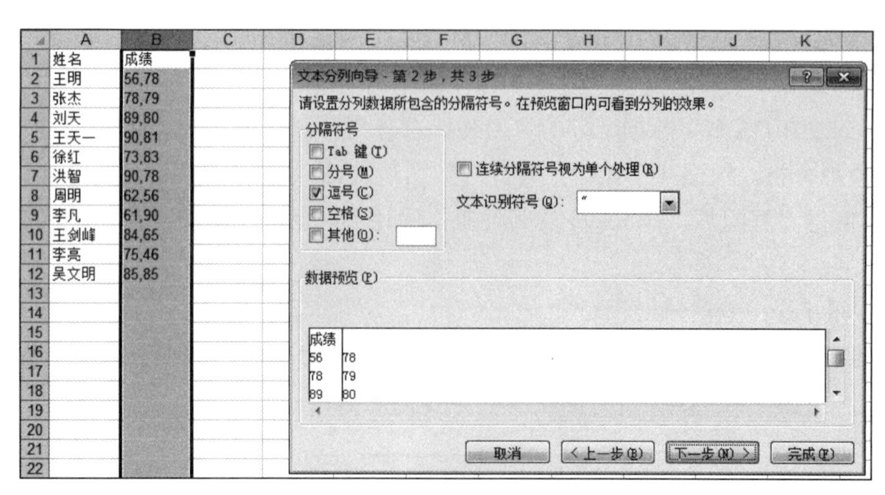

图 4-4　设置分隔符号

（4）单击“下一步”按钮，在弹出的对话框中设置列数据格式为“常规”，如图 4-5 所示。

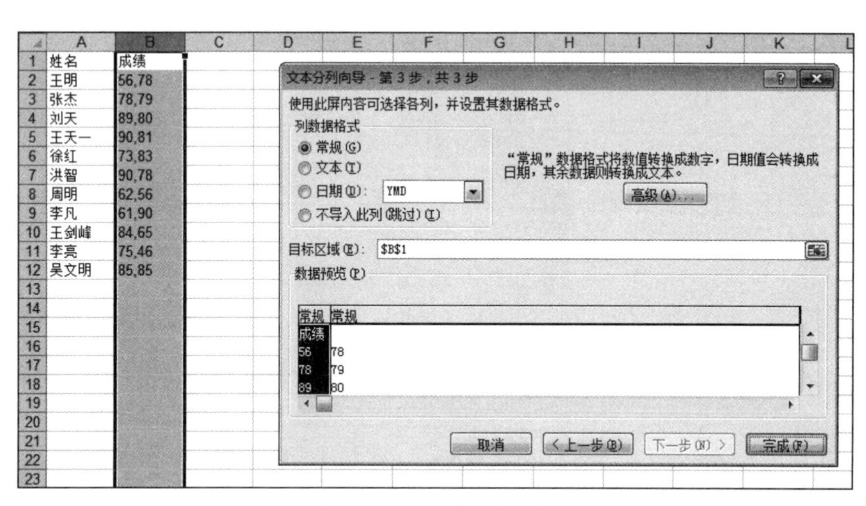

图 4-5　设置数据格式

（5）单击“完成”按钮，查看结果，如图 4-6 所示。

	A	B	C	D
1	姓名	成绩		
2	王明	56	78	
3	张杰	78	79	
4	刘天	89	80	
5	王天一	90	81	
6	徐红	73	83	
7	洪智	90	78	
8	周明	62	56	
9	李凡	61	90	
10	王剑峰	84	65	
11	李亮	75	46	
12	吴文明	85	85	
13				
14				
15				

图 4-6　分列结果

从图 4-6 中可以看出，该表中成绩一列的数据已经被分成了两列。

2. 删除重复项

【例 4-2】使用 Excel 删除数据中的重复项。

（1）准备 Excel 数据表（如图 4-7 所示），该表中一共有 12 个学生的数据，但是有两个同样的数据，需要删除。

获取外部数据

M40

	A	B	C	D
1	姓名	成绩		
2	王明	78		
3	张杰	79		
4	刘天	80		
5	王天一	81		
6	徐红	83		
7	洪智	78		
8	周明	56		
9	李凡	90		
10	王剑峰	65		
11	李亮	46		
12	吴文明	85		
13	吴文明	85		
14				
15				
16				
17				

图 4-7　Excel 数据表

（2）选中数据表中的“姓名”和“成绩”列的整个区域，单击“删除重复项”按钮，在弹出的对话框中勾选“姓名”和“成绩”复选项，如图 4-8 所示。

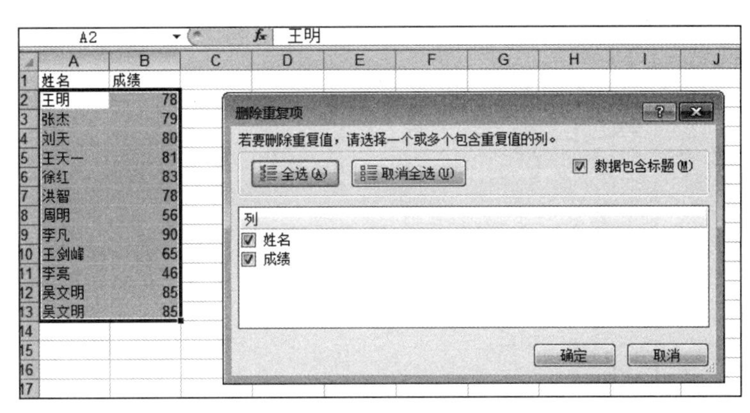

图 4-8　设置删除重复项

（3）单击“确定”按钮，查看结果可以发现在数据表中存在的重复内容已经被删除，如图 4-9 所示。

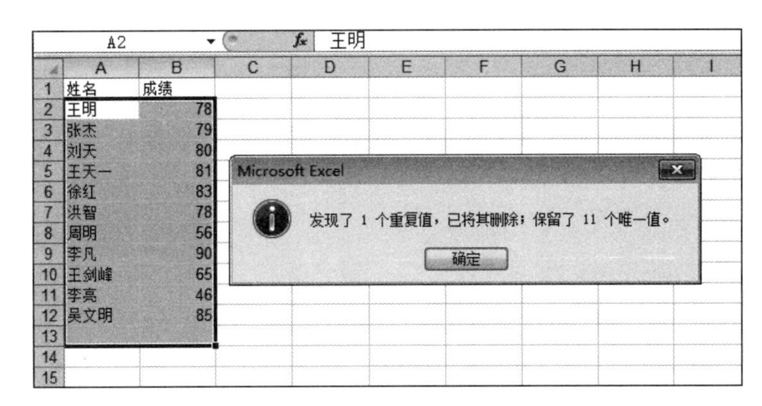

图 4-9　查看运行结果

3. 验证数据有效性

【例 4-3】使用 Excel 验证数据中的有效性。

（1）准备 Excel 数据表（如图 4-10 所示），假设我们约定成绩值的范围是 0 ～ 100，则该表“成绩”列数据值中存在两个异常值，一个是 -10，另一个是 120，需要验证。

	A	B	C
1	姓名	成绩	
2	王明	-10	
3	张杰	79	
4	刘天	80	
5	王天一	81	
6	徐红	83	
7	洪智	78	
8	周明	56	
9	李凡	90	
10	王剑峰	65	
11	李亮	46	
12	吴文明	120	
13			
14			
15			
16			

图 4-10 Excel 数据表

（2）选中数据表中的“成绩”列区域，单击“数据有效性”按钮，在下拉列表中选中“数据有效性”选项，在弹出的对话框中设置有效性条件，本例中“整数”的范围值介于 0 和 100 之间，如图 4-11 所示。

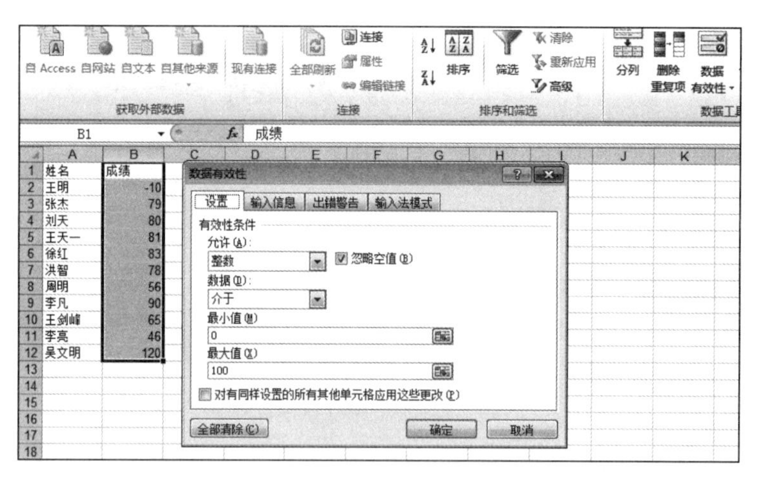

图 4-11 设置有效性条件

（3）在“数据有效性”下拉菜单中选中“圈释无效数据”，结果如图 4-12 所示。

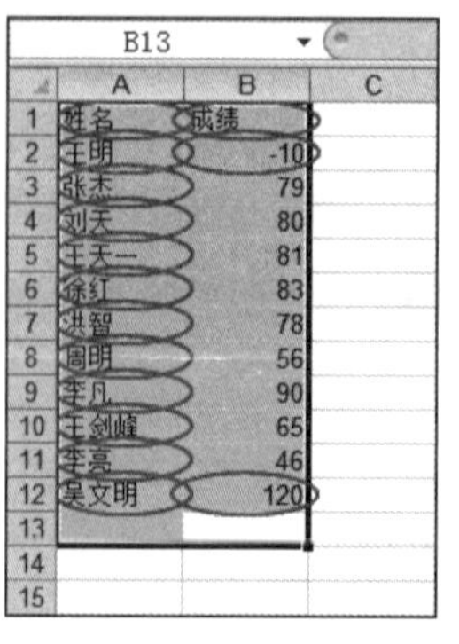

	A	B	C
1	姓名	成绩	
2	王明	-10	
3	张杰	79	
4	刘天	80	
5	王天一	81	
6	徐红	83	
7	洪智	78	
8	周明	56	
9	李凡	90	
10	王剑峰	65	
11	李亮	46	
12	吴文明	120	
13			
14			
15			

图 4-12 圈释无效数据

从图 4-12 中可以看出，该数据表中“成绩”一列的两个无效数据已经被圈释了出来。

【例 4-4】使用 Excel 验证数据中的日期型数据有效性。

（1）准备 Excel 数据表（如图 4-13 所示），该表中包含“日期”和“数量”两列数据，假设公司需要 2021 年 2 月份的全部数据，则 3 月份的数据为无效值，需要验证。

	A	B	C
1	日期	数量	
2	2021/2/1	30	
3	2021/2/2	50	
4	2021/2/4	30	
5	2021/2/6	50	
6	2021/2/9	60	
7	2021/2/13	20	
8	2021/2/16	40	
9	2021/2/19	40	
10	2021/2/21	40	
11	2021/2/26	40	
12	2021/2/28	40	
13	2021/3/1	60	
14	2021/3/3	30	
15			
16			
17			
18			

图 4-13　Excel 数据表

（2）选中数据表中的“日期”列区域，单击“数据有效性”按钮，在下拉列表中选中“数据有效性”，在弹出的对话框中设置有效性条件，本例中“日期”的范围值介于 2021/2/1 和 2021/2/28 之间，如图 4-14 所示。

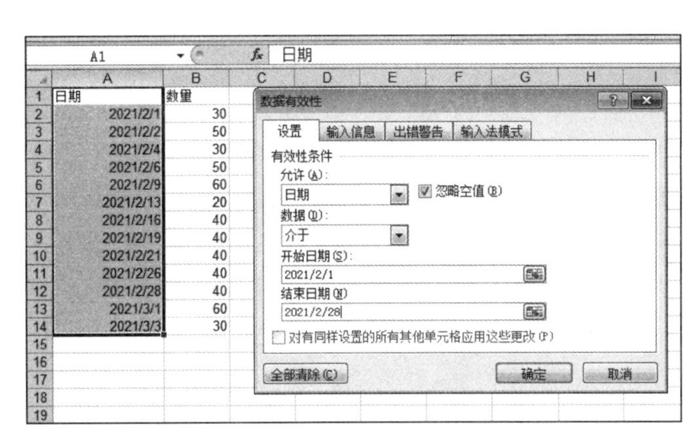

图 4-14　设置有效性条件

（3）在“数据有效性”下拉菜单中选中“圈释无效数据”，结果如图 4-15 所示。

	A	B	C
1	日期	数量	
2	2021/2/1	30	
3	2021/2/2	50	
4	2021/2/4	30	
5	2021/2/6	50	
6	2021/2/9	60	
7	2021/2/13	20	
8	2021/2/16	40	
9	2021/2/19	40	
10	2021/2/21	40	
11	2021/2/26	40	
12	2021/2/28	40	
13	2021/3/1	60	
14	2021/3/3	30	
15			
16			

图 4-15　圈释无效数据

从图 4-15 中可以看出，该数据表中“日期”一列的两个无效数据已经被圈释了出来。

4. 合并计算

【例 4-5】使用 Excel 合并不同区域内的数据。

（1）准备 Excel 数据表（如图 4-16 所示），该表中记录了多个员工在不同日期的销售数量，现在我们使用合并计算来统计每个员工的总销售量。

获取外部数据

F15

	A	B	C	D
1	日期	姓名	销售数量	
2	2021/2/1	张明	10	
3	2021/2/2	李雷	10	
4	2021/2/4	李雷	20	
5	2021/2/6	韩磊	14	
6	2021/2/9	郭鑫	15	
7	2021/2/13	李雷	14	
8	2021/2/16	张明	17	
9	2021/2/19	韩磊	16	
10	2021/2/21	张明	20	
11	2021/2/26	郭鑫	13	
12	2021/2/28	郭鑫	11	
13				
14				
15				
16				
17				
18				

图 4-16　数据表中的数据值

（2）在用合并计算统计数据的时候，首先要选择一个放置统计结果的单元格并选中它。本例中，我们要将结果放置在 F1 单元格中，因此首先选中 F1 单元格。接着单击“合并计算”按钮，在弹出对话框的“函数”列表框中选择“求和”，在“引用位置”文本框中输入公式：Sheet1!$B$1:$C$12，单击“添加”按钮，这样 Sheet1!$B$1:$C$12 就被添加到“所有引用位置”栏中了；由于我们需要显示左列“姓名”和上方字段名称，所以应在“标签位置”区域勾选“首行”和“最左列”复选项，如图 4-17 所示。

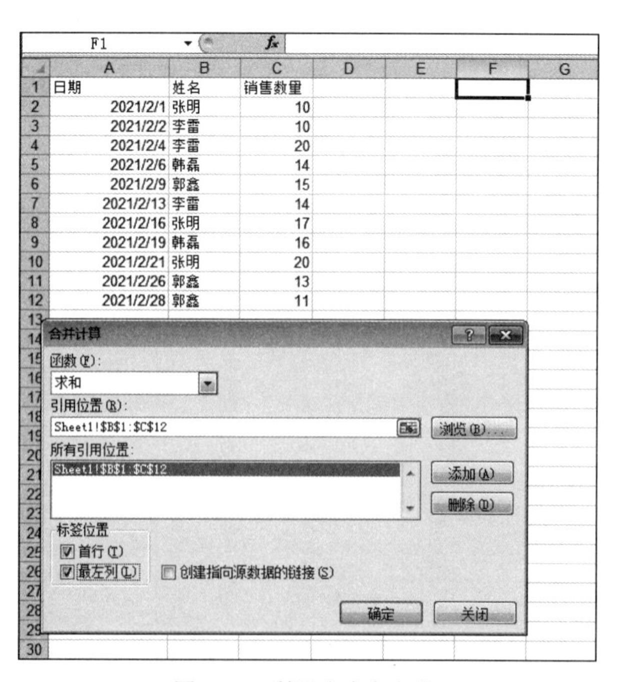

图 4-17　利用公式来合并

（3）单击“确定”按钮，查看结果，如图 4-18 所示。

	A	B	C	D	E	F	G	H
1	日期	姓名	销售数量				销售数量	
2	2021/2/1	张明	10			张明	47	
3	2021/2/2	李雷	10			李雷	44	
4	2021/2/4	李雷	20			韩磊	30	
5	2021/2/6	韩磊	14			郭鑫	39	
6	2021/2/9	郭鑫	15					
7	2021/2/13	李雷	14					
8	2021/2/16	张明	17					
9	2021/2/19	韩磊	16					
10	2021/2/21	张明	20					
11	2021/2/26	郭鑫	13					
12	2021/2/28	郭鑫	11					
13								
14								
15								
16								
17								
18								

图 4-18　查看结果

从图 4-18 中可以看出，每个员工的销售数量已被统计了出来。

4.3　使用 Excel 中的函数进行数据清洗

在对数据进行处理之前，需要对提取的数据进行初步清洗，如清除字符串空格、合并单元格、替换、截取字符串、查找字符串出现的位置等。Excel 擅长处理日常办公和中小型数据集的清洗和转换。例如，Excel 可轻松使用拼写检查清理包含批注或说明列中拼写错误的单词。如果想要删除重复行，可直接使用“删除重复项”对话框快速执行此操作。在其他情况下，可能需要使用 Excel 内置函数编写公式将导入的值转换为新值来操作一列或多列。

Excel 中的函数介绍

4.3.1　Excel 中的函数介绍

Excel 中强大的函数可以帮助用户完成数据清洗，常见的数据处理和清洗函数见表 4.1。

表 4.1　Excel 中常见的数据处理和清洗函数

名称	含义
SUM()	求和
COUNT()	统计
RANK()	排序
RAND()	随机数
AVERAGE()	求算术平均值
QUARTILE()	返回四分位数
STDEV()	求样本的标准偏差
SUBTOTAL()	返回数据清单或数据库中的分类汇总
ROUND()	四舍五入
FIND()	查找字符

续表

名称	含义
SEARCHB()	查找指定字符的位置
REPLACE()	字符串替换
LEFT()、RIGHT()	返回指定个数的字符，LEFT() 从一个文本字符串的第一个字符开始读取，RIGHT() 从一个文本字符串的最后一个字符开始读取
MID()	返回指定长度的字符
LEN()	返回字符串的长度
LOWER()	将一个文字串中的所有大写字母转换为小写字母
CODE()	返回文字串中第一个字符的数字代码
CLEAN ()	删除无法打印的字符
TRIM ()	删除字符串中多余的空格
CONCATENATE()	连接单元格的内容
REPLACE()	将一个字符串中的部分字符用另一个字符串替换
SUBSTITUTE()	将字符串中的部分字符串以新字符串替换
TEXT()	将数值转换为按指定数字格式表示的文本
DATEVALUE()	将文本格式的日期转换为序列
CONCATENATE()	将多个文本字符串合并成一个
TRANSPOSE()	返回数组或单元格区域的转置
LOOKUP()	在工作表中的某一行或某一列区域或数组中查找指定的值
HLOOKUP()	在区域或数组的首行查找指定的值
VLOOKUP()	在区域或数组的首列查找指定的值
INDEX()	返回单元格区域或数组中对应行列位置上的值
MATCH()	返回按指定方式查找的值在区域或数组中的位置

值得注意的是，在 Excel 中还可以使用一些运算符来处理数据，具体实现在下一节讲述。

4.3.2 Excel 函数的具体应用

本节主要讲述 Excel 中函数的使用，通过各种函数来实现数据清洗。

【例 4-6】使用 TRIM() 函数来删除字符串中多余的空格。

在单元格 A2 中字符“中国”的前后有空格，可以在单元格 B2 中输入公式：=TRIM(A2) 来删除字符串中多余的空格，结果如图 4-19 所示。

【例 4-7】使用符号 & 连接字符串及单元格中的内容。

在 Excel 中，有一个特殊符号 & 可以连接字符串及单元格中的内容。例如将单元格 A3 和 B3 进行连接，直接使用公式：=A3&B3 即可得到结果，如图 4-20 所示。

【例 4-8】使用 CONCATENATE() 函数连接单元格的内容。

在 Excel 中，可以使用函数 CONCATENATE() 连接单元格的内容。例如要将单元格 A4 和 B4 进行连接，直接使用公式：=CONCATENATE(A4,B4) 即可得到结果，如图 4-21 所示。

B2 fx =TRIM(A2)

	A	B	C	D	E
1	国家				
2	中国	中国			
3					
4					
5					
6					
7					
8					

图 4-19 查看结果

C3 fx =A3&B3

	A	B	C	D	E
1	国家				
2	中国	中国			
3	中国	北京	中国北京		
4					
5					
6					
7					
8					

图 4-20 查看结果

C4 fx =CONCATENATE(A4, B4)

	A	B	C	D	E
1	国家				
2	中国	中国			
3	中国	北京	中国北京		
4	中国	重庆	中国重庆		
5					
6					
7					
8					
9					

图 4-21 查看结果

【例 4-9】使用 LEFT() 函数返回指定个数的字符。

在 Excel 中，可以使用函数 LEFT() 提取字符串左边的字符串。例如要提取字符“中国重庆市”中的前两个字符，可以输入公式：=LEFT(A2,2)，结果如图 4-22 所示。

B2 fx =LEFT(A2, 2)

	A	B	C	D
1	地址	国家		
2	中国重庆市	中国		
3				
4				
5				
6				

图 4-22 查看结果

此外，在 Excel 中还可以使用函数 RIGHT() 来从后往前提取字符。读者可参考 LEFT() 函数，这里就不再演示了。

【例 4-10】使用 REPLACE() 函数将一个字符串中的部分字符用另一个字符串替换。

在 Excel 中，要将字符串“今天是五一节”替换为“今天是劳动节”可以输入公式：=REPLACE(A2,4,2," 劳动 ")，结果如图 4-23 所示。

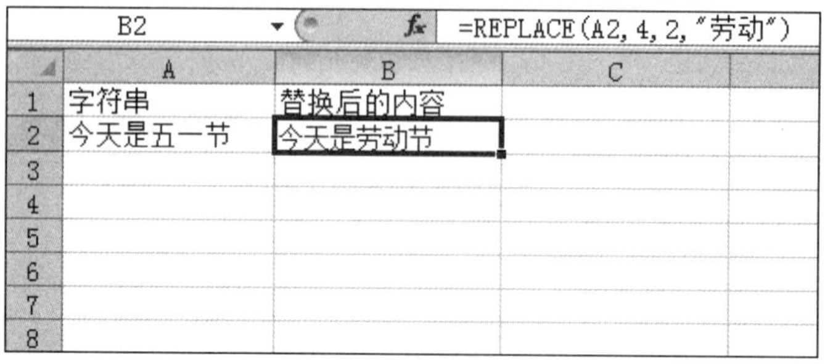

B2 =REPLACE(A2,4,2,"劳动")

	A	B	C
1	字符串	替换后的内容	
2	今天是五一节	今天是劳动节	
3			
4			
5			
6			
7			
8			

图 4-23　查看结果

REPLACE() 函数的语法如下：

REPLACE(要替换的字符串,开始的位置,替换长度,用来替换的内容)

【例 4-11】使用 MID() 函数从文本字符串中指定的起始位置起返回指定长度的字符。

在 Excel 中，要读取字符串“今天是五一节”中的“五一节”字符内容，可以输入公式：=MID(A2,4,3)，结果如图 4-24 所示。

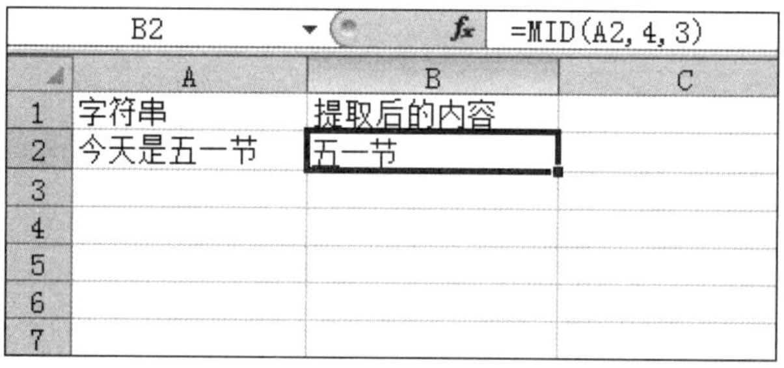

B2 =MID(A2,4,3)

	A	B	C
1	字符串	提取后的内容	
2	今天是五一节	五一节	
3			
4			
5			
6			
7			

图 4-24　查看结果

MID() 函数的语法如下：

MID(要提取字符串的文本,第一个字符的位置,提取长度)

【例 4-12】使用 SUBSTITUTE() 函数将字符串中的部分字符串以新字符串替换。

在 Excel 中，要将字符串“今天是非常开心的一天”替换为“今天是非常兴奋的一天”，可以输入公式：=SUBSTITUTE(A2," 开心 "," 兴奋 ")，结果如图 4-25 所示。

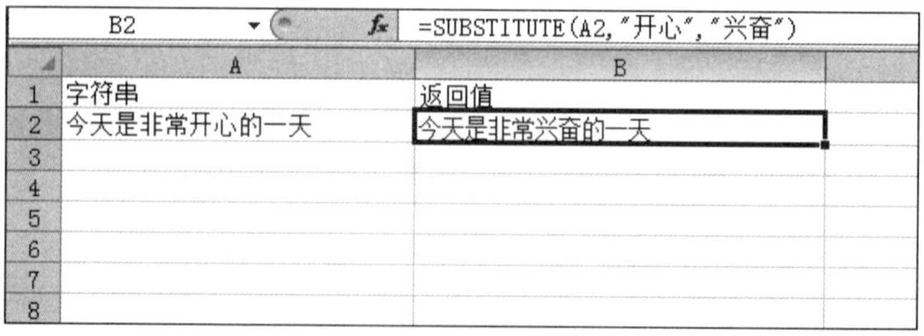

B2 =SUBSTITUTE(A2,"开心","兴奋")

	A	B
1	字符串	返回值
2	今天是非常开心的一天	今天是非常兴奋的一天
3		
4		
5		
6		
7		
8		

图 4-25　查看结果

SUBSTITUTE() 函数的语法如下：

SUBSTITUTE(要替换的字符串,要被替换的字符串,用来替换的内容)

【例 4-13】使用 FIND() 函数查找字符。

在 Excel 中，要查找在字符串“今天是非常开心的一天”中的“是”字符的起始位置，可以输入公式：=FIND(" 是 ",A2)，结果如图 4-26 所示。

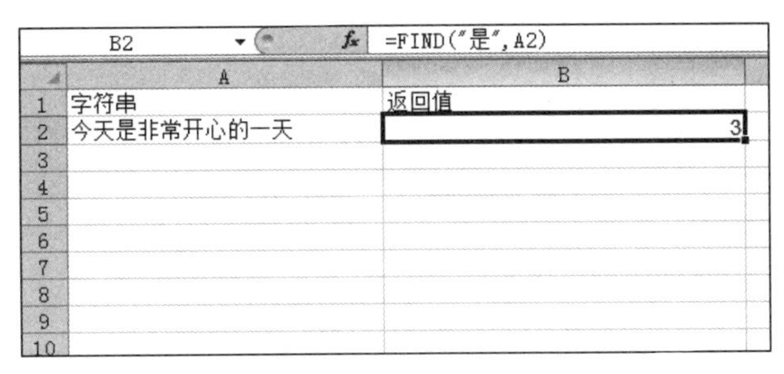

B2 =FIND("是",A2)

	A	B
1	字符串	返回值
2	今天是非常开心的一天	3
3		
4		
5		
6		
7		
8		
9		
10		

图 4-26 查看结果

FIND() 函数的语法如下：

FIND(需要查找的字符串,单元格,从单元格第几个字符开始查)

例如要查找字符串“重庆市江汉区复重路 18 号”中第二个字符“重”的起始位置，可以输入公式：=FIND(" 重 ",A6,2)，结果如图 4-27 所示。

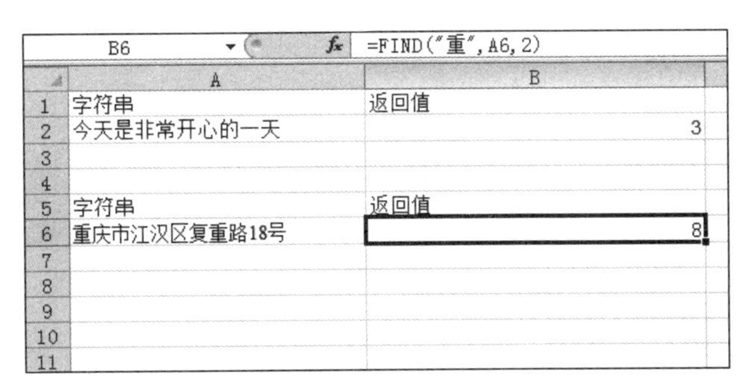

B6 =FIND("重",A6,2)

	A	B
1	字符串	返回值
2	今天是非常开心的一天	3
3		
4		
5	字符串	返回值
6	重庆市江汉区复重路18号	8
7		
8		
9		
10		
11		

图 4-27 查看结果

【例 4-14】使用 LEN() 函数查看字符串长度。

在 Excel 中，要查找字符串“我爱你中国”字符串的长度，可以输入公式：=LEN(A2)，即使在字符串中有标点符号也可得到同样的结果，如图 4-28 所示。

B2 =LEN(A2)

	A	B
1	字符串	长度
2	我爱你中国	5
3	回来吧儿子，母亲在呼唤你	12
4		
5		
6		

图 4-28 查看结果

【例 4-15】使用 RANK() 函数排序。

在 Excel 中，要返回某一数值在一列数值中相对于其他数值的大小排位，可以使用 RANK() 函数来实现。例如要对表中名字为“张明”的成绩进行排名，可以输入公式：=RANK(B2,B$2:B$9)，输入完公式后在 C2 单元格中出现数字 6，说明张明的成绩排名为第 6 名；在 C2 单元格的右下角将公式向下拖曳，这样就将本表中的学生成绩按降序排名了，如图 4-29 所示。

C2 =RANK(B2,B$2:B$9)

	A	B	C	D
1	姓名	成绩		
2	张明	79	6	
3	薄山	76	7	
4	邓红	67	8	
5	王飞	83	5	
6	谢讯	85	4	
7	冉劲	90	1	
8	谭婷婷	88	3	
9	覃旺	89	2	
10				
11				

图 4-29 查看结果

4.4 实训

在 Excel 中使用函数来进行简单的数据清洗。

（1）准备一个 Excel 数据表，填入内容如图 4-30 所示。

B3 76

	A	B	C	D
1	姓名	成绩		
2	张兰	72.00		
3	余洁	76.00		
4	马飞	86.00		
5	郑东	74.00		
6	刘明	90.00		
7	建国	93.00		
8	小春子	74.00		
9	李亮	79.00		
10	罗余杰	84.00		
11	张素素	88.00		
12	周亚兰	84.00		
13	周明	62.00		
14	张敏	67.00		
15	阳光	73.00		
16	王峰	79.00		
17				
18				

图 4-30 数据表内容

（2）统计学生人数，在 D3 单元格中输入公式：=COUNT(B2:B16)，结果如图 4-31 所示。

E4 =COUNT(B2:B16)

	A	B	C	D	E
1	姓名	成绩			
2	张兰	72.00			
3	余洁	76.00			
4	马飞	86.00		学生人数	15
5	郑东	74.00			
6	刘明	90.00			
7	建国	93.00			
8	小春子	74.00			
9	李亮	79.00			
10	罗余杰	84.00			
11	张素素	88.00			
12	周亚兰	84.00			
13	周明	62.00			
14	张敏	67.00			
15	阳光	73.00			
16	王峰	79.00			
17					
18					

图 4-31 查看结果

练习 4

1. 简述在 Excel 中如何使用数据工具来清洗数据。
2. 简述在 Excel 中如何使用函数来清洗数据。
3. 列出在 Excel 中可用于数据清洗的 5 个函数并指出其用法。

第 5 章　Kettle 数据清洗

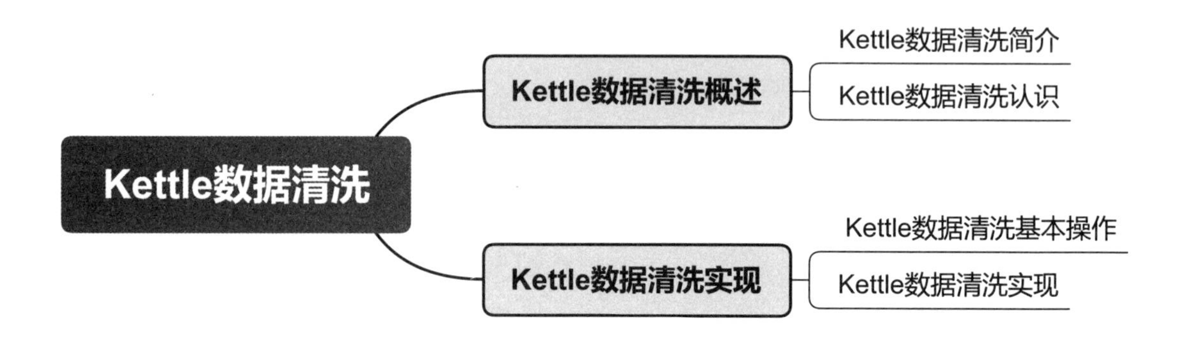

本章导读

在大数据时代人们可以使用各种开源工具来进行数据清洗，其中 Kettle 就值得使用者学习和应用。

本章要点

- Kettle 数据清洗概述
- Kettle 数据清洗实现

5.1 Kettle 数据清洗概述

Kettle 的中文意思是水壶，它是一款开源的 ETL 工具，纯 Java 编写，可以在 Windows、Linux、UNIX 上运行，数据抽取高效稳定。

5.1.1 Kettle 数据清洗简介

Kettle 中有两种脚本文件：转换（transformation）和作业（job），是 Spoon 设计器的核心内容，这两块内容构建了整个 Kettle 工作流程的基础。其中，转换完成针对数据的基础转换，主要是针对数据的各种处理，一个转换里可以包含多个步骤（Step）；作业则完成整个工作流的控制，相较于转换，作业是更加高级的操作。例如在一个作业里包括多个作业项（Job Entry），一个作业项代表了一项工作，而转换是一种作业项，即作业里面可以包括多个转换。

在具体运行中，转换更着重于对数据内容进行处理，一个转换中可以包含多个步骤。一般来说，在一个转换中，各个组件是并行执行的。当一个组件的输入流接收到内容时，这个组件便进行工作，并将结果放入到输出流中。而作业更加关心更为宏观的数据处理，比如文件和目录操作等。一个作业可以包含多个子作业和转换。一个作业中的作业项之间是顺序执行的。对于一个作业项来说，只有当该作业项之前的所有作业项执行完毕后，才会执行该作业项。

此外，Kettle 在“核心对象”选项卡的“转换”选项中提供了多种数据清洗步骤，本章主要对其中使用频率较高的步骤作简单介绍。

5.1.2 Kettle 数据清洗的认识

Kettle 数据清洗认识

Kettle 数据清洗的基本操作如下：

（1）计算器：对一个或多个字段进行计算的组件，该步骤提供了很多预定义的函数来处理输入字段，并且随着版本的更新还在不断增多。

（2）字符串替换：该步骤可以理解为对字符串进行查找和替换，这看上去很简单，然而它可以支持正则表达式，从而可以实现很多复杂的功能。

（3）字符串操作：该步骤提供了很多常规的字符串操作，如大小写转换、字符填充、移除空白字符等。

（4）值映射：该步骤使用一个标准的值来替换字段里的其他值。

（5）字段选择：该步骤可以对字段进行选择、删除、重命名等操作，还可以更改字段的数据类型和长度等。

（6）去除重复记录：该步骤主要通过指定字段来去除重复记录，但是一般需要结合其他步骤来共同实现其功能。

（7）增加常量：该步骤用于增加 x 个字段，而每个字段的值都是常量（这里的 x 是一个大于等于 0 的自然数）。

（8）排序记录：该步骤对指定的字段进行排序（升序或降序）。

（9）拆分字段：把字段按照分隔符拆成两个或者多个字段。

（10）列拆分为多行：把指定分隔符的字段拆分为多行。

（11）将字段值设置为常量：用常量值代替原值，此时无论原值有多少行，该行的所有值都会被一个值所替换。

（12）增加序列：一个序列是在某个起始值和增量的基础之上经常改变的整数值。可以使用数据库定义好的序列，也可以使用 Kettle 决定的序列。

（13）剪切字符串：该步骤对字符串进行剪切。

图 5-1 所示为 Kettle 中的“核心对象”选项卡界面，图 5-2 所示为 Kettle 中“核心对象”选项卡下的“转换”界面。

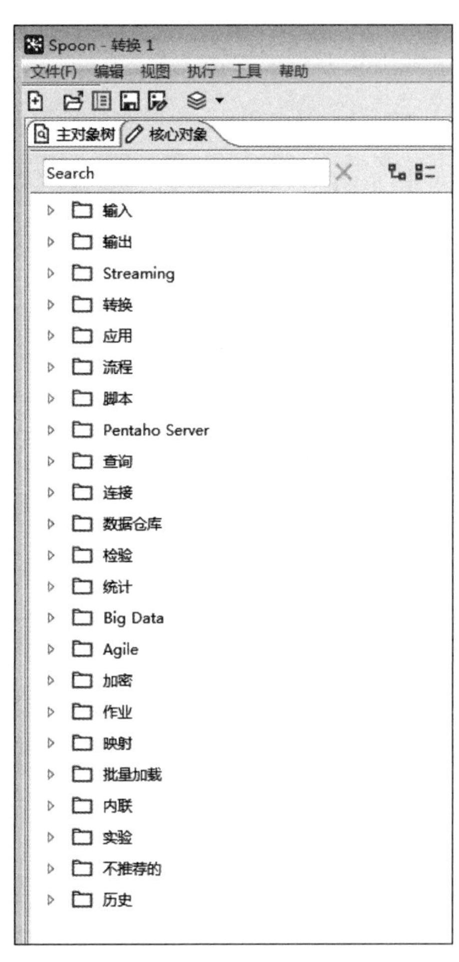

图 5-1 “核心对象”选项卡界面

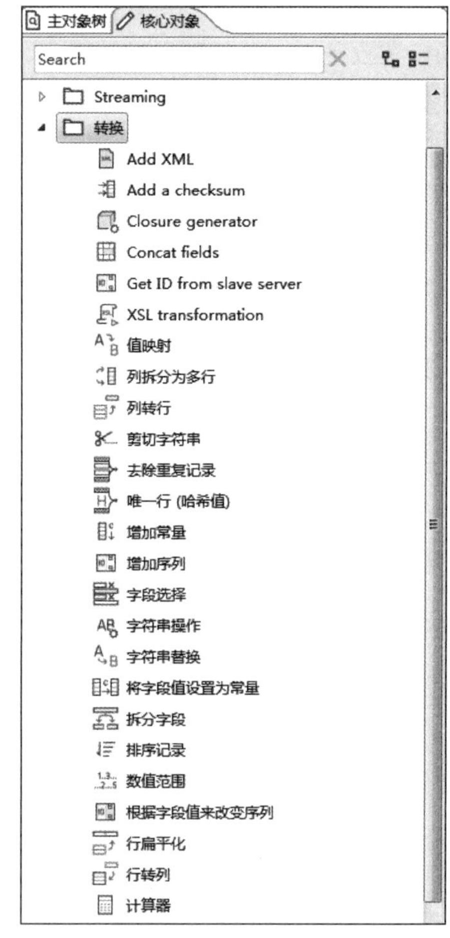

图 5-2 “核心对象”选项卡下的“转换”界面

除此之外，在“应用”选项中的写日志，“流程”选项中的过滤记录及识别流的最后一行、过滤记录，“脚本”选项中的正则表达式、公式和 Java 代码，“查询”选项中的检查文件是否存在和模糊匹配，“检验”选项中的数据检验，“统计”选项中的分析查询、分组和单变量统计等步骤也可以进行数据清洗。

5.2 Kettle 数据清洗基础

使用 Kettle 可以完成许多数据清洗工作，本节主要讲述在 Kettle 8 中的数据清洗及其应用。

5.2.1 Kettle数据清洗基本操作

使用Kettle可以完成数据清洗与数据转换工作，常见的有数据值的修改与映射、数据排序、重复数据的清洗、超出范围数据的清洗、日志的写入、JavaScript代码数据清洗、正则表达式数据清洗、数据值的过滤、数据连接、数据统计、数据映射、随机值的运算等。数据连接、数据检验、数据统计和数据映射如图5-3至图5-6所示。

图5-3 数据连接

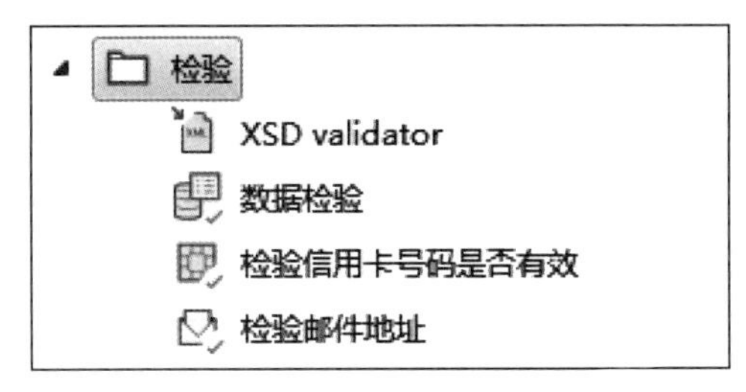

图5-4 数据检验

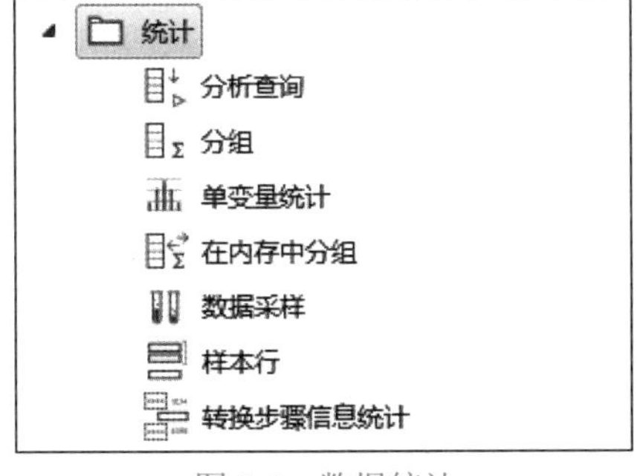

图5-5 数据统计

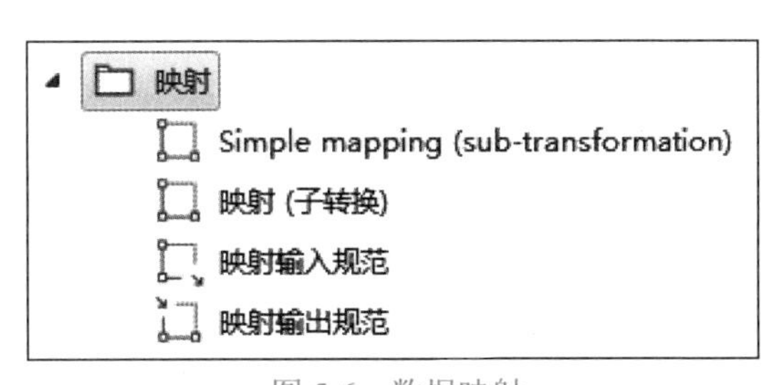

图5-6 数据映射

5.2.2 Kettle数据清洗的实现

本节主要讲述在Kettle中的各种数据清洗操作。

1. 数据转换与清洗

【例5-1】数据排序。

（1）成功运行Kettle后在菜单栏中选择“文件”→“新建”→“转换”选项，在“输入”中选择“Excel输入”选项，在“转换”中选择“排序记录”选项，将其一一拖动到右侧工作区中并建立彼此之间的节点连接关系，最终生成的工作如图5-7所示。

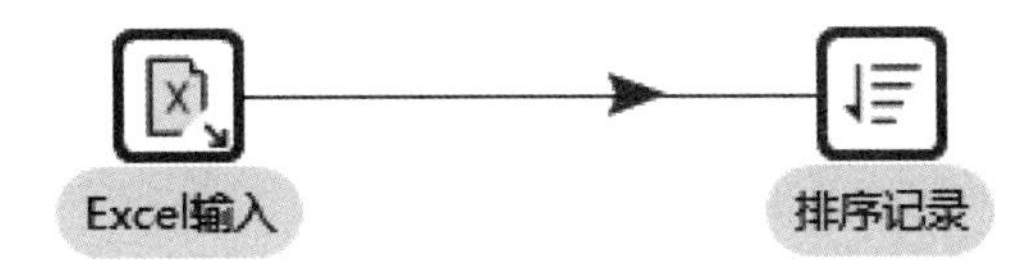

图5-7 建立流程

（2）在“Excel输入”选项中导入Excel数据表，如图5-8所示，数据表内容如图5-9所示。选中“工作表”，单击“获取工作表名称”按钮，如图5-10所示。选中“字段”，单击“获取来自头部数据的字段”按钮，如图5-11所示。

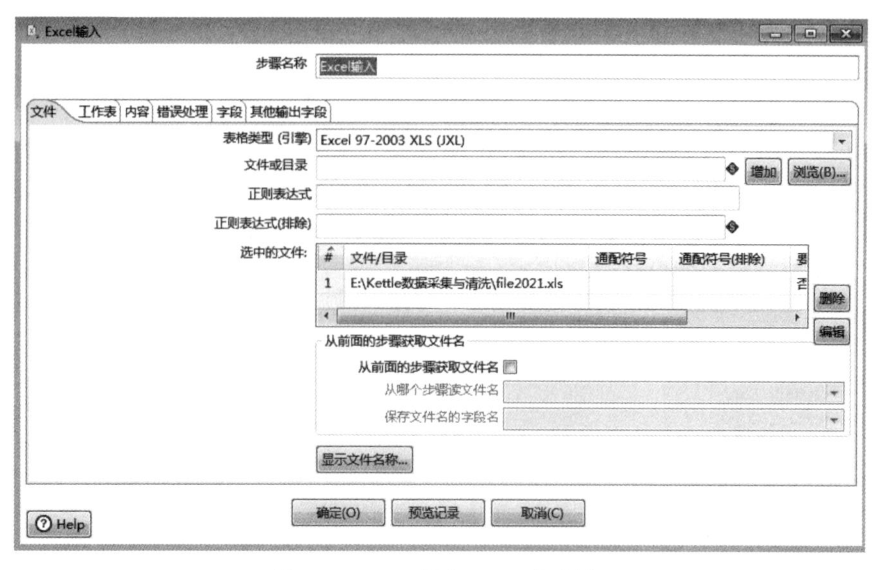

图 5-8 Kettle 导入 Excel 数据表

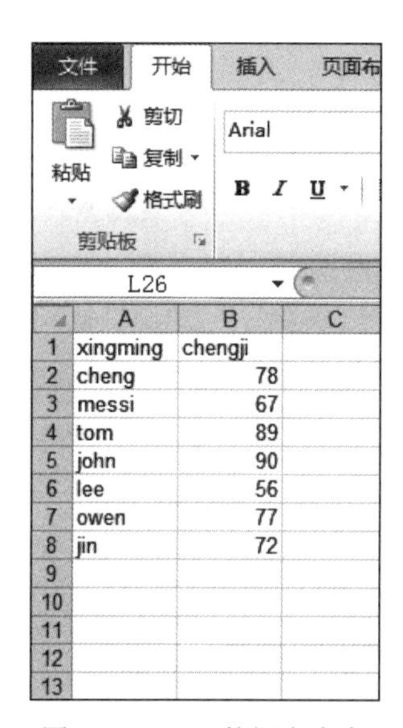

	A	B	C
1	xingming	chengji	
2	cheng	78	
3	messi	67	
4	tom	89	
5	john	90	
6	lee	56	
7	owen	77	
8	jin	72	
9			
10			
11			
12			
13			

图 5-9 Excel 数据表内容

Excel输入
步骤名称 Excel输入
文件 工作表 内容 错误处理 字段 其他输出字段
要读取的工作表列表

#	工作表名称	起始行	起始列
1	Sheet1	0	0

获取工作表名称...
Help
确定(O) 预览记录 取消(C)

图 5-10 获取数据表名称

图 5-11　获取来自头部数据的字段

（3）双击“排序记录”选项，对字段中的 chengji 按照降序排序，结果如图 5-12 所示。

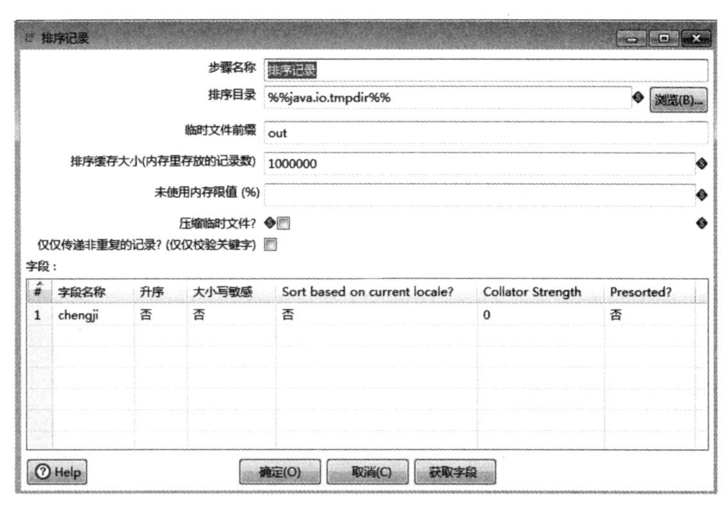

图 5-12　对字段排序

（4）保存该文件，选择“运行这个转换”选项，在“执行结果”中的 Preview data 选项卡中预览生成的数据，如图 5-13 所示。

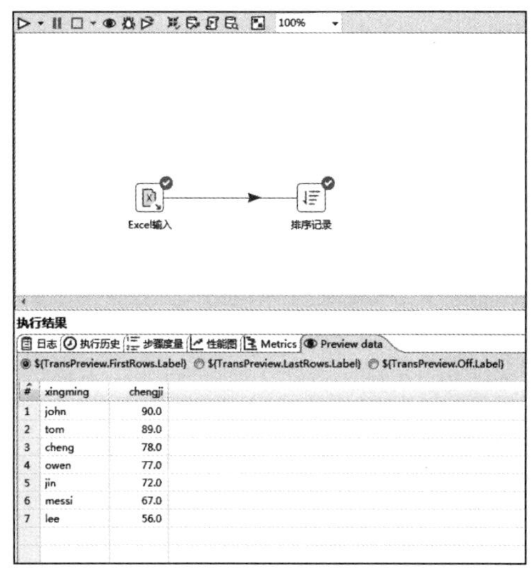

图 5-13　查看排序结果

【例 5-2】生成记录与值映射。

（1）成功运行 Kettle 后在菜单栏中选择“文件”→“新建”→“转换”选项，在“输入”中选择“生成记录”选项，在“转换”中选择“值映射”选项，将其一一拖动到右侧工作区中并建立彼此之间的节点连接关系，最终生成的工作如图 5-14 所示。

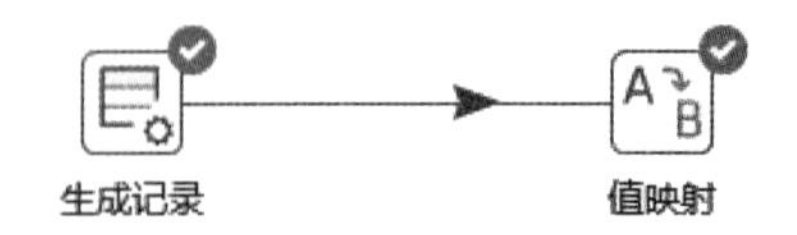

图 5-14　建立流程

（2）双击“生成记录”选项，在“限制”中选择值为 10，在“字段”选项中设置如图 5-15 所示的内容，从而生成需要的内容。

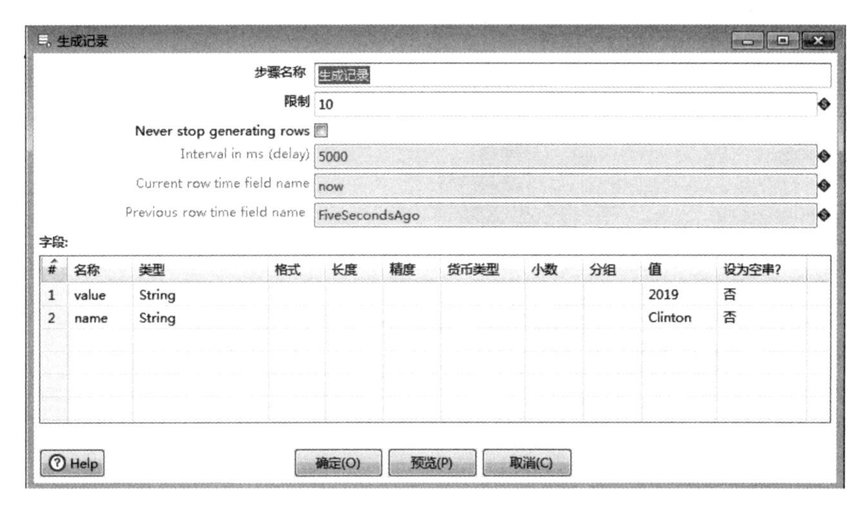

图 5-15　设置生成记录

（3）单击“预览”按钮可查看到生成的记录，如图 5-16 所示。

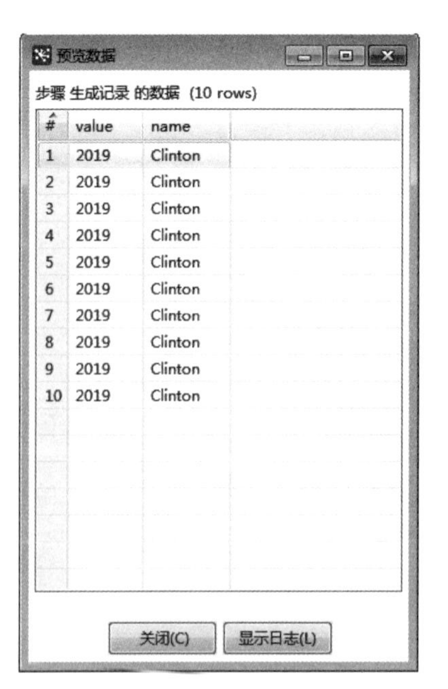

图 5-16　预览记录

（4）双击“值映射”选项，在“使用的字段名”中选择值为 name，在“字段值”选项中设置如图 5-17 所示的内容，从而生成需要的内容。

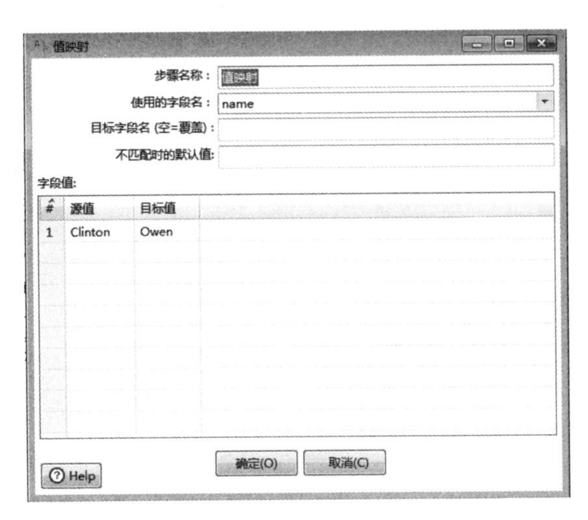

图 5-17　设置值映射

（5）保存该转换并运行，在“执行结果”栏的 Metrics 选项卡中可查看到数据清洗的过程，在 Preview data 选项卡中查看已经清洗好的数据，如图 5-18 所示。

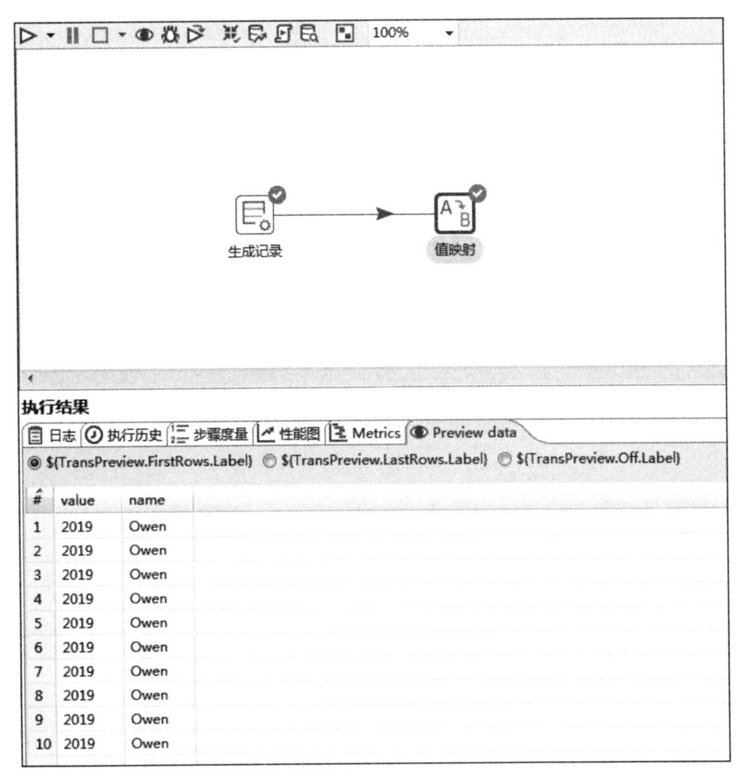

#	value	name
1	2019	Owen
2	2019	Owen
3	2019	Owen
4	2019	Owen
5	2019	Owen
6	2019	Owen
7	2019	Owen
8	2019	Owen
9	2019	Owen
10	2019	Owen

图 5-18　查看结果

【例 5-3】生成记录相加。

（1）成功运行 Kettle 后在菜单栏中选择“文件”→“新建”→“转换”选项，在“输入”中选择“生成记录”选项，在“输出”中选择“值映射”选项，将其一一拖动到右侧工作区中（“生成记录”选项拖动 3 次）并建立彼此之间的节点连接关系，最终生成的工作如图 5-19 所示。

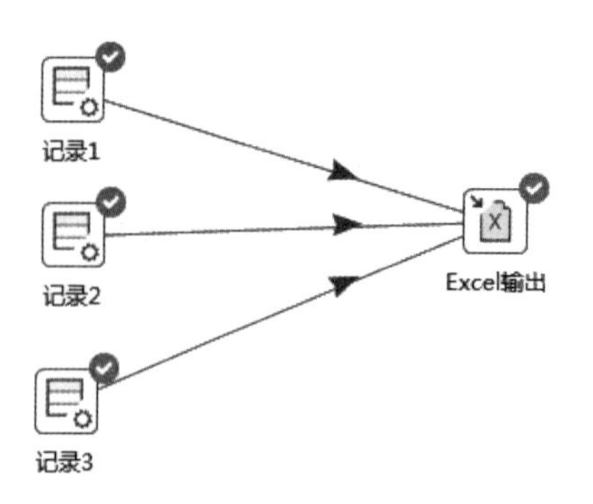

图 5-19 建立流程

（2）双击“记录 1”选项，在“限制”中选择值为 1，在“字段”选项中设置 name 值为 Sales，从而生成需要的内容，如图 5-20 所示。使用同样的操作设置“记录 2”选项的 name 值为 Accounting，设置“记录 3”选项的 name 值为 Product Development。

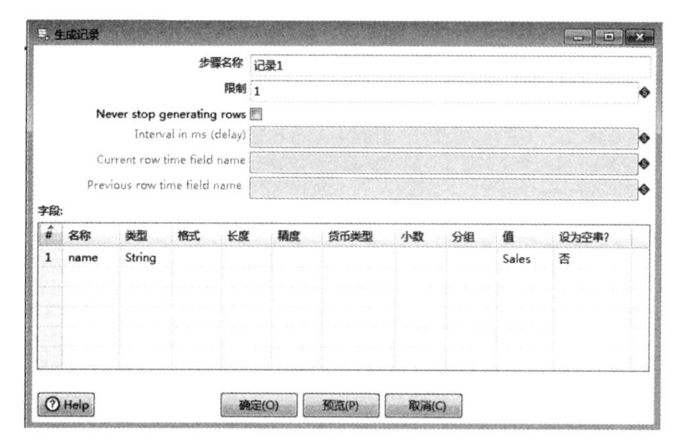

图 5-20 设置生成记录

（3）双击“Excel 输出”选项，设置“文件”和“字段”选项卡内容如图 5-21 和图 5-22 所示。

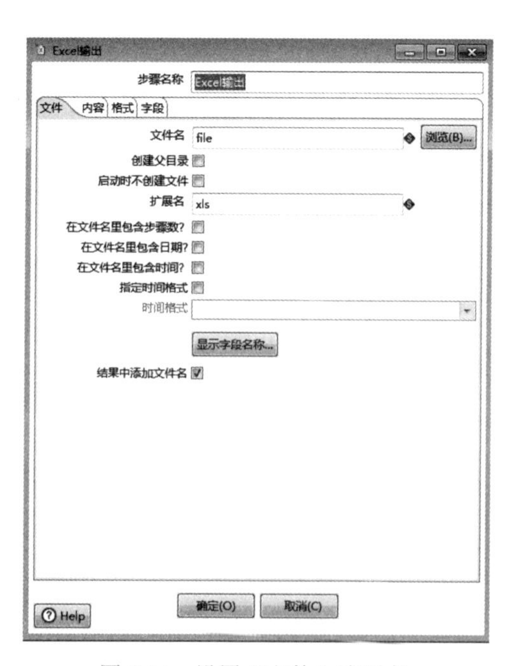

图 5-21 设置“文件”选项卡

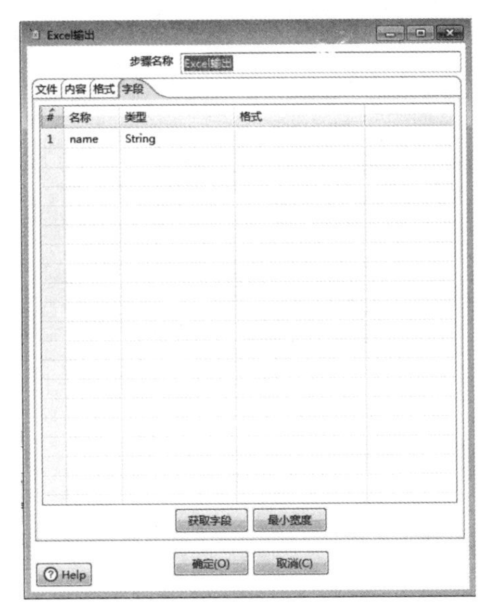

图 5-22　设置“字段”选项卡

（4）保存该转换并运行，在“执行结果”栏的 Preview data 选项卡中查看已经清洗好的数据，如图 5-23 所示。

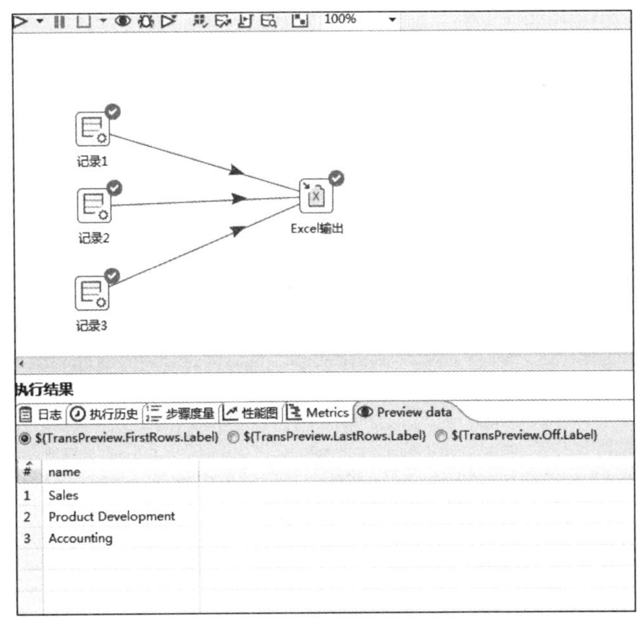

图 5-23　查看结果

【例 5-4】列拆分为多行。

（1）成功运行 Kettle 后在菜单栏中选择“文件”→“新建”→“转换”选项，在“输入”中选择“自定义常量数据”选项，在“转换”中选择“列拆分为多行”选项，将其一一拖动到右侧工作区中并建立彼此之间的节点连接关系，最终生成的工作如图 5-24 所示。

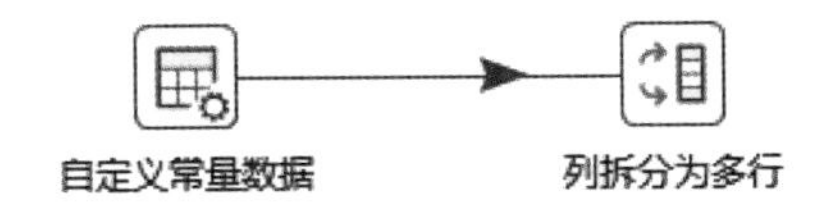

图 5-24　建立流程

（2）双击“自定义常量数据”选项，在“元数据”和“数据”选项卡中进行设置，如图 5-25 和图 5-26 所示。

图 5-25 设置“元数据”选项卡

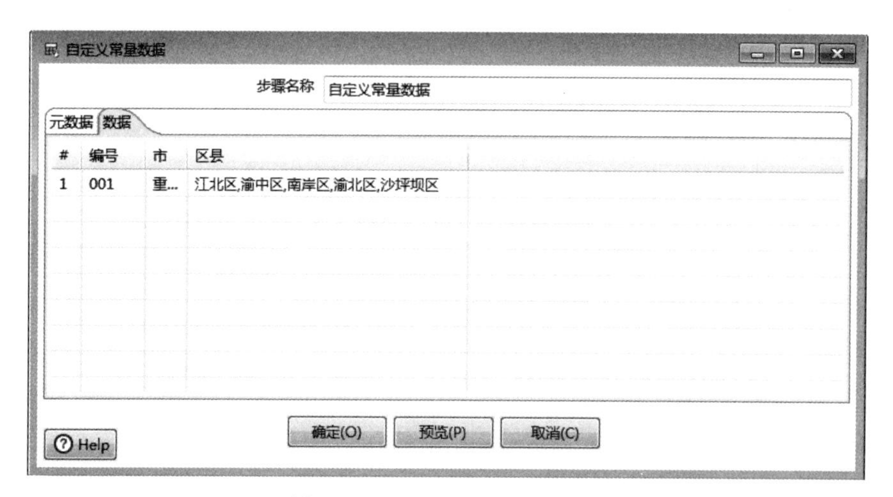

图 5-26 设置“数据”选项卡

（3）双击“列拆分为多行”选项，设置如图 5-27 所示。

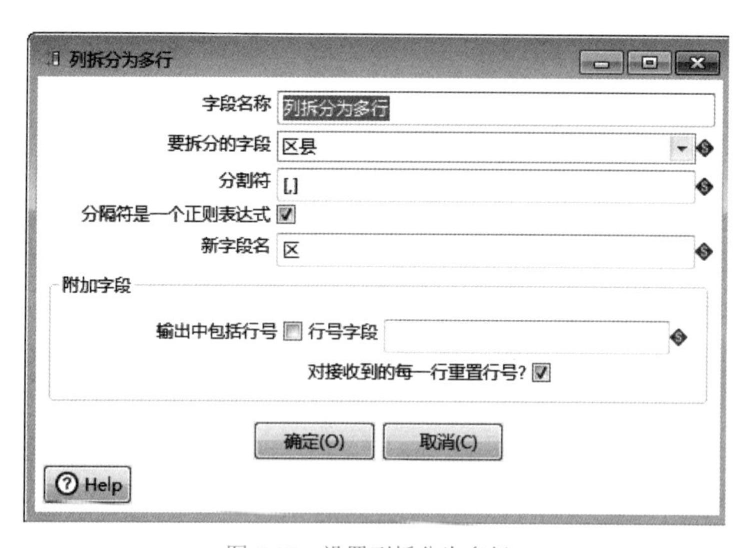

图 5-27 设置列拆分为多行

（4）保存该转换并运行，在“执行结果”栏的 Preview data 选项卡中查看已经清洗好的数据，如图 5-28 所示。

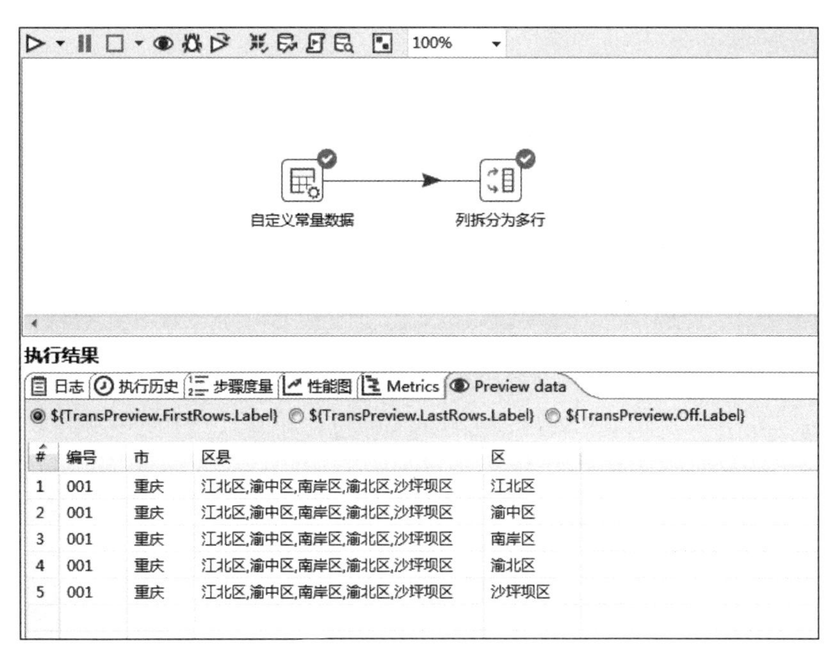

#	编号	市	区县	区
1	001	重庆	江北区,渝中区,南岸区,渝北区,沙坪坝区	江北区
2	001	重庆	江北区,渝中区,南岸区,渝北区,沙坪坝区	渝中区
3	001	重庆	江北区,渝中区,南岸区,渝北区,沙坪坝区	南岸区
4	001	重庆	江北区,渝中区,南岸区,渝北区,沙坪坝区	渝北区
5	001	重庆	江北区,渝中区,南岸区,渝北区,沙坪坝区	沙坪坝区

图 5-28　查看结果

【例 5-5】生成随机数并相加。

（1）成功运行 Kettle 后在菜单栏中选择“文件”→“新建”→“转换”选项，在“输入”中选择“生成随机数”选项，在“转换”中选择“计算器”选项，将其一一拖动到右侧工作区中并建立彼此之间的节点连接关系，最终生成的工作如图 5-29 所示。

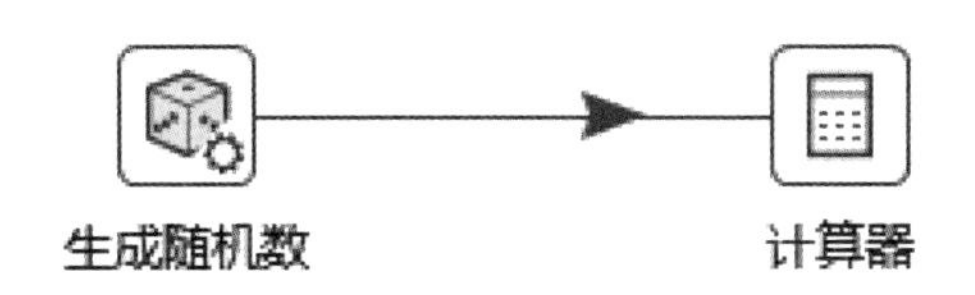

图 5-29　建立流程

（2）双击“生成随机数”选项，在弹出的对话框中设置字段 a1 和 a2，类型为随机数字，如图 5-30 所示。

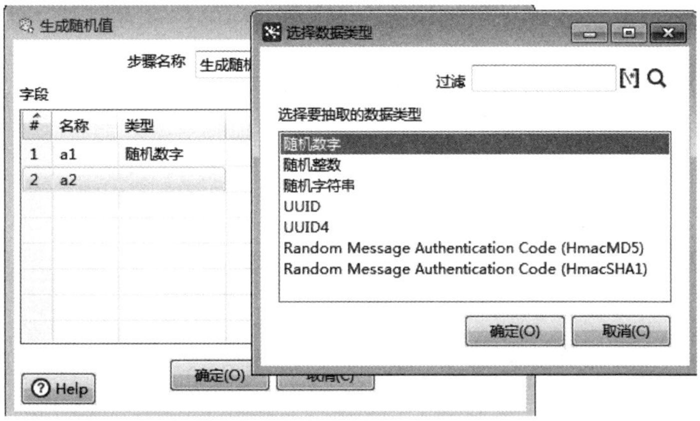

图 5-30　设置生成随机数

（3）双击“计算器”图标，在弹出的对话框中设置字段内容，如图 5-31 所示。

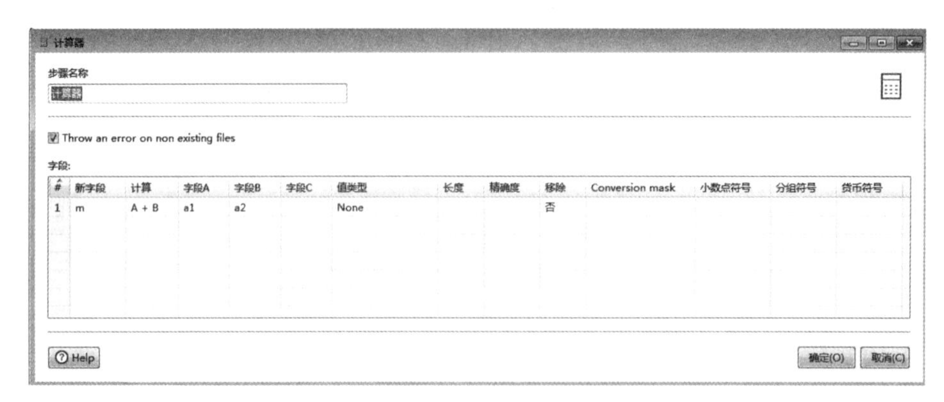

图 5-31　设置计算器

（4）保存该文件，执行“运行”命令，结果如图 5-32 所示。

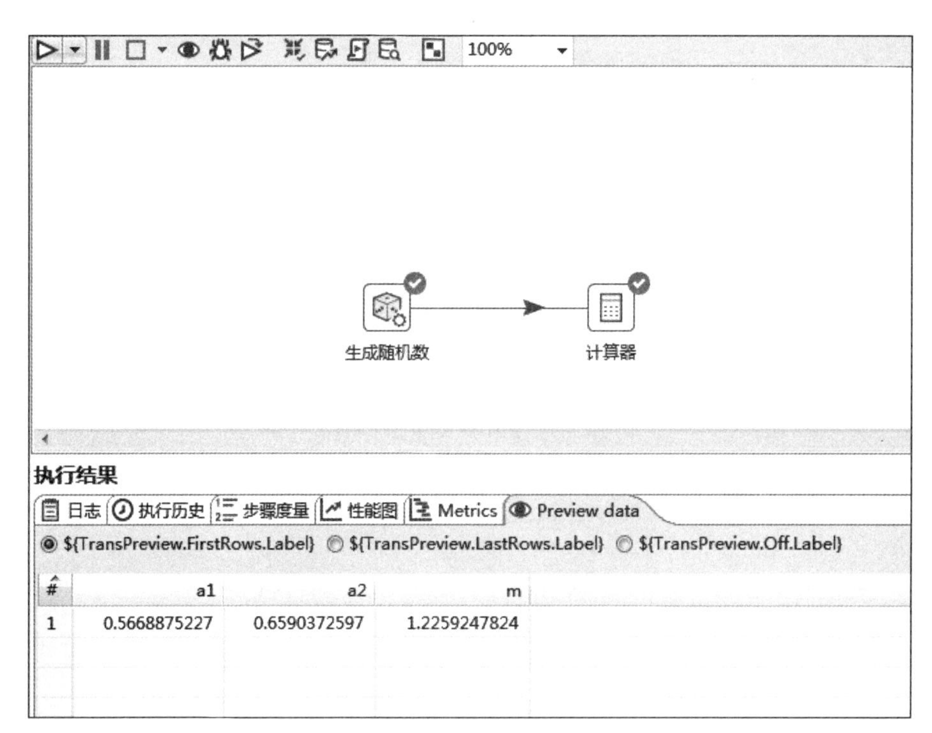

图 5-32　运行结果

【例 5-6】哈希值。

（1）成功运行 Kettle 后在菜单栏中选择“文件”→“新建”→“转换”选项，在“输入”中选择“自定义常量数据”选项，在“转换”中选择“唯一行（哈希值）”选项，将其一一拖动到右侧工作区中并建立彼此之间的节点连接关系，最终生成的工作如图 5-33 所示。

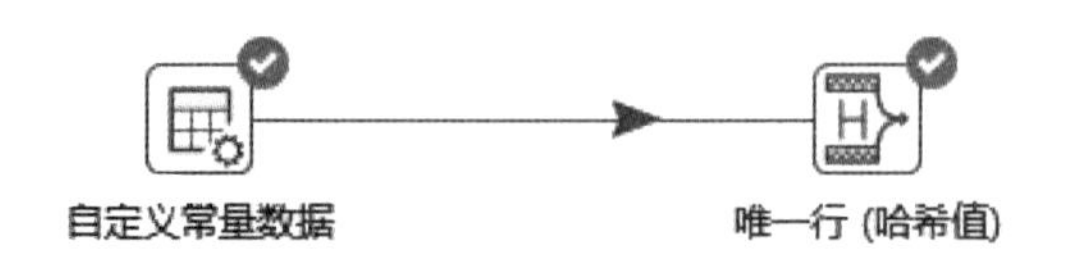

图 5-33　建立流程

（2）双击“自定义常量数据”选项，在“元数据”和“数据”选项卡中进行设置，如图 5-34 和图 5-35 所示。

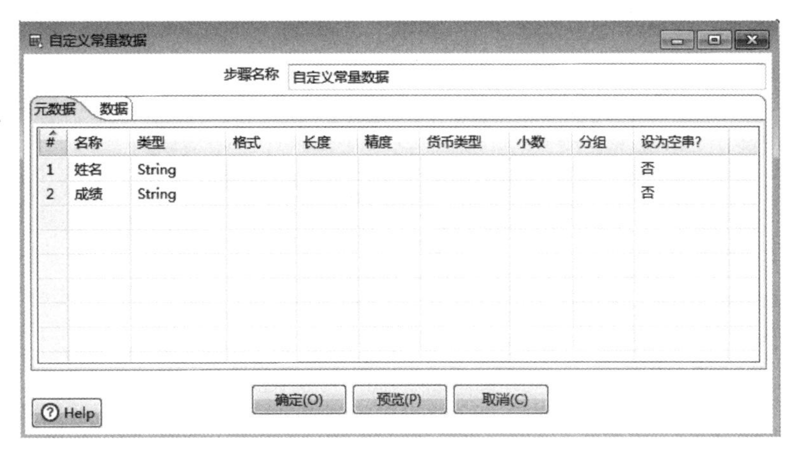

图 5-34　设置“元数据”选项卡

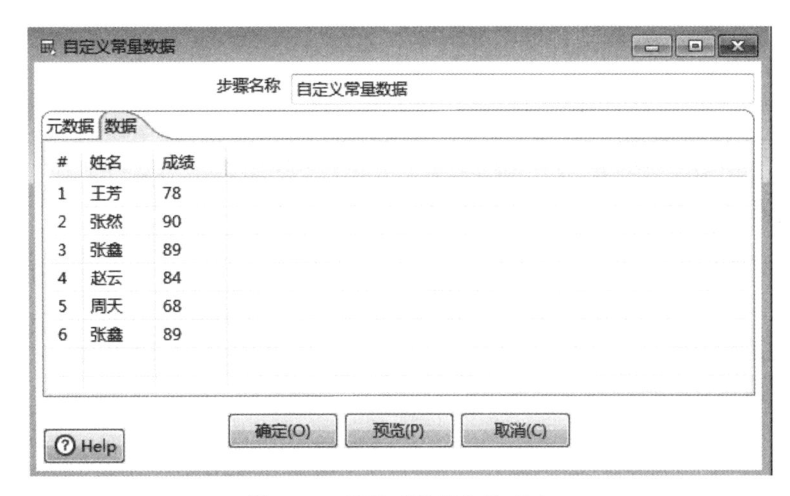

图 5-35　设置“数据”选项卡

（3）双击“唯一行（哈希值）”选项，在“字段名称”中选择“姓名”，如图 5-36 所示。

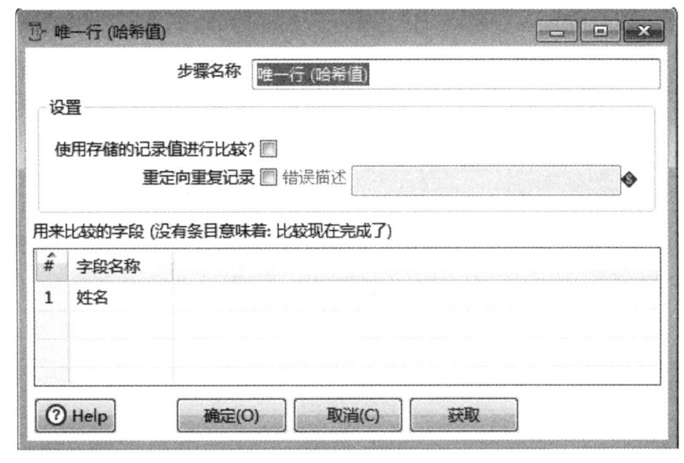

图 5-36　设置唯一行

（4）保存该文件，执行“运行”命令，结果如图 5-37 所示。

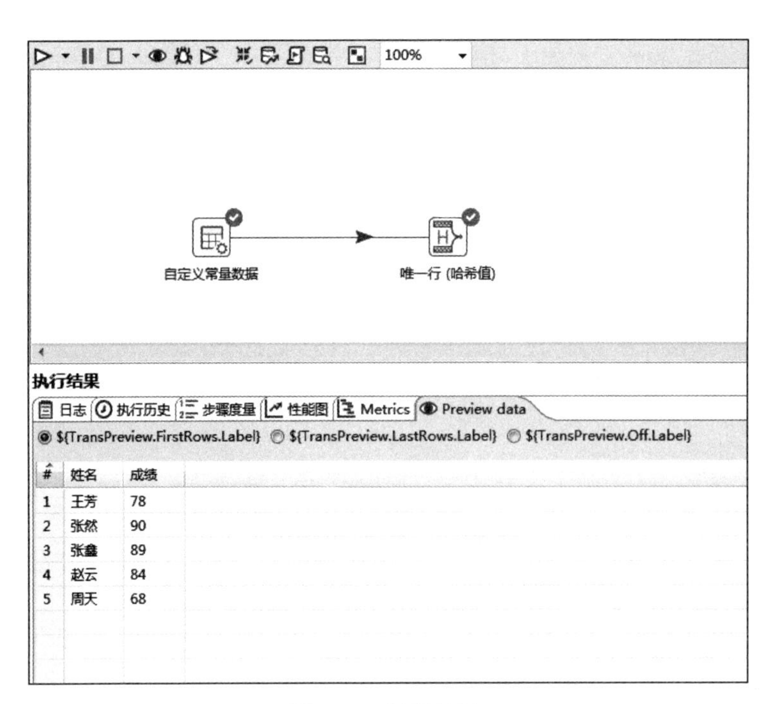

图 5-37 运行结果

从图 5-37 中可以看出，在姓名中出现的全部是唯一值。该步骤用于删除重复的行，仅保留唯一的匹配项，并可根据字段来剔重。

【例 5-7】写日志。

（1）成功运行 Kettle 后在菜单栏中选择“文件”→“新建”→“转换”选项，在“输入”中选择“生成记录”选项，在“应用”中选择“写日志”选项，将其一一拖动到右侧工作区中并建立彼此之间的节点连接关系，最终生成的工作如图 5-38 所示。

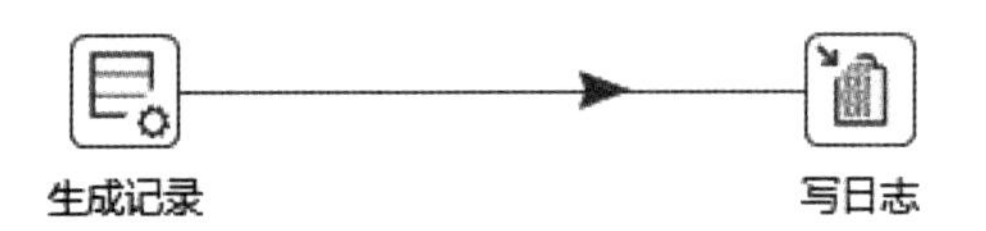

图 5-38 建立流程

（2）双击“生成记录”选项，在“限制”中选择值为 10，分别设置“字段”中的名称、类型和值，如图 5-39 所示。

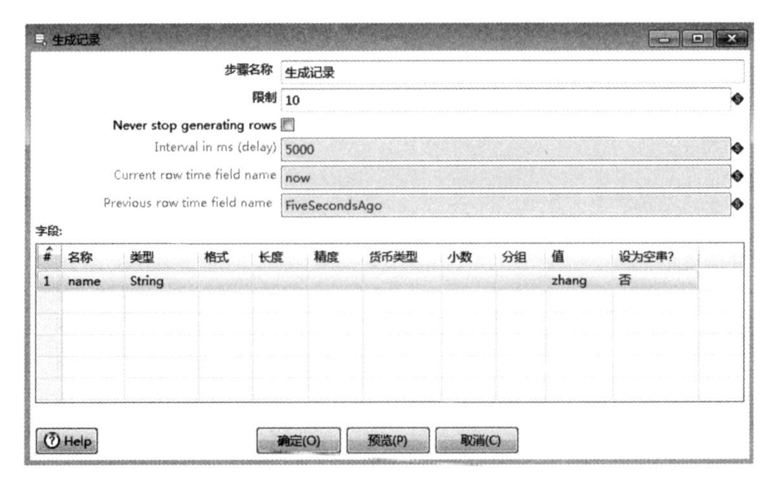

图 5-39 设置生成记录

（3）双击“写日志”选项，单击“获取字段”按钮自动获取字段名称，并在“写日志”对话框中输入自定义内容，如图 5-40 所示。

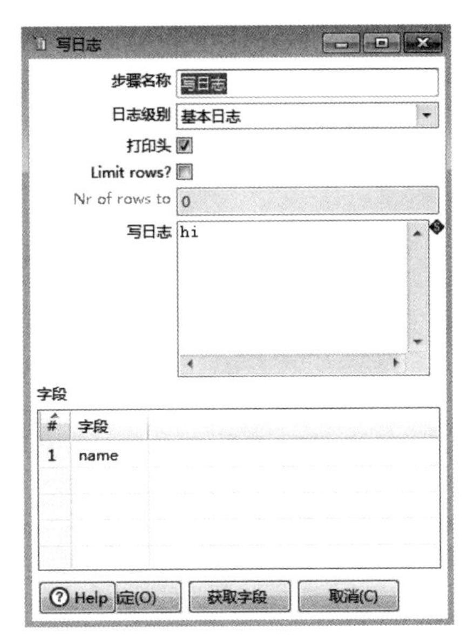

图 5-40 “写日志”对话框

（4）保存该文件，选择“运行这个转换”选项，在“执行结果”栏的“日志”选项卡中查看写日志的状态，如图 5-41 所示。

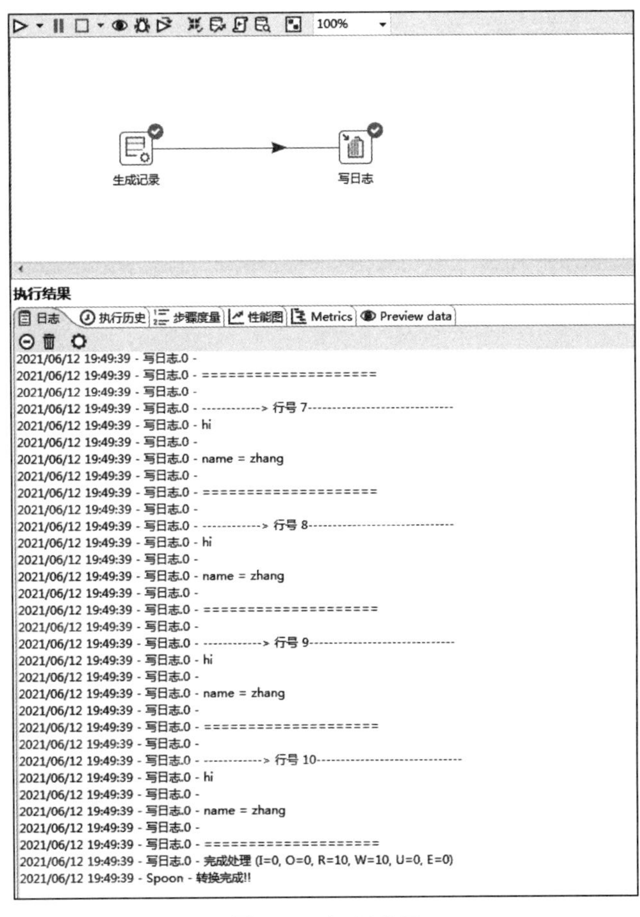

图 5-41 运行结果

【例 5-8】过滤记录。

（1）成功运行 Kettle 后在菜单栏中选择“文件”→“新建”→“转换”选项，在“输入”中选择“自定义常量”选项，在“流程”中选择“过滤记录”和“空操作”选项，将其一一拖动到右侧工作区中，将“空操作”改名为“可以开车”和“不可以开车”，并建立彼此之间的节点连接关系，最终生成的工作如图 5-42 所示。值得注意的是，该流程需要双击“过滤记录”选项，在“发送 true 数据给步骤”中选择“可以开车”，在“发送 false 数据给步骤”中选择“不可以开车”。

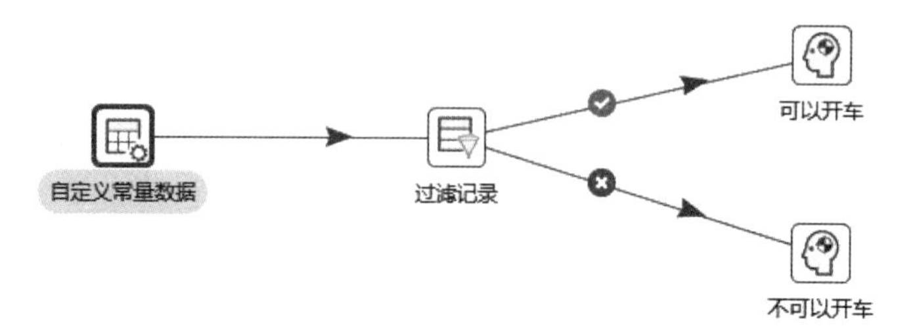

图 5-42 建立流程

（2）双击“自定义常量数据”选项，在“元数据”和“数据”选项卡中进行设置，如图 5-43 和图 5-44 所示。

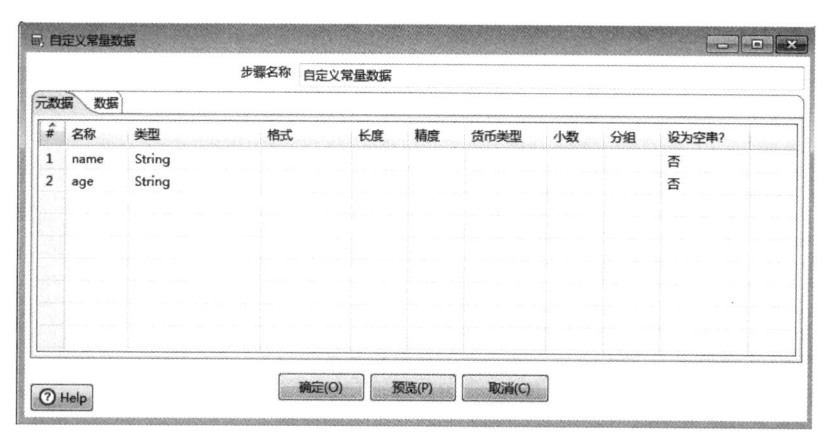

图 5-43 设置“元数据”选项卡

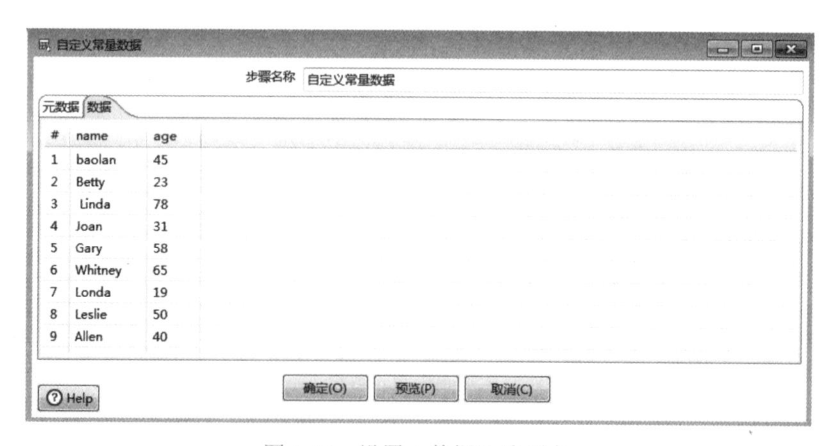

图 5-44 设置“数据”选项卡

（3）双击“过滤记录”选项，设置如图 5-45 所示的内容，并将“条件”设置为：age<=60。

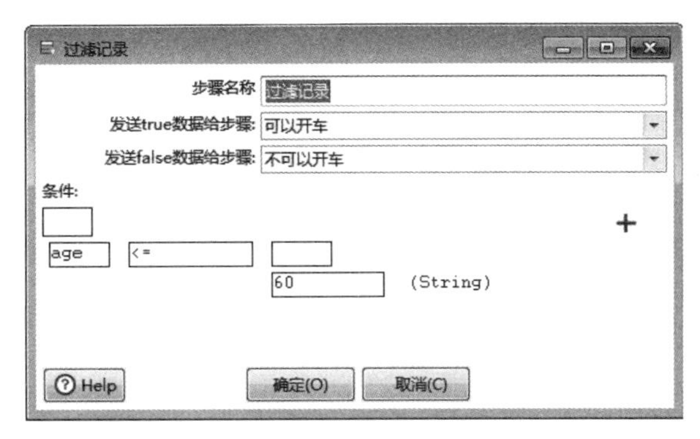

图 5-45 设置过滤记录

（4）双击“可以开车”和“不可以开车”选项查看设置，如图 5-46 所示。

图 5-46 查看设置

（5）保存该文件，选择“运行这个转换”选项，单击“可以开车”选项，在“执行结果”栏的 Preview data 选项卡中查看运行结果；单击“不可以开车”选项，在“执行结果”栏的 Preview data 选项卡中查看运行结果，如图 5-47 和图 5-48 所示。该例通过“过滤记录”将年龄大于 60 岁的人设置为“不可以开车”。

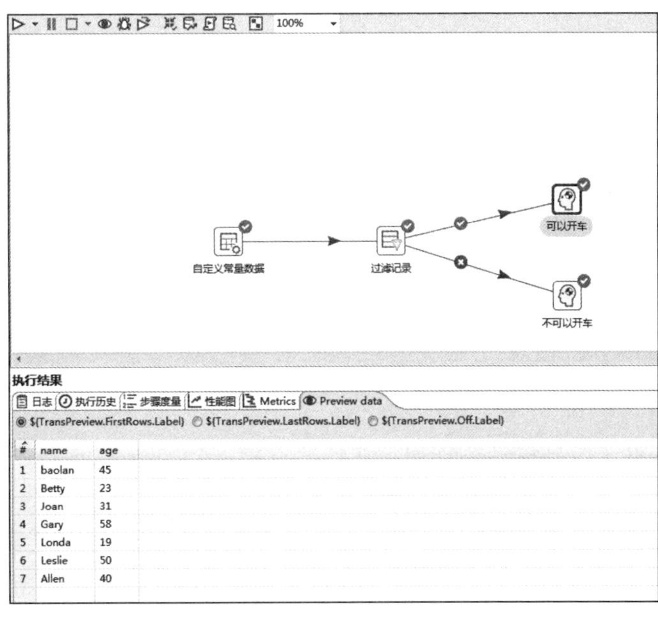

图 5-47 查看“可以开车”运行结果

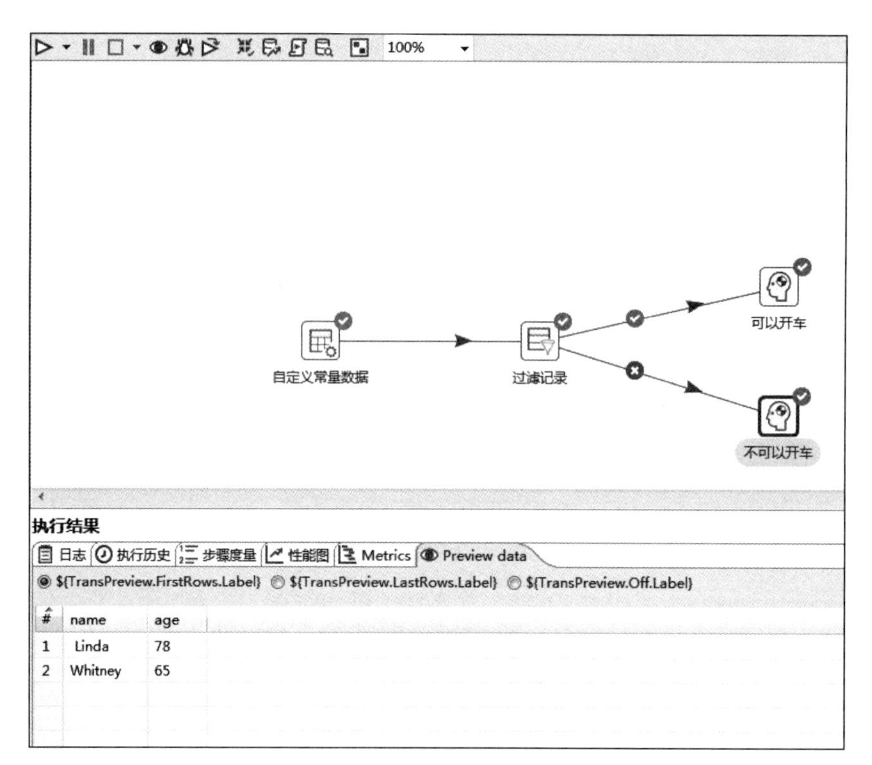

图 5-48 查看“不可以开车”运行结果

2. 数据检验

【例 5-9】使用数据检验来清洗数据。

（1）成功运行 Kettle 后在菜单栏中选择“文件”→“新建”→“转换”选项，在“输入”中选择“自定义常量数据”选项，在“检验”中选择“数据检验”选项，在“输出”中选择“文本文件输出”，将其一一拖动到右侧工作区中，“文本文件输出”选项拖动两次，分别命名为“文本文件输出”和“文本文件输出 2”，并建立彼此之间的节点连接关系，最终生成的工作如图 5-49 所示。值得注意的是，在“数据检验”与“文本文件输出 2”的节点连接中，需要在“数据检验”中设置错误处理步骤。

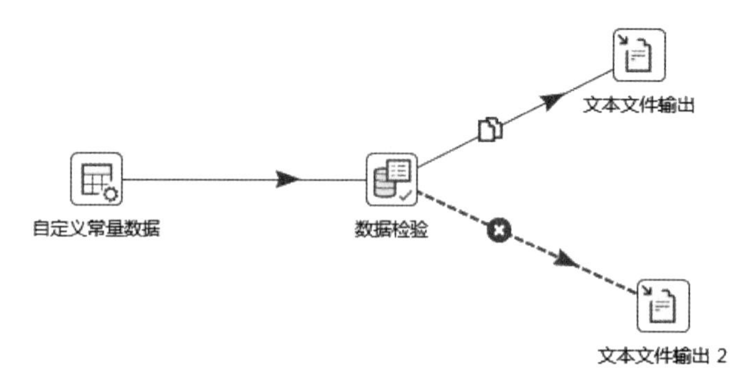

图 5-49 建立流程

（2）双击“自定义常量数据”选项，在“元数据”和“数据”选项卡中进行设置，如图 5-50 和图 5-51 所示。

（3）双击“数据检验”选项，将“检验描述”设置为 sco，“要检验的字段名”设置为 score，勾选“检验数据类型”，并将数据最大值设置为 100，最小值设置为 60，如图 5-52 所示。

图 5-50 设置“元数据”选项卡

图 5-51 设置“数据”选项卡

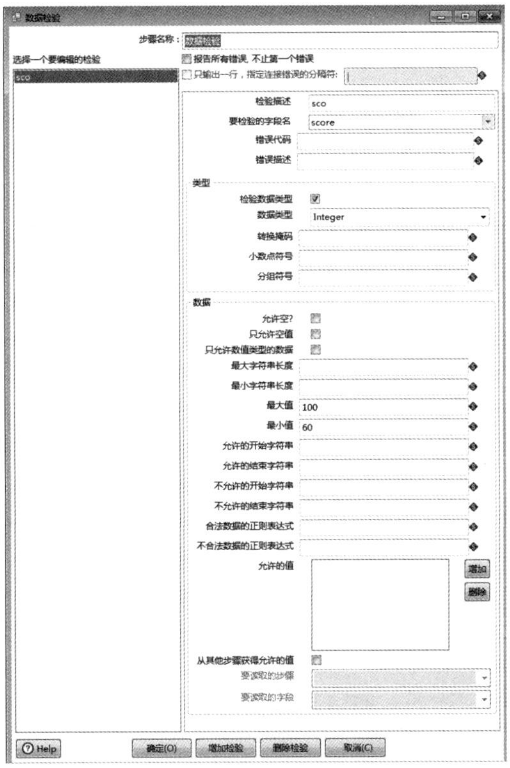

图 5-52 设置数据检验

（4）保存该文件，选择“运行这个转换”选项，单击“文本文件输出”选项，在“执行结果”栏的 Preview data 选项卡中查看运行结果；单击“文本文件输出 1”选项，在“执行结果”栏的 Preview data 选项卡中查看运行结果，如图 5-53 和图 5-54 所示。

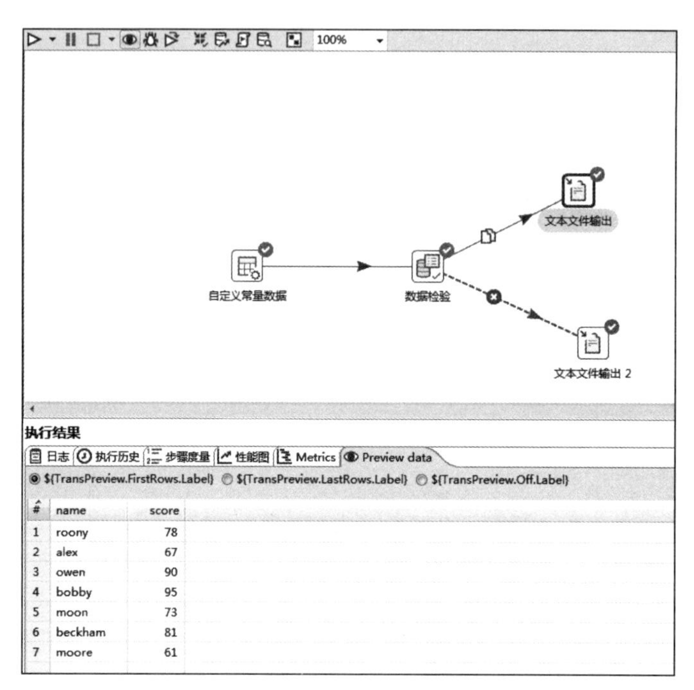

#	name	score
1	roony	78
2	alex	67
3	owen	90
4	bobby	95
5	moon	73
6	beckham	81
7	moore	61

图 5-53　查看运行结果

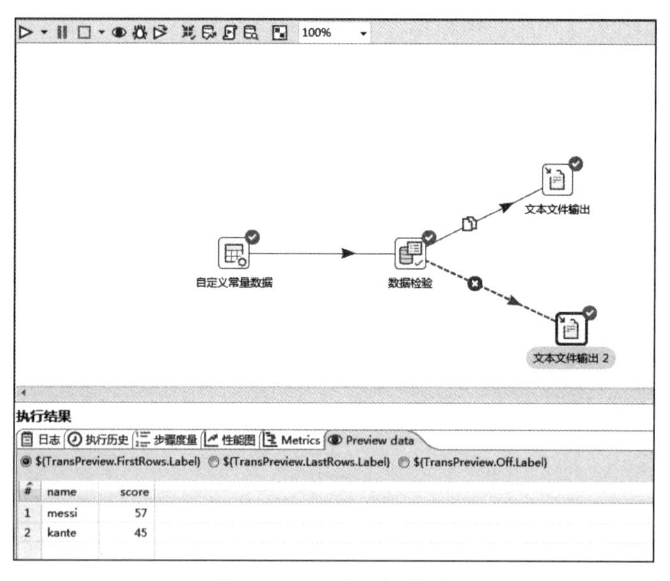

#	name	score
1	messi	57
2	kante	45

图 5-54　查看运行结果

3. 数据统计

【例 5-10】数据排序并分组写入日志。

（1）成功运行 Kettle 后在菜单栏中选择“文件”→“新建”→“转换”选项，在“输入”中选择“自定义常量数据”选项，在“转换”中选择“排序记录”选项，在“统计”中选择“分组出”选项，在“应用”中选择“写日志”选项，将其一一拖动到右侧工作区中并建立彼此之间的节点连接关系，最终生成的工作如图 5-55 所示。

图 5-55 建立流程

（2）双击“自定义常量数据”选项，在“元数据”和“数据”选项卡中进行设置，如图 5-56 和图 5-57 所示。

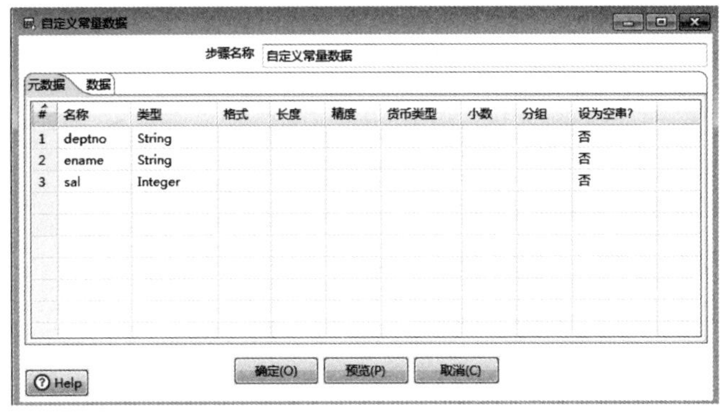

#	名称	类型	格式	长度	精度	货币类型	小数	分组	设为空串?
1	deptno	String							否
2	ename	String							否
3	sal	Integer							否

图 5-56 设置“元数据”选项卡

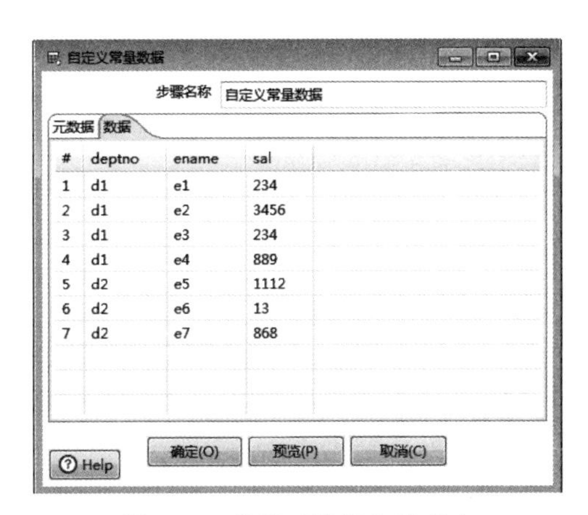

#	deptno	ename	sal
1	d1	e1	234
2	d1	e2	3456
3	d1	e3	234
4	d1	e4	889
5	d2	e5	1112
6	d2	e6	13
7	d2	e7	868

图 5-57 设置“数据”选项卡

（3）双击“排序记录”选项，设置内容如图 5-58 所示。

排序记录

步骤名称 排序记录

排序目录 %%java.io.tmpdir%% 浏览(B)...

临时文件前缀 out

排序缓存大小(内存里存放的记录数) 1000000

未使用内存限值 (%)

压缩临时文件?

仅仅传递非重复的记录? (仅仅校验关键字)

字段：

#	字段名称	升序	大小写敏感	Sort based on current locale?	Collator Strength	Presorted?
1	deptno	是	否	否	2	否
2	sal	否	否	否	2	否

Help 确定(O) 取消(C) 获取字段

图 5-58 “排序记录”对话框

（4）双击“分组”选项，设置“分组字段”为 deptno，如图 5-59 所示。

（5）双击“写日志”选项，设置内容如图 5-60 所示。

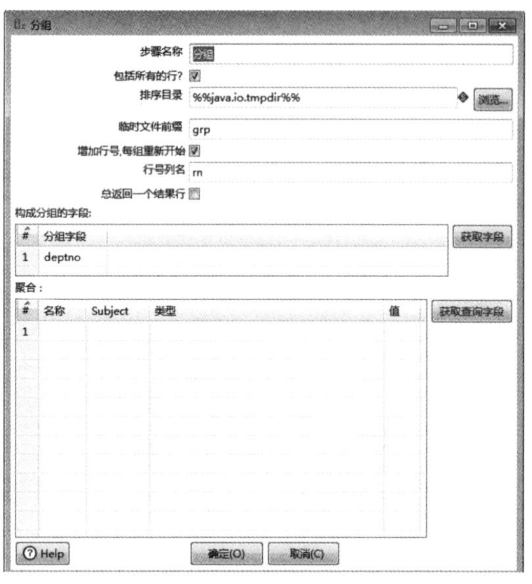

图 5-59 “分组”对话框

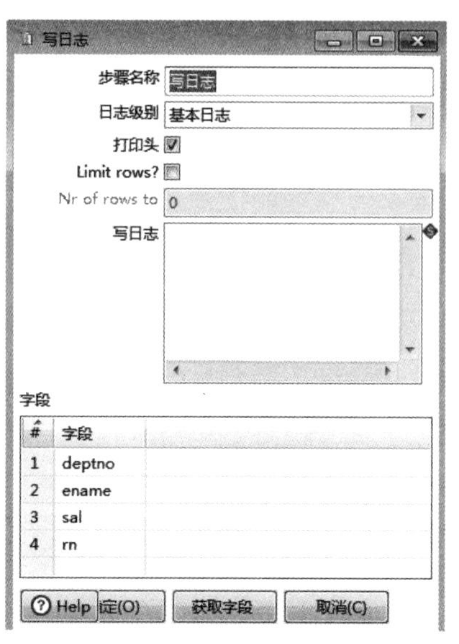

图 5-60 “写日志”对话框

（6）保存该文件，选择“运行这个转换”选项，在“执行结果”栏的 Preview data 选项卡中查看运行结果，如图 5-61 所示。

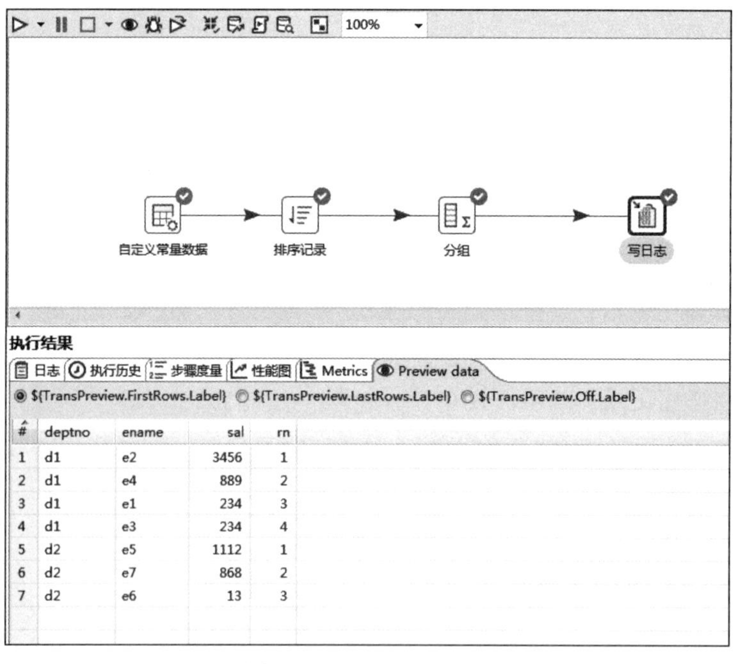

#	deptno	ename	sal	rn
1	d1	e2	3456	1
2	d1	e4	889	2
3	d1	e1	234	3
4	d1	e3	234	4
5	d2	e5	1112	1
6	d2	e7	868	2
7	d2	e6	13	3

图 5-61 查看运行结果

实训

5.3 实训

1．数据采样并识别流的最后一行。

（1）成功运行 Kettle 后在菜单栏中选择“文件”→“新建”→“转换”选项，在“输入”

中选择“Excel 输入”选项，在“转换”中选择“排序记录”选项，在“统计”中选择“数据采样”选项，在“流程”中选择“识别流的最后一行”选项，将其一一拖动到右侧工作区中，最终生成的工作如图 5-62 所示。

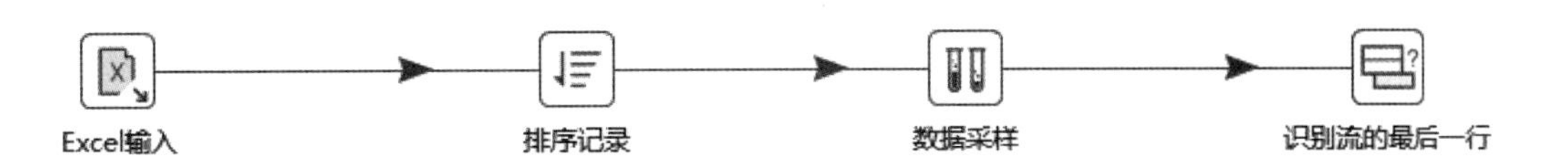

图 5-62 建立流程

（2）双击“Excel 输入”选项，在“文件”和“字段”选项卡中进行设置，如图 5-63 和图 5-64 所示。设置完成后预览该表内容如图 5-65 所示。

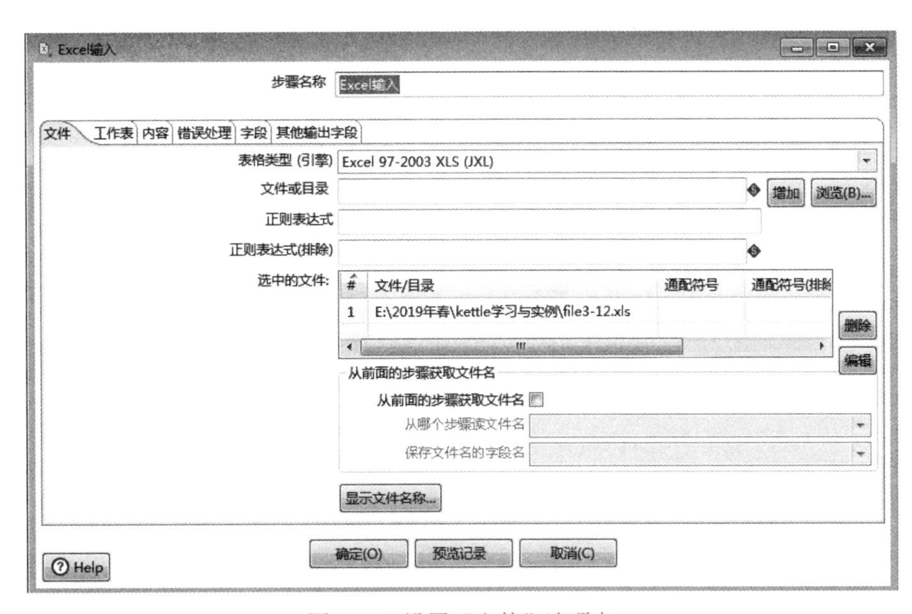

图 5-63 设置“文件”选项卡

图 5-64 设置“字段”选项卡

预览数据

步骤 Excel输入 的数据 (11 rows)

#	姓名	成绩
1	蔡明	68.0
2	张敏	57.0
3	刘健	47.0
4	王天一	78.0
5	徐红	67.0
6	洪智	84.0
7	周明	61.0
8	李凡	70.0
9	刘甜	63.0
10	张晓晓	89.0
11	宗树生	73.0

关闭(C) 显示日志(L)

图 5-65 预览数据

（3）双击“排序记录”选项，设置“成绩”字段为降序，如图 5-66 所示。

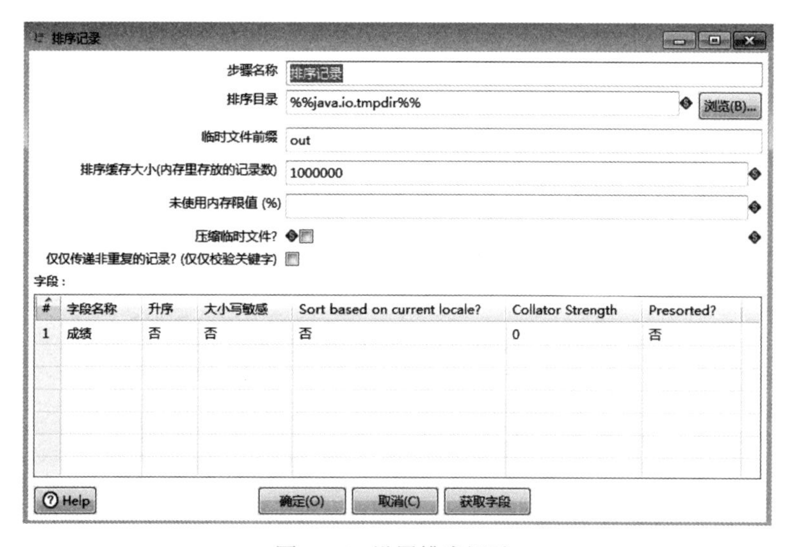

图 5-66 设置排序记录

（4）双击“数据采样”选项，设置样本值为 5，如图 5-67 所示。

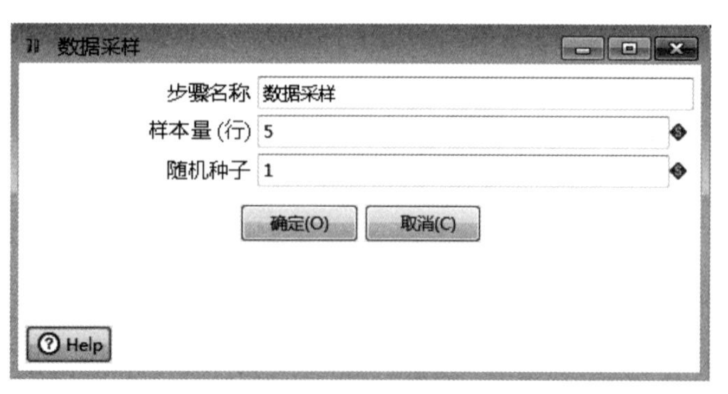

图 5-67 设置样本值

（5）双击“识别流的最后一行”选项，设置如图 5-68 所示。

图 5-68 “识别流的最后一行”对话框

（6）保存该文件，选择“运行这个转换”选项，分别选中“排序记录”“数据采样”和“识别流的最后一行”，在“执行结果”栏的 Preview data 选项卡中查看运行结果，如图 5-69 至图 5-71 所示。

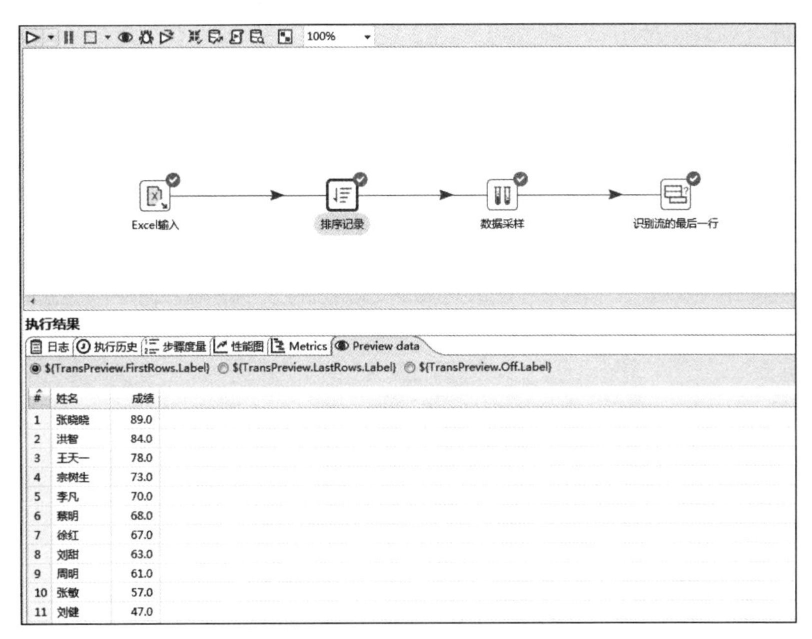

图 5-69 查看排序记录

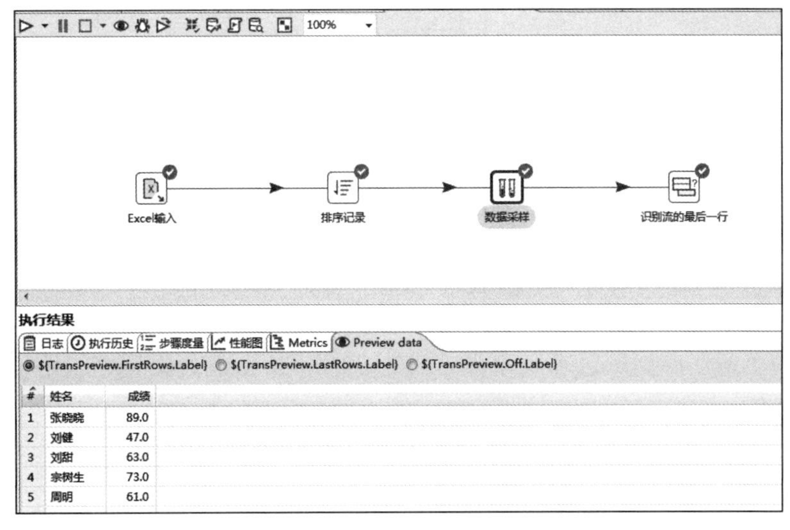

图 5-70 查看数据采样

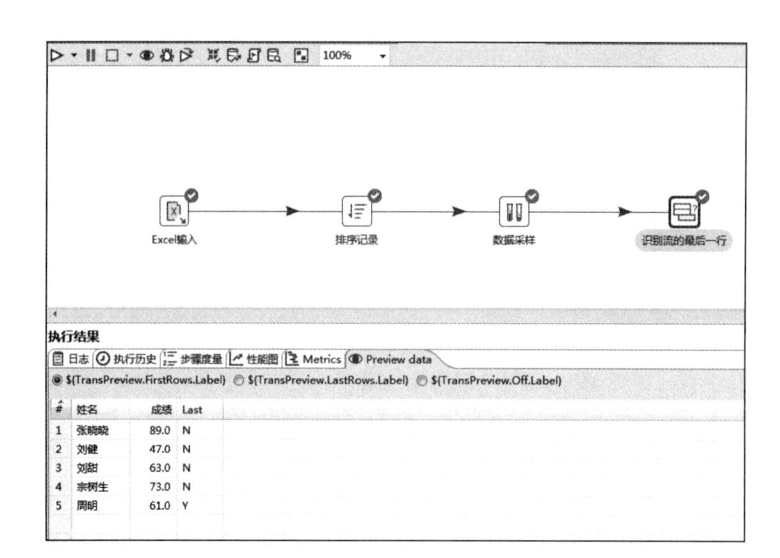

图 5-71　查看识别流的最后一行

2．对记录增加序列并进行变量统计。

（1）成功运行 Kettle 后在菜单栏中选择“文件”→“新建”→“转换”选项，在“输入”中选择“生成记录”选项，在“转换”中选择“增加序列”选项，在“输出”中选择“Excel 输出”选项，在“转换”中选择“增加序列”选项并命名为 score2，在“统计”中选择“单变量统计”选项，将其一一拖动到右侧工作区中，最终生成的工作如图 5-72 所示。

图 5-72　建立流程

（2）双击“生成记录”选项，设置内容如图 5-73 所示。

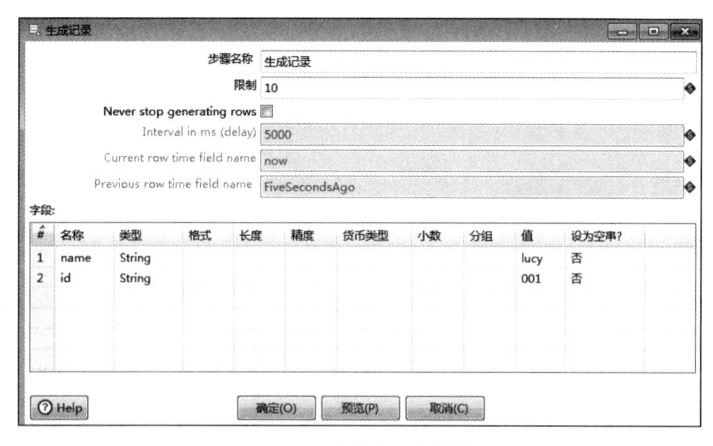

图 5-73　设置生成记录

（3）双击“增加序列”选项，设置“值的名称”为 score，设置“起始值”为 60，如图 5-74 所示。

（4）双击“Excel 输出”选项，设置内容如图 5-75 所示。

（5）双击“增加序列”选项，设置“值的名称”为 score2，设置“起始值”为 70，如图 5-76 所示。

图 5-74　设置增加序列

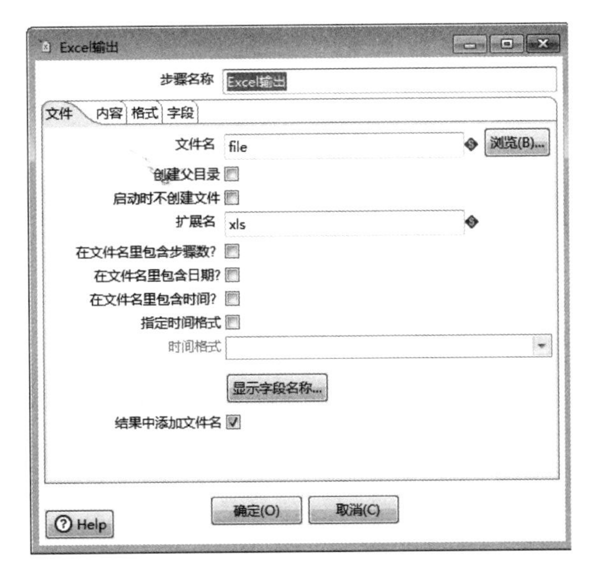

图 5-75　设置 Excel 输出

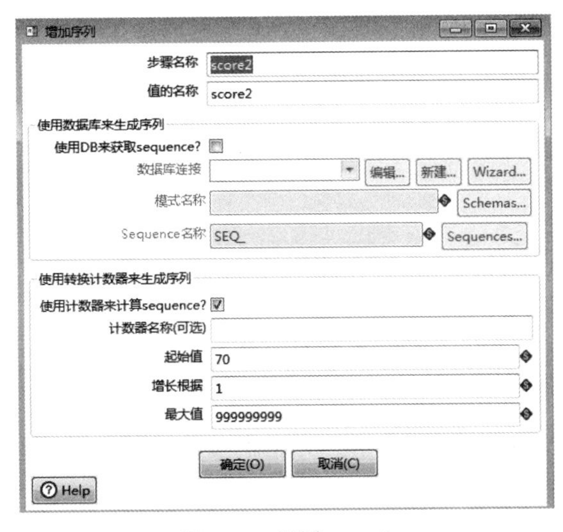

图 5-76　设置 score2

（6）双击“单变量统计”选项，设置内容如图 5-77 所示。

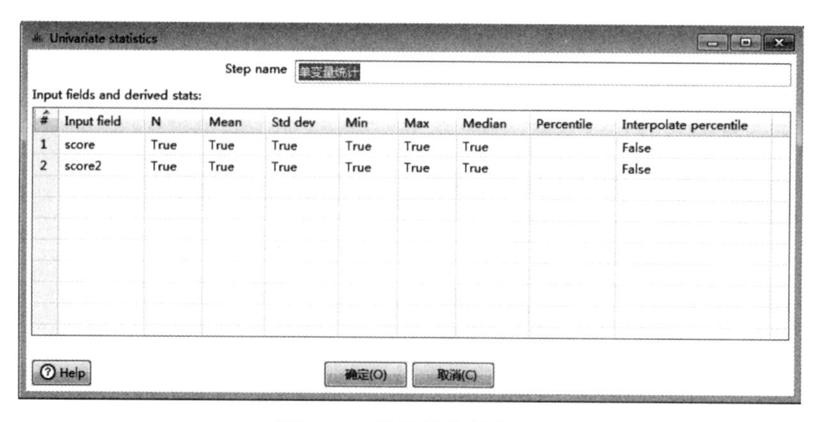

图 5-77 设置单变量统计

（7）保存该文件，选择“运行这个转换”选项，分别选中 score2 和“单变量统计”，在“执行结果”栏的 Preview data 选项卡中查看运行结果，如图 5-78 和图 5-79 所示。

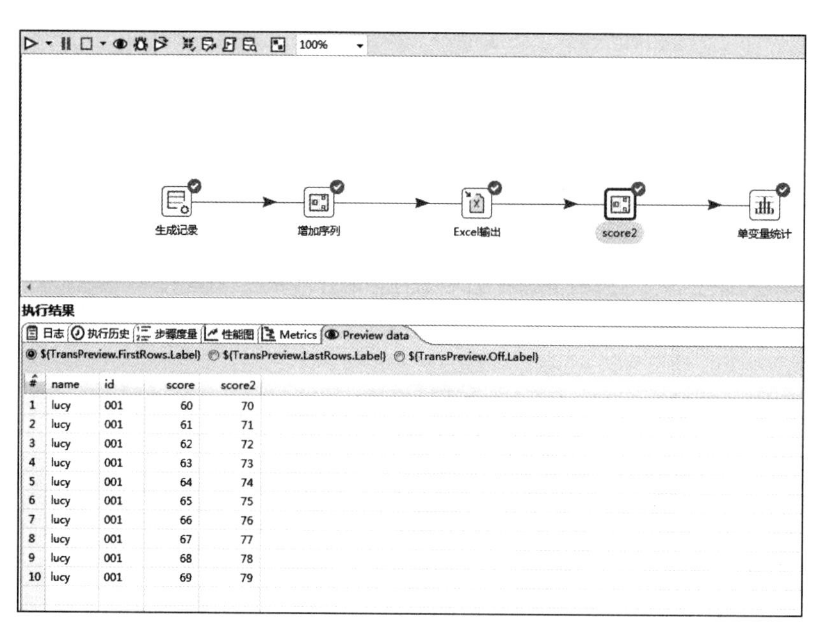

图 5-78 查看 score2

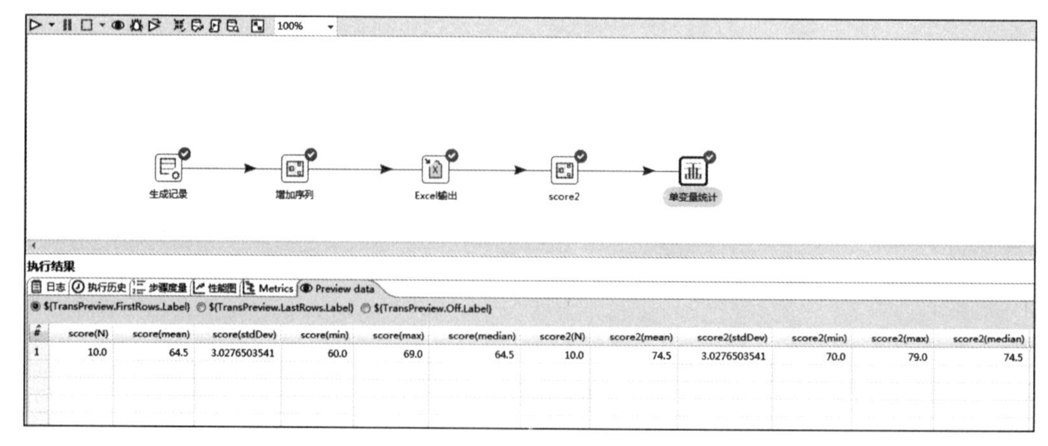

图 5-79 查看单变量统计

3．使用正则表达式清洗数据。

（1）成功运行 Kettle 后在菜单栏中选择“文件”→“新建”→“转换”选项，在“输入”中选择“自定义常量数据”选项，在“检验”中选择“数据检验”选项，在“输出”中选择“文本文件输出”选项，将其一一拖动到右侧工作区中，“文本文件输出”选项拖动两次，分别命名为“文本文件输出”和“文本文件输出 2”，建立彼此之间的节点连接关系，最终生成的工作如图 5-80 所示。值得注意的是，在“数据检验”与“文本文件输出 2”的节点连接中，需要在“数据检验”中设置错误处理步骤。

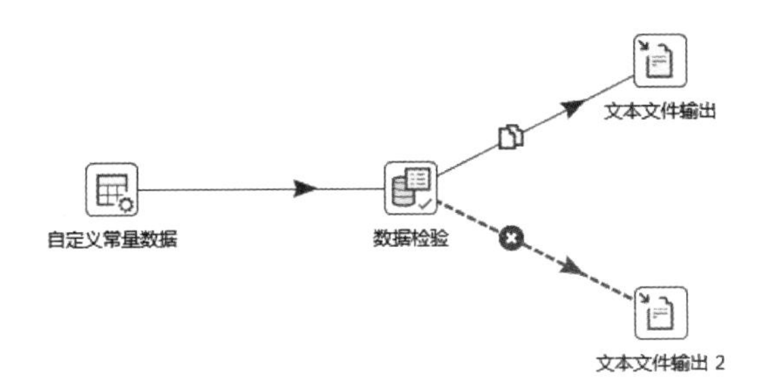

图 5-80　建立流程

（2）双击“自定义常量数据”选项，在“元数据”和“数据”选项卡中进行设置，如图 5-81 和图 5-82 所示。

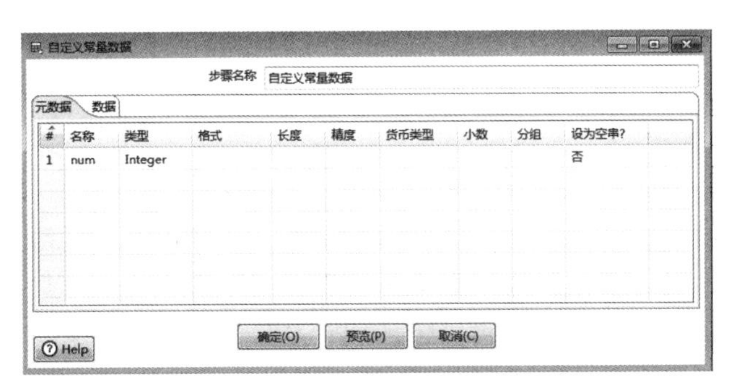

图 5-81　设置“元数据”选项卡

#	num
1	191100
2	12345678
3	12009911
4	05010011
5	446679
6	124567891
7	45678124

图 5-82　设置“数据”选项卡

（3）双击“数据检验”选项，将“检验描述”设置为 day，“要检验的字段名”设置为 num，勾选“检验数据类型”，并将合法数据的正则表达式设置为 \d{3,6}，如图 5-83 所示。

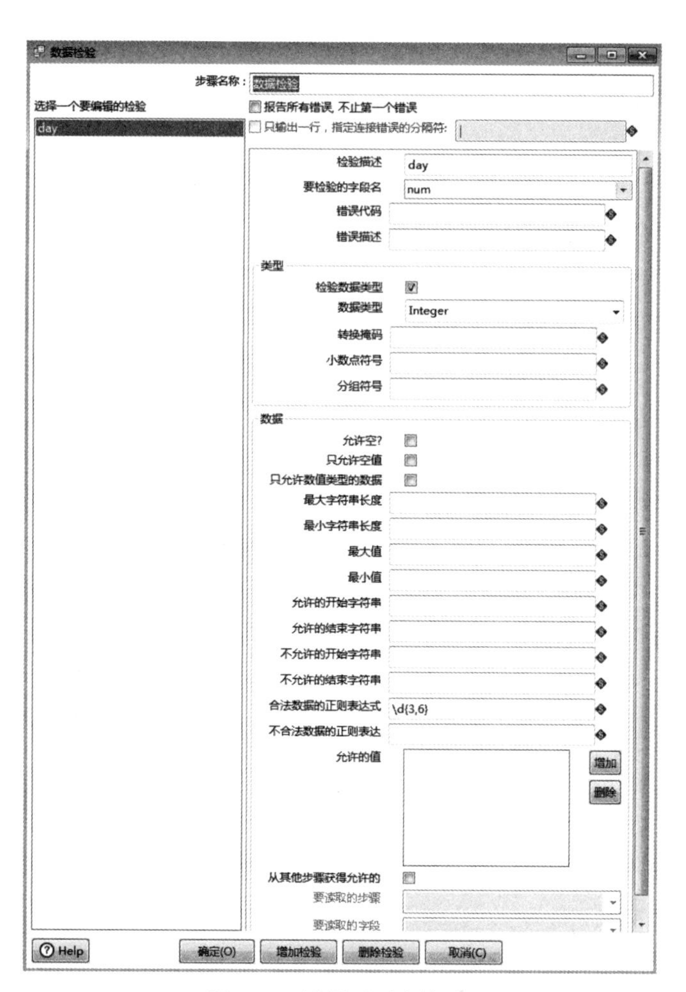

图 5-83 设置正则表达式

正则表达式可以验证数据的长度、取值范围、取值大小等，在这里 \d{3,6} 表示数字的长度为 3 ～ 6。

（4）保存该文件，选择“运行这个转换”选项，单击“文本文件输出”选项，在“执行结果”栏的 Preview data 选项卡中查看运行结果；单击“文本文件输出 2”选项，在“执行结果”栏的 Preview data 选项卡中查看运行结果，如图 5-84 和图 5-85 所示。

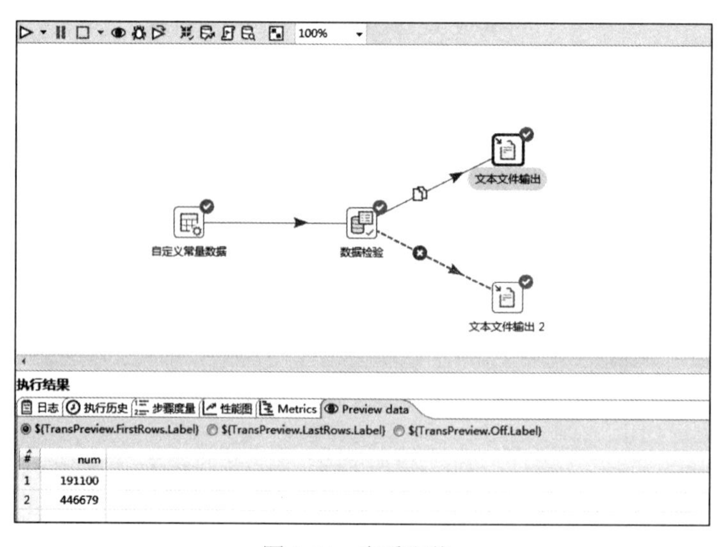

图 5-84 查看取值

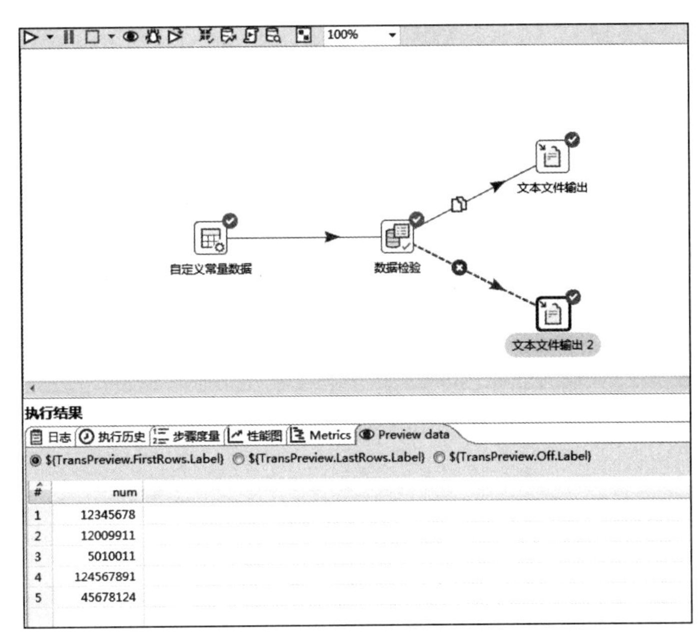

图 5-85　查看取值

4．获取系统信息。

（1）成功运行 Kettle 后在菜单栏中选择“文件”→“新建”→“转换”选项，在“输入”中选择“获取系统信息”选项，在“输出”中选择“文本文件输出”选项，将其一一拖动到右侧工作区中，建立彼此之间的节点连接关系，最终生成的工作如图 5-86 所示。

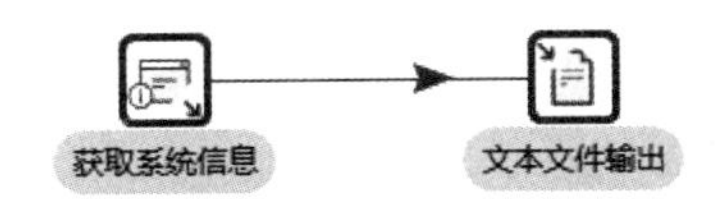

图 5-86　建立流程

（2）双击“获取系统信息”选项，在弹出的对话框中选择“类型”，如图 5-87 所示。

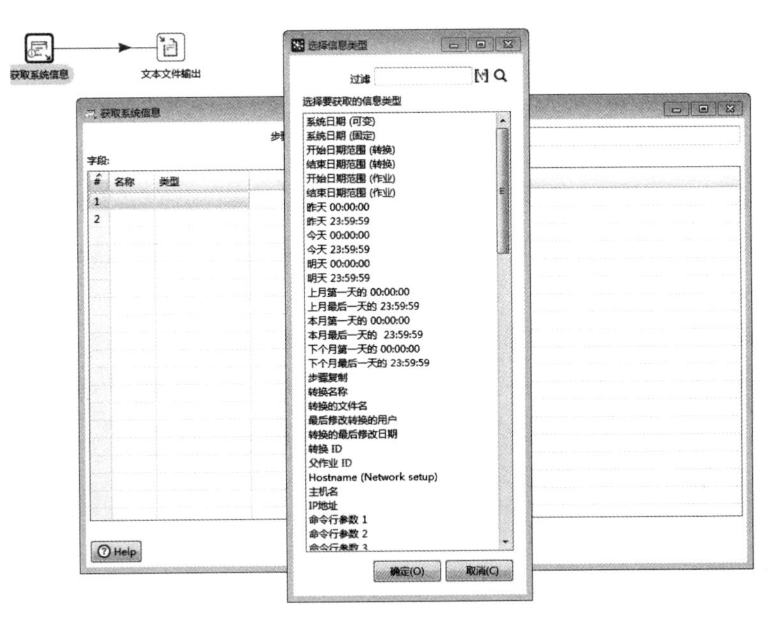

图 5-87　选择类型

（3）在“选择信息类型”对话框中选中“系统日期（可变）”，在“名称”中命名为 day，预览数据显示如图 5-88 所示。

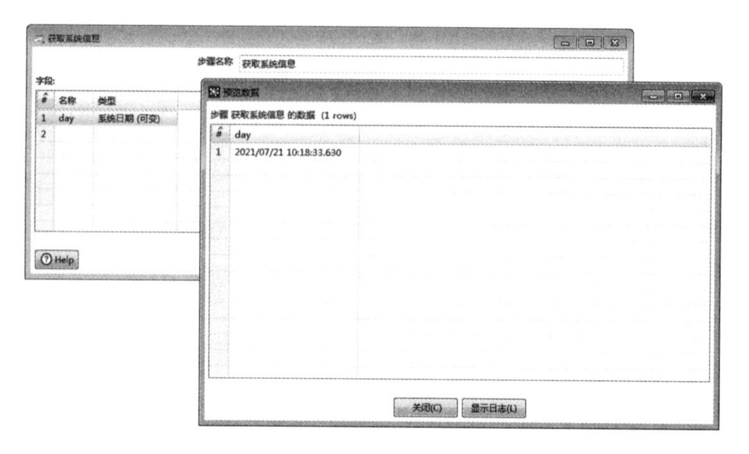

图 5-88 选择系统日期并预览

（4）在“选择信息类型”对话框中选中“主机名”“IP 地址”和“Kettle 版本”并修改名称分别为 host、ip 和 version，预览数据显示如图 5-89 所示。

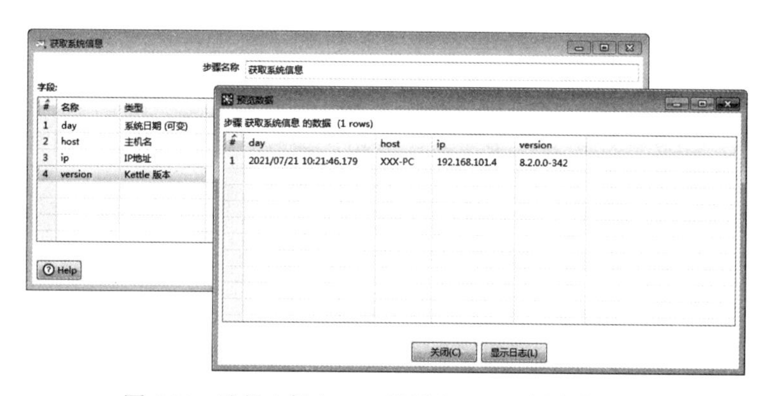

图 5-89 选择主机名、IP 地址和 Kettle 版本并预览

（5）保存该文件，选择“运行这个转换”选项，在“执行结果”栏的 Preview data 选项卡中查看运行结果，如图 5-90 所示。

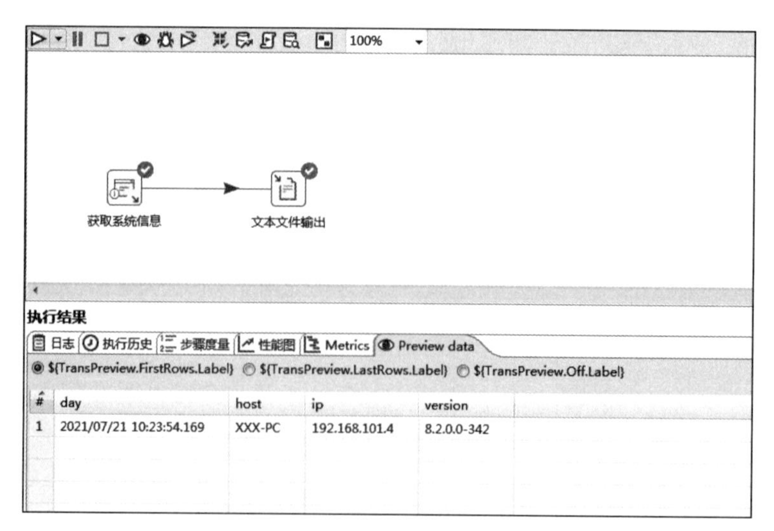

图 5-90 查看运行结果

练习 5

1. 简述如何使用 Kettle 中的计算器。
2. 简述如何使用 Kettle 中的数据排序。
3. 简述如何使用 Kettle 中的数据检验。
4. 简述如何使用 Kettle 中的数据分组。
5. 简述如何使用 Kettle 中的过滤记录。
6. 简述如何使用 Kettle 中的正则表达式。

第 6 章　Kettle 与数据仓库

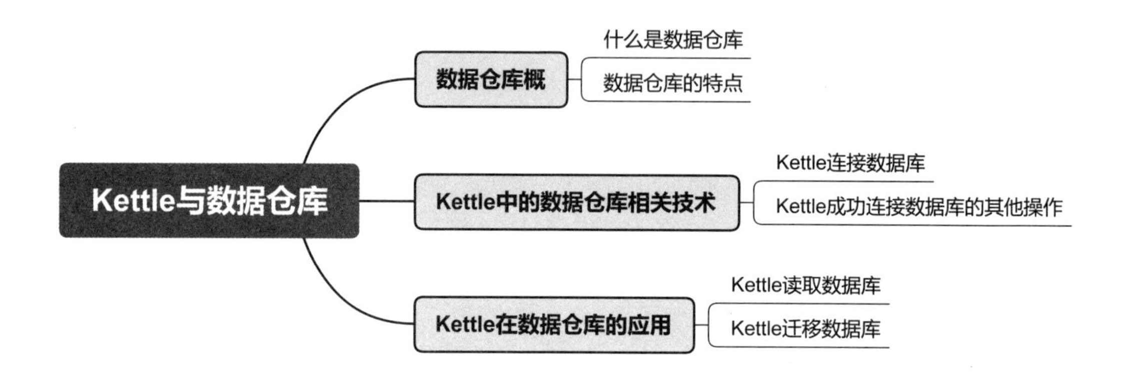

本章导读

大数据时代，数据挖掘、数据分析、机器学习等迅速发展。与此同时，也让人们越来越关注数据仓库。

本章要点

- 数据仓库概述
- Kettle 中的数据仓库相关技术
- Kettle 在数据仓库中的应用

6.1 数据仓库概述

数据仓库概述

大数据是互联网时代的产物，用于海量的各种类型数据的存储、处理与分析，包含结构化、半结构化、非结构化的数据。伴随着大数据技术的发展，数据仓库也被带入了一个新的发展阶段，新一代的企业数据仓库越来越多的是基于大数据技术构建，并且在向海量、实时、弹性、应用场景丰富等方向发展。

6.1.1 什么是数据仓库

顾名思义，数据仓库（Data Warehouse，DW）是一个很大的数据存储集合，出于企业的分析性报告和决策支持目的而创建，并对多样的业务数据进行筛选与整合。数据仓库是决策支持系统和联机分析应用数据源的结构化数据环境，它研究和解决从数据库中获取信息的问题，并为企业所有级别的决策制定过程提供所有类型数据的支持。

从技术上来看，数据仓库是数据库概念的升级。从逻辑上理解，数据库和数据仓库没有区别，都是通过数据库软件实现的存放数据的地方，只不过从数据量来说，数据仓库要比数据库庞大得多。因此数据仓库主要用于数据挖掘和数据分析，辅助领导做决策。

6.1.2 数据仓库的特点

随着对数据仓库认识的不断加深，人们认为它一般具有以下特点：

（1）集成性。数据仓库是集成的，它的数据来自于分散的操作型数据，将所需数据从原来的数据中抽取出来，进行加工与集成、统一与综合之后才能进入数据仓库。

（2）系统性。数据仓库中的数据是在对原有分散的数据库数据进行抽取和清理的基础上经过系统加工、汇总和整理得到的。

（3）分析性。数据仓库是在数据库已经大量存在的情况下，为了进一步挖掘数据资源和决策需要而产生的，数据仓库建设的目的是为前端查询和分析作基础。

6.2 Kettle 中的数据仓库相关技术

Kettle 中的
数据仓库相关技术

在 Kettle 中可以通过连接各种数据库来进行数据仓库的使用，本节主要讲述 Windows 中的相关技术及实现方法。

6.2.1 Kettle 连接数据库

在 Kettle 中连接数据库比较容易，方法是选择“文件”→“数据库连接”选项，打开的界面如图 6-1 所示。

在其中用户需要设置连接名称、连接类型、连接方式和设置。

1. 连接名称

在使用 Kettle 连接数据库的时候，用户可以自行创建一个连接名称，如 conn 等。图 6-2 所示连接名称为 hy。

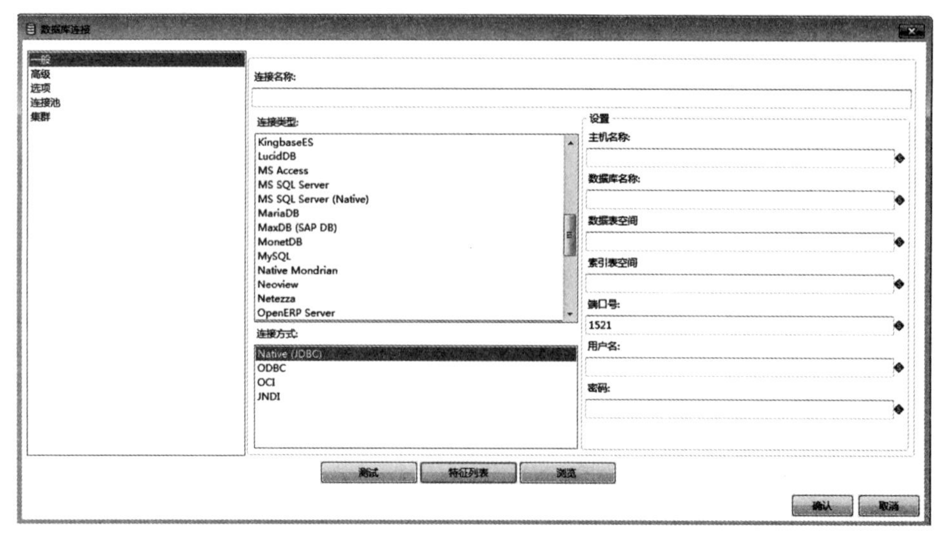

图 6-1 数据库连接界面

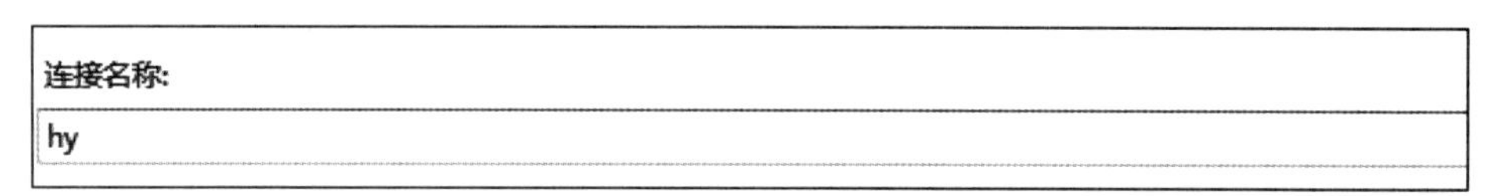

图 6-2 数据库连接名称

2. 连接类型

使用 Kettle 可以连接多种不同类型的数据库，图 6-3 所示 Kettle 连接了 MySQL 数据库，该数据库在大数据存储中使用频率较高。

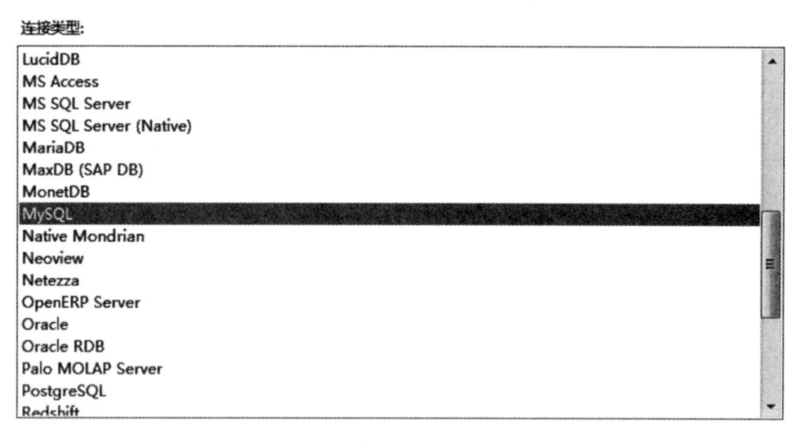

图 6-3 数据库连接类型

3. 连接方式

Kettle 数据源连接方式有 4 种：Native（JDBC）、ODBC、OCI（只针对 Oracle 数据库）、JNDI，而经常用到的只有 3 种：Native（JDBC）、ODBC（数据库连接方式）、JNDI。图 6-4 所示连接方式为 Native（JDBC）。

4. 数据库连接设置

该设置由用户根据自己的数据库情况自行设置，图 6-5 所示为设置情况。在“设置”中输入主机名称为 localhost，数据库名称为 test，端口号为 3306，用户名为 root，密码为空（MySQL 密码可以设置为空，用 Enter 键来实现）。

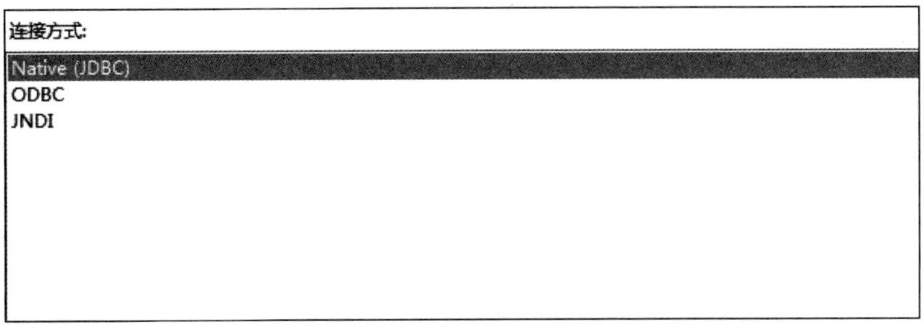

连接方式:
Native (JDBC)
ODBC
JNDI

图 6-4　数据库连接方式

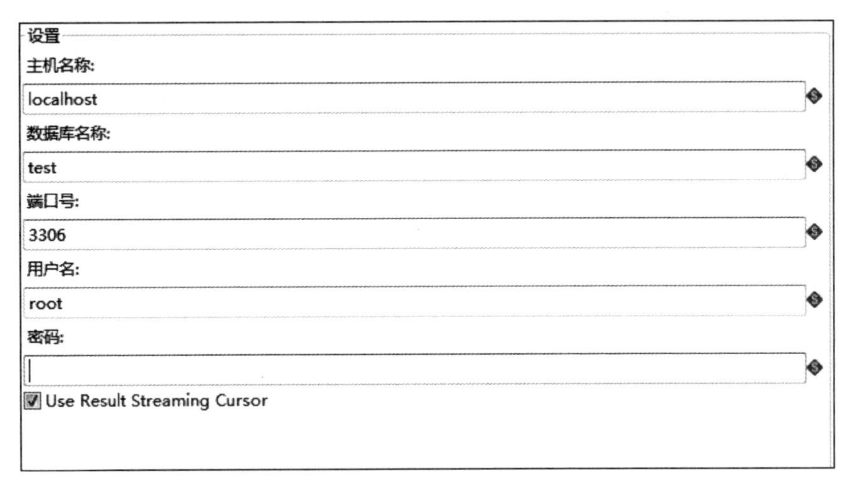

图 6-5　数据库连接设置

在进行了上述操作后，可以单击“测试”按钮来进行连接测试，如不报错则意味着 Kettle 已经和用户所选的数据库建立了连接。图 6-6 所示为连接成功界面。

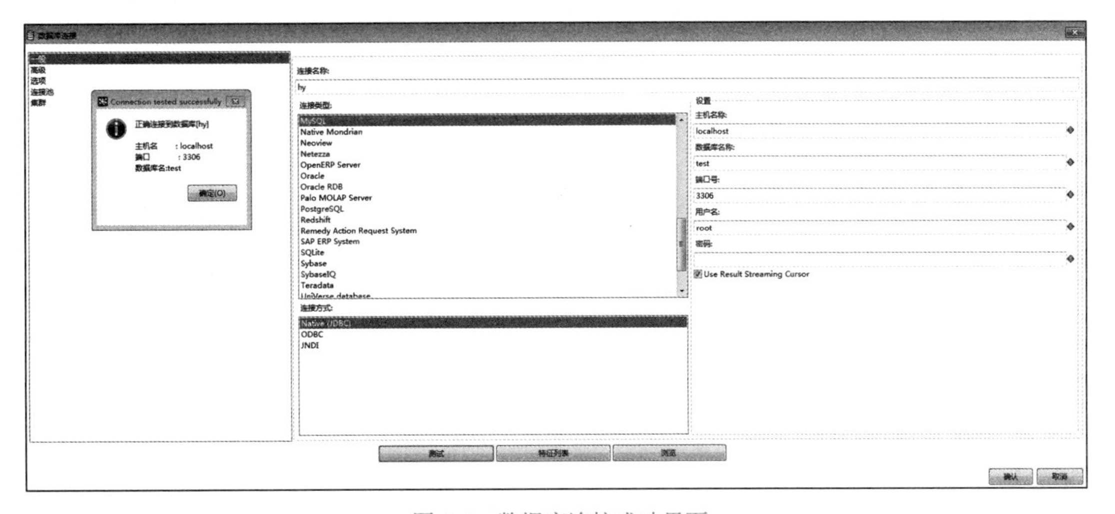

图 6-6　数据库连接成功界面

值得注意的是，用户在进行数据库连接的时候，极有可能会报错。如不能正常连接，可根据提示操作。

6.2.2　Kettle 成功连接数据库的其他操作

在用户使用 Kettle 连接了数据库后即可进行下一步的操作了，主要包括特征列表和浏览。

1. 特征列表

用户可单击“特征列表”按钮来查看各种参数（Parameter）和值（Value），图 6-7 所示为“特征列表”对话框。

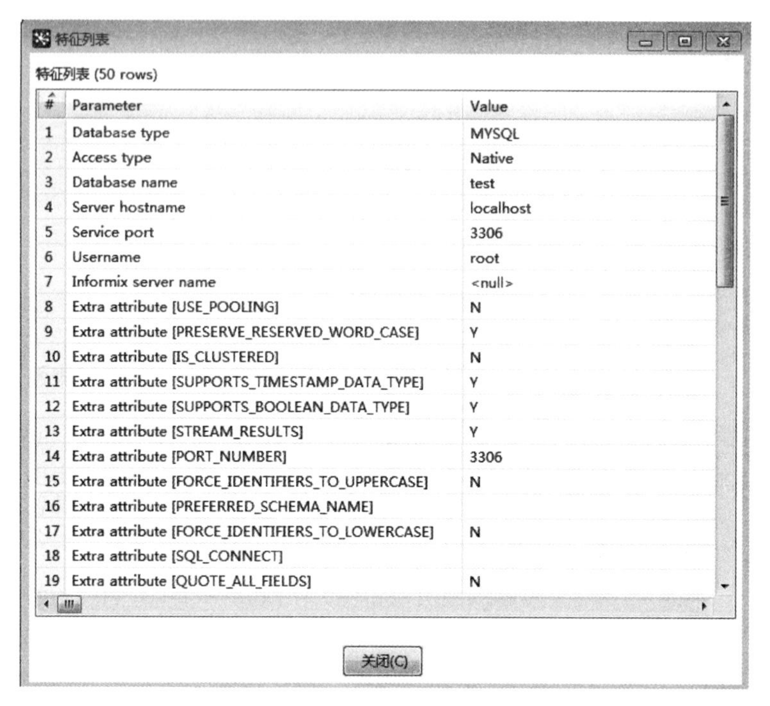

图 6-7 “特征列表”对话框

在其中用户可以查看数据库的各种信息。

2. 浏览

浏览也叫作数据库浏览器，用户可单击“浏览”按钮来查看模式、表、视图和同义词，图 6-8 所示为“数据库浏览器”对话框。

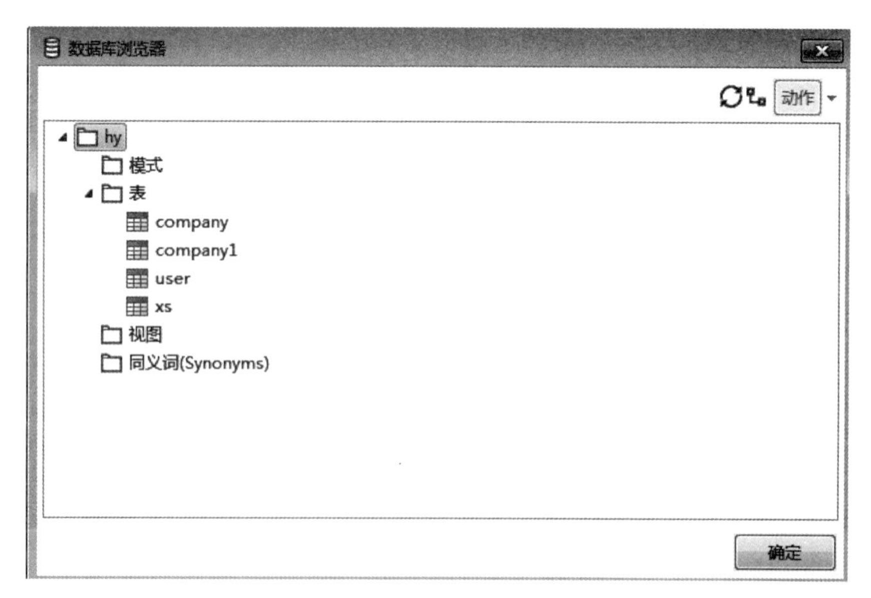

图 6-8 “数据库浏览器”对话框

图 6-9 所示为浏览数据库 test 中的数据表 user。

图 6-9　浏览数据表

数据表 user 在 MySQL 中的存储情况如图 6-10 所示。

```
+-------------------+
4 rows in set (0.00 sec)

mysql> select * from user;
+--------+-------+----------+
| id     | name  | major    |
+--------+-------+----------+
| 00001  | join  | computer |
| 00002  | lily  | computer |
| 00003  | matt  | computer |
| 00004  | ben   | computer |
| 00005  | tony  | computer |
| 00006  | tom   | math     |
| 00007  | huang | chinese  |
| 00008  | owen  | english  |
| 00009  | messi | physics  |
+--------+-------+----------+
9 rows in set (0.00 sec)
```

图 6-10　数据表在 MySQL 中的存储情况

6.3　Kettle 在数据仓库中的应用

在连接了数据库后，即可通过 Kettle 对数据库中的数据进行操作。

6.3.1　Kettle 读取数据库

Kettle 读取数据库

使用 Kettle 可以对数据库进行查询、读取、更新等操作。

【例 6-1】读取数据库数据。

（1）成功运行 Kettle 后在菜单栏中选择“文件”→“新建”→“转换”选项，在“输入”中选择“表输入”选项，在“输出”中选择“文本文件输出”选项，将其一一拖动到右侧工作区中，建立彼此之间的节点连接关系，最终生成的工作如图 6-11 所示。

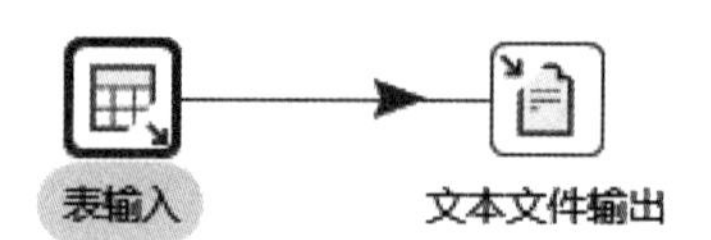

图 6-11　建立流程

在 Kettle 中可以使用“表输入”选项来连接和操作数据库。

（2）双击“表输入”选项，输入以下 SQL 命令（如图 6-12 所示）：

```
SELECT id,name,major
FROM user
WHERE major="chinese"
```

单击“预览”按钮预览数据，如图 6-13 所示。

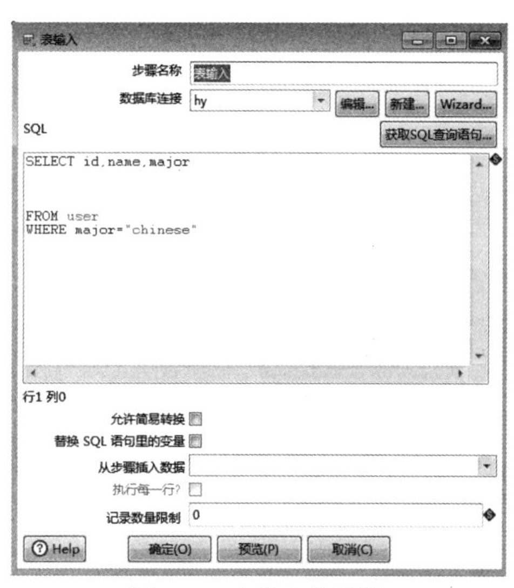

图 6-12　表输入的设置

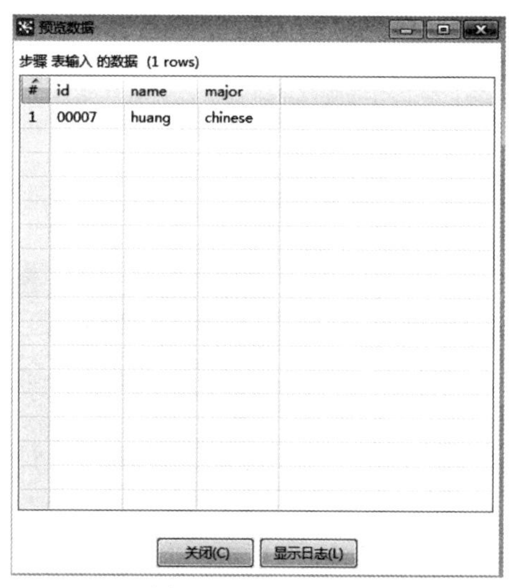

图 6-13　预览数据

在这里使用了 SQL 语句来实现数据的读取功能。

（3）双击“文本文件输出”选项，在“文件”和“字段”选项卡中进行设置，如图 6-14 和图 6-15 所示。

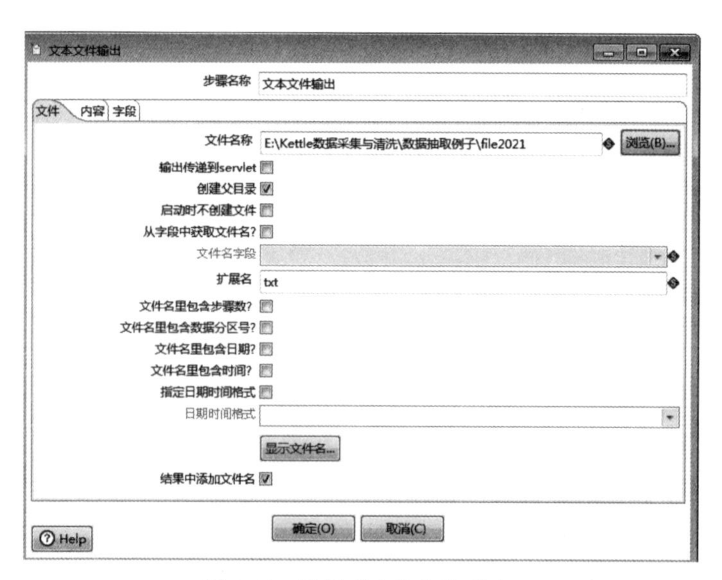

图 6-14　设置“文件”选项卡

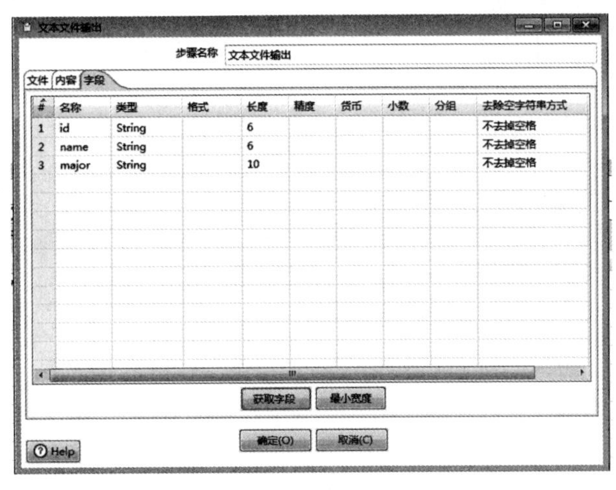

图 6-15 设置“字段”选项卡

（4）保存该文件，选择“运行这个转换”选项，在“执行结果”栏的 Preview data 选项卡中查看生成的数据，如图 6-16 所示。

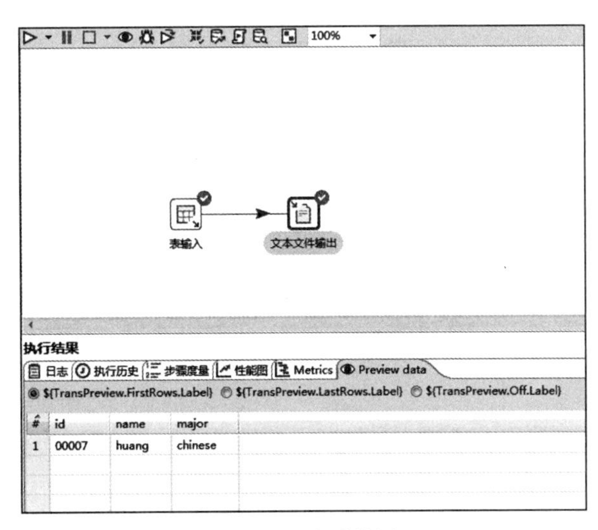

图 6-16 查看结果

【例 6-2】SQL 命令读取数据库数据。

（1）在 MySQL 数据库 user 中准备一张数据表 company1，数据内容如图 6-17 所示。

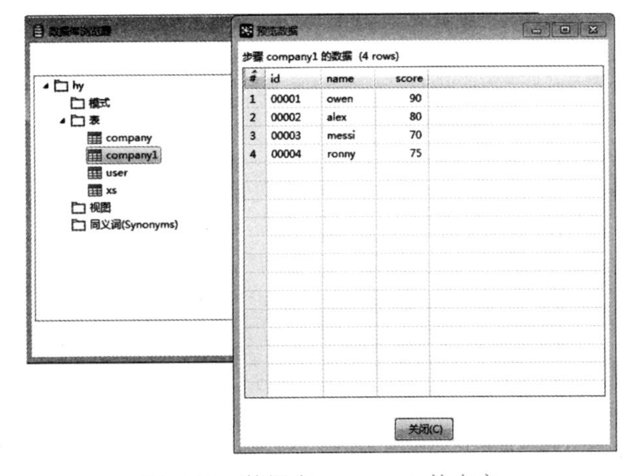

图 6-17 数据表 company1 的内容

（2）成功运行 Kettle 后在菜单栏中选择“文件”→“新建”→“转换”选项，在“输入”中选择“表输入”选项，在“输出”中选择“文本文件输出”选项，将其一一拖动到右侧工作区中，建立彼此之间的节点连接关系，最终生成的工作如图 6-18 所示。

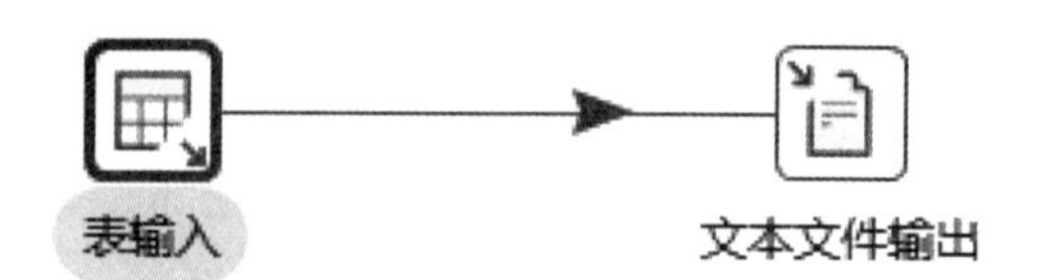

图 6-18 建立流程

（3）双击“表输入”选项，输入以下 SQL 命令（如图 6-19 所示）：

```
SELECT id,name,score FROM company1 WHERE score>=85
```

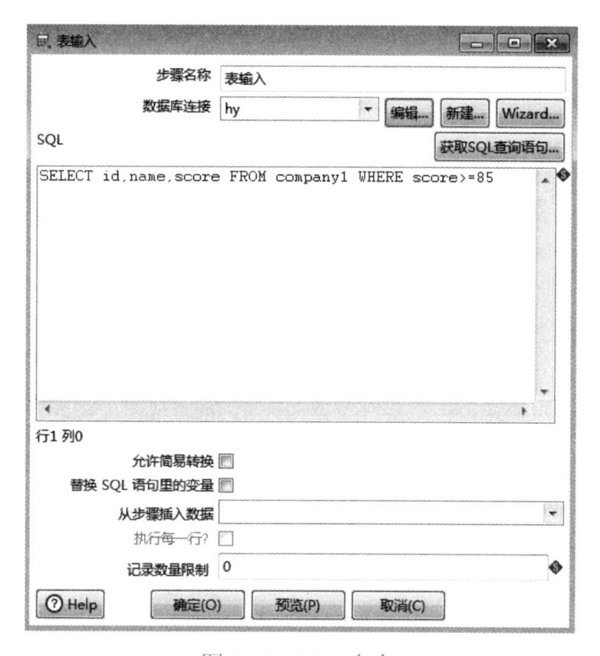

图 6-19 SQL 命令

（4）保存该文件，选择“运行这个转换”选项，在“执行结果”栏的 Preview data 选项卡中查看生成的数据，如图 6-20 所示。

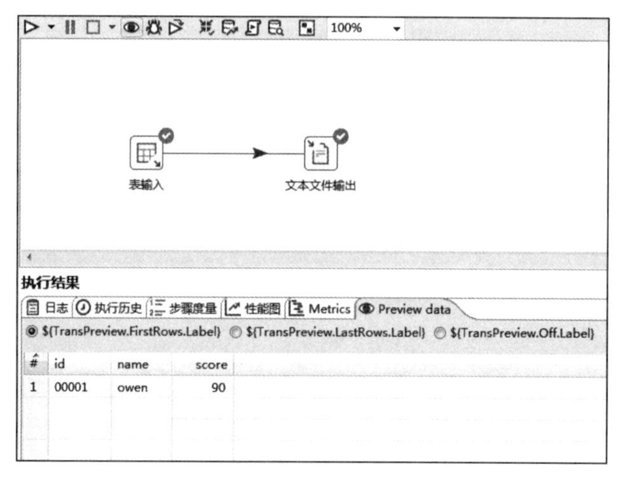

图 6-20 查看结果

6.3.2 Kettle 迁移数据库

使用 Kettle 除了可对数据库进行查询、读取外，还可以将数据库中数据表的数据迁移到另外的数据表中。

【例 6-3】读取数据表并输出到另外的一张数据表中。

（1）在 MySQL 数据库 test 中新建一个数据表 user1，如图 6-21 所示。

```
mysql> use test;
Database changed
mysql> create table user1(id char(6) not null primary key,
    -> name char(8) not null,
    -> major char(10) null);
Query OK, 0 rows affected (0.81 sec)

mysql> show tables;
+----------------+
| Tables_in_test |
+----------------+
| company        |
| company1       |
| user           |
| user1          |
| xs             |
+----------------+
5 rows in set (0.00 sec)
```

图 6-21　查看新建数据表

（2）新建数据库连接，设置连接名称为 table，其他设置与之前的一样，如图 6-22 所示。

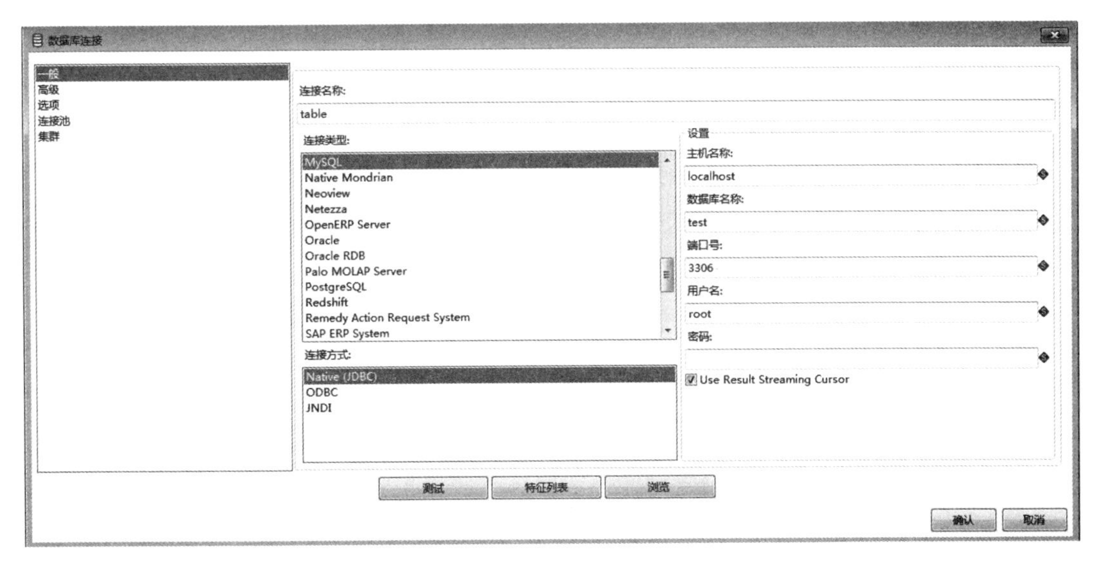

图 6-22　新建数据库连接 table

（3）成功运行 Kettle 后在菜单栏中选择“文件”→“新建”→“转换”选项，在“输入”中选择“表输入”选项，在“输出”中选择“表输出”选项，将其一一拖动到右侧工作区中，建立彼此之间的节点连接关系，最终生成的工作如图 6-23 所示。

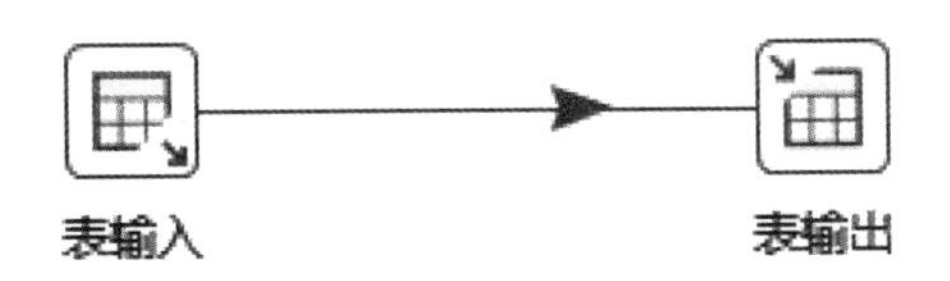

图 6-23　建立流程

（4）双击“表输入”选项，输入以下 SQL 命令（如图 6-24 所示）：

```
SELECT id,name,major
FROMuser
```

预览数据如图 6-25 所示。

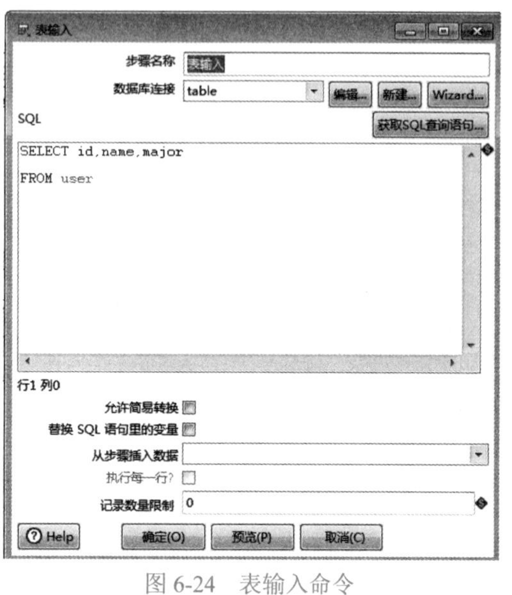

图 6-24　表输入命令

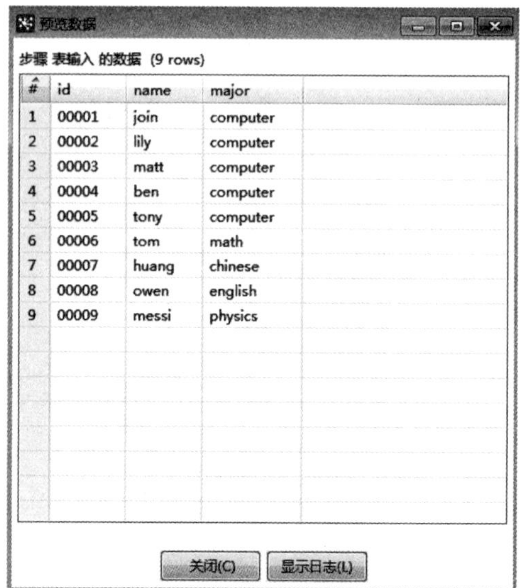

#	id	name	major
1	00001	join	computer
2	00002	lily	computer
3	00003	matt	computer
4	00004	ben	computer
5	00005	tony	computer
6	00006	tom	math
7	00007	huang	chinese
8	00008	owen	english
9	00009	messi	physics

图 6-25　预览数据

（5）双击“表输出”选项，设置“目标表”为 user1，如图 6-26 所示。

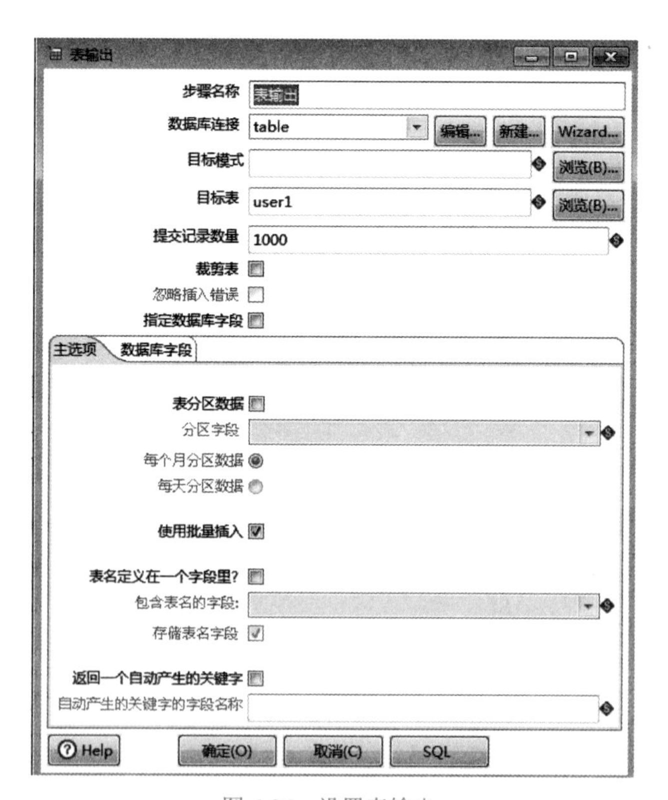

图 6-26　设置表输出

（6）保存该文件，选择“运行这个转换”选项，在 MySQL 中使用命令查看 user1 表数据，如图 6-27 所示。

```
mysql> select * from user1;
+-------+-------+----------+
| id    | name  | major    |
+-------+-------+----------+
| 00001 | join  | computer |
| 00002 | lily  | computer |
| 00003 | matt  | computer |
| 00004 | ben   | computer |
| 00005 | tony  | computer |
| 00006 | tom   | math     |
| 00007 | huang | chinese  |
| 00008 | owen  | english  |
| 00009 | messi | physics  |
+-------+-------+----------+
9 rows in set (0.00 sec)
```

图 6-27 查看生成结果

从图 6-27 中可以看出，原表 user 中的数据已经被抽取出来并输出到另外的一张数据表 user1 中，操作成功。

6.4 实训

使用 Kettle 读取 MySQL 数据库中的数据。

（1）下载 MySQL 的测试数据库 world，其中的数据表如图 6-28 所示。

```
mysql> use world;
Database changed
mysql> show tables;
+-----------------+
| Tables_in_world |
+-----------------+
| city            |
| country         |
| countrylanguage |
+-----------------+
3 rows in set (0.00 sec)
```

图 6-28 world 中的数据表

（2）查看 world 数据库的 city 数据表中的数据，如图 6-29 所示。

```
mysql> select * FROM CITY;
+----+-------------------+-------------+---------------+------------+
| ID | Name              | CountryCode | District      | Population |
+----+-------------------+-------------+---------------+------------+
|  1 | Kabul             | AFG         | Kabol         |    1780000 |
|  2 | Qandahar          | AFG         | Qandahar      |     237500 |
|  3 | Herat             | AFG         | Herat         |     186800 |
|  4 | Mazar-e-Sharif    | AFG         | Balkh         |     127800 |
|  5 | Amsterdam         | NLD         | Noord-Holland |     731200 |
|  6 | Rotterdam         | NLD         | Zuid-Holland  |     593321 |
|  7 | Haag              | NLD         | Zuid-Holland  |     440900 |
|  8 | Utrecht           | NLD         | Utrecht       |     234323 |
|  9 | Eindhoven         | NLD         | Noord-Brabant |     201843 |
| 10 | Tilburg           | NLD         | Noord-Brabant |     193238 |
| 11 | Groningen         | NLD         | Groningen     |     172701 |
| 12 | Breda             | NLD         | Noord-Brabant |     160398 |
| 13 | Apeldoorn         | NLD         | Gelderland    |     153491 |
| 14 | Nijmegen          | NLD         | Gelderland    |     152463 |
| 15 | Enschede          | NLD         | Overijssel    |     149544 |
| 16 | Haarlem           | NLD         | Noord-Holland |     148772 |
| 17 | Almere            | NLD         | Flevoland     |     142465 |
| 18 | Arnhem            | NLD         | Gelderland    |     138020 |
| 19 | Zaanstad          | NLD         | Noord-Holland |     135621 |
| 20 | ?s-Hertogenbosch  | NLD         | Noord-Brabant |     129170 |
| 21 | Amersfoort        | NLD         | Utrecht       |     126270 |
| 22 | Maastricht        | NLD         | Limburg       |     122087 |
| 23 | Dordrecht         | NLD         | Zuid-Holland  |     119811 |
| 24 | Leiden            | NLD         | Zuid-Holland  |     117196 |
| 25 | Haarlemmermeer    | NLD         | Noord-Holland |     110722 |
```

图 6-29 city 数据表

（3）运行 Kettle，建立流程如图 6-30 所示，该流程将 city 中的数据抽取至文本文件中。

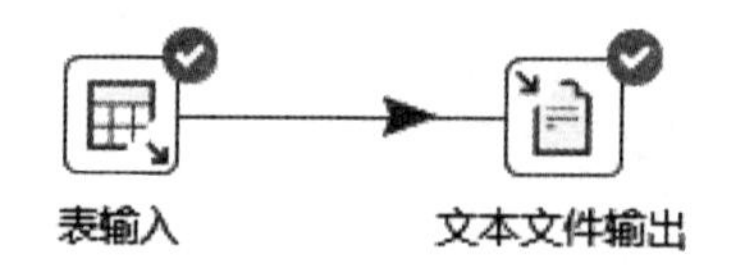

图 6-30 建立流程

（4）双击“表输入”选项，将“数据库名称”设置为 world，如图 6-31 所示。

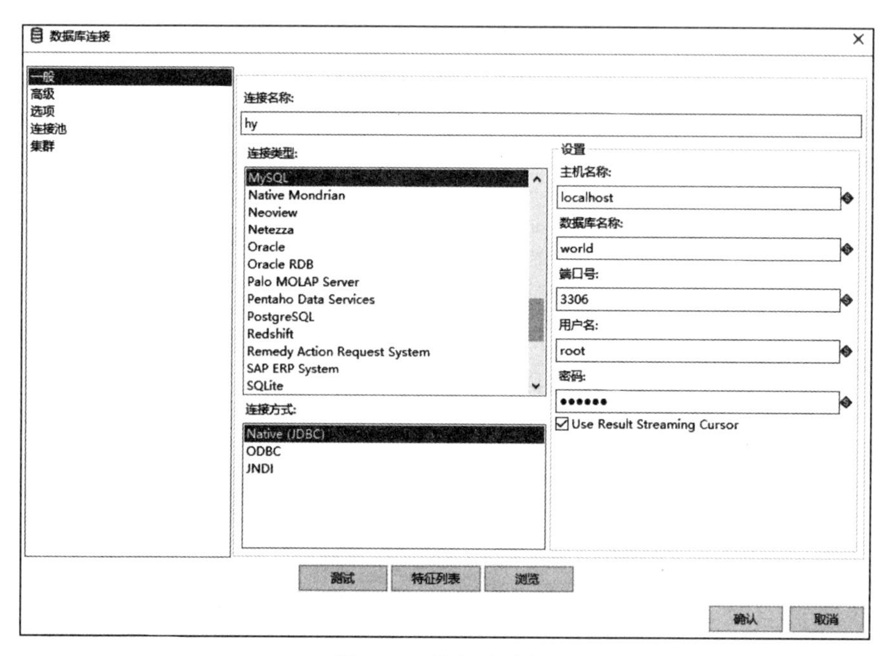

图 6-31 数据库连接

（5）与数据库连接成功后，在“表输入”对话框中写入以下 SQL 语句（如图 6-32 所示）：

```
SELECT *
FROM city
```

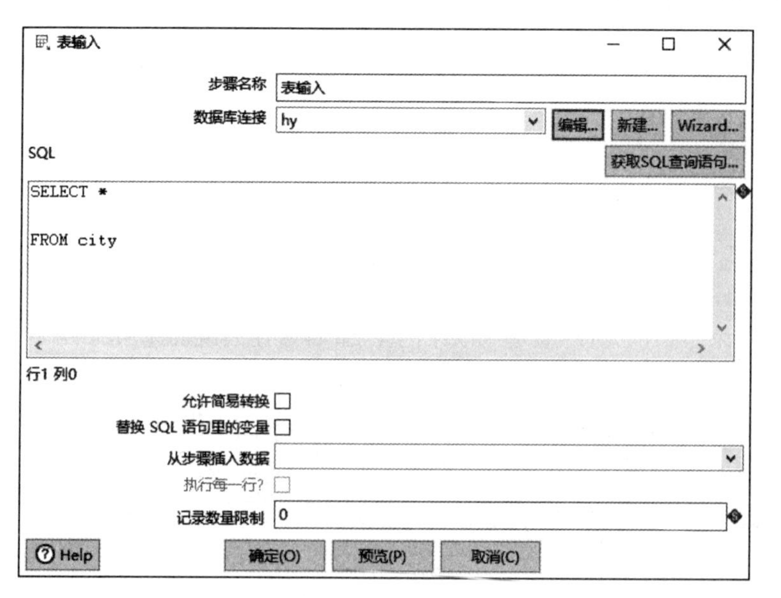

图 6-32 SQL 语句

（6）保存该文件，选择“运行这个转换”选项，查看运行结果，如图 6-33 所示。

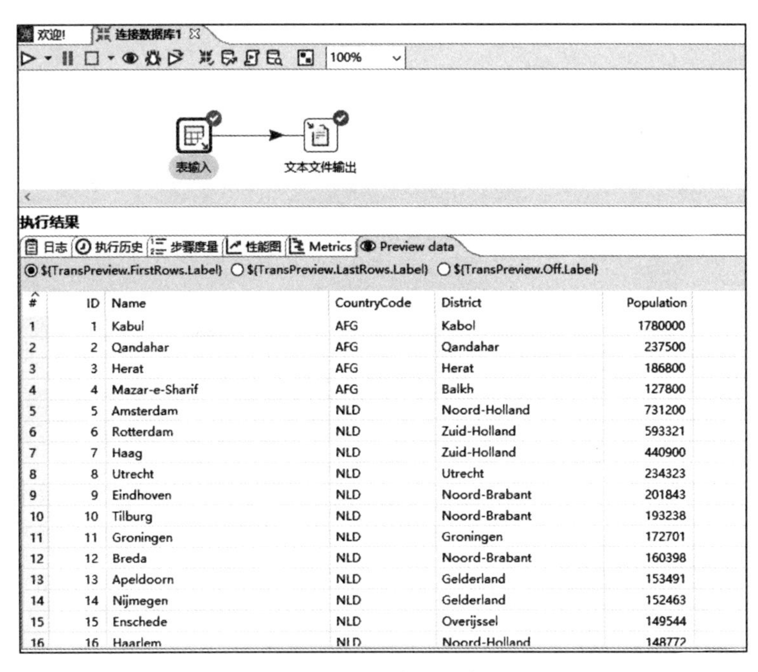

#	ID	Name	CountryCode	District	Population
1	1	Kabul	AFG	Kabol	1780000
2	2	Qandahar	AFG	Qandahar	237500
3	3	Herat	AFG	Herat	186800
4	4	Mazar-e-Sharif	AFG	Balkh	127800
5	5	Amsterdam	NLD	Noord-Holland	731200
6	6	Rotterdam	NLD	Zuid-Holland	593321
7	7	Haag	NLD	Zuid-Holland	440900
8	8	Utrecht	NLD	Utrecht	234323
9	9	Eindhoven	NLD	Noord-Brabant	201843
10	10	Tilburg	NLD	Noord-Brabant	193238
11	11	Groningen	NLD	Groningen	172701
12	12	Breda	NLD	Noord-Brabant	160398
13	13	Apeldoorn	NLD	Gelderland	153491
14	14	Nijmegen	NLD	Gelderland	152463
15	15	Enschede	NLD	Overijssel	149544
16	16	Haarlem	NLD	Noord-Holland	148772

图 6-33　查看运行结果

（7）在保存的 file 记事本中查看结果，如图 6-34 所示。

file - 记事本

文件(F)　编辑(E)　格式(O)　查看(V)　帮助(H)

```
ID;Name;CountryCode;District;Population
1;Kabul;AFG;Kabol;1780000
2;Qandahar;AFG;Qandahar;237500
3;Herat;AFG;Herat;186800
4;Mazar-e-Sharif;AFG;Balkh;127800
5;Amsterdam;NLD;Noord-Holland;731200
6;Rotterdam;NLD;Zuid-Holland;593321
7;Haag;NLD;Zuid-Holland;440900
8;Utrecht;NLD;Utrecht;234323
9;Eindhoven;NLD;Noord-Brabant;201843
10;Tilburg;NLD;Noord-Brabant;193238
11;Groningen;NLD;Groningen;172701
12;Breda;NLD;Noord-Brabant;160398
13;Apeldoorn;NLD;Gelderland;153491
14;Nijmegen;NLD;Gelderland;152463
15;Enschede;NLD;Overijssel;149544
16;Haarlem;NLD;Noord-Holland;148772
17;Almere;NLD;Flevoland;142465
18;Arnhem;NLD;Gelderland;138020
19;Zaanstad;NLD;Noord-Holland;135621
20;?s-Hertogenbosch;NLD;Noord-Brabant;129170
21;Amersfoort;NLD;Utrecht;126270
22;Maastricht;NLD;Limburg;122087
23;Dordrecht;NLD;Zuid-Holland;119811
24;Leiden;NLD;Zuid-Holland;117196
25;Haarlemmermeer;NLD;Noord-Holland;110722
```

图 6-34　保存至文本文件中的数据

练习 6

1．简述什么是数据仓库。

2．简述数据仓库的特点。

3．简述如何使用 Kettle 抽取数据库中的数据。

第 7 章　Python 数据清洗

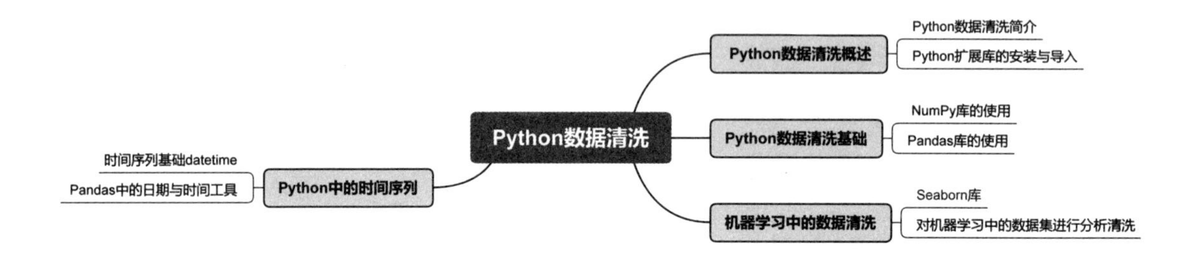

本章导读

使用 Python 中的扩展库可以较为轻松地实现数据清洗。本章主要介绍 Python 中数据清洗的基本概念及数据可视化的实现等内容。读者应在理解相关概念的基础上重点掌握 NumPy 的应用方法、Pandas 数据清洗的实现及 Seaborn 的可视化应用等。

本章要点

- Python 数据清洗概述
- Python 数据清洗基础
- 机器学习中的数据清洗

7.1 Python 数据清洗概述

本章将应用 Python 中的扩展库来进行数据清洗。

7.1.1 Python 数据清洗简介

Python 数据清洗简介

Python 中的扩展库较多，通常来讲，初学者应先熟悉 NumPy 库、Pandas 库和 Matplotlib 库的基本用法。

1. NumPy 库

NumPy 库是 Python 进行数据处理的底层库，是高性能科学计算和数据分析的基础，比如著名的 Python 机器学习库 SKlearn 就需要 NumPy 的支持。掌握 NumPy 的基础数据处理能力是利用 Python 进行数据运算及机器学习的基础。

NumPy 支持多维数组和矩阵运算，并针对数组运算提供了大量的数学函数库，通常与 SciPy 和 Matplotlib 一起使用，支持比 Python 更多种类的数值类型，其中定义的最重要的对象是称为 ndarray 的 n 维数组类型，是用于描述相同类型的元素集合，可以使用基于 0 的索引访问集合中的元素。

2. Pandas 库

Pandas 库是 Python 中著名的数据分析库，主要功能是进行大量的数据处理，同时可以高效地完成绘图工作。与 Matplotlib 库相比，Pandas 库的绘图方式更简洁。

3. Matplotlib 库

Matplotlib 库是 Python 中著名的绘图库，也是 Python 可视化库的基础库，它的功能十分强大。为了方便快速绘图，Matplotlib 通过 pyplot 模块提供了一套与 Matlab 类似的绘图 API，将众多绘图对象所构成的复杂结构隐藏在其中，因此只需要调用 pyplot 模块所提供的函数即可实现快速绘图和设置图表的各种细节。

值得注意的是，虽然 Matplotlib 库功能非常强大，但在具体使用中也是很复杂的。

7.1.2 Python 扩展库的安装与导入

要在 Python 下实现数据清洗，应先把扩展库下载并安装到本地。

1. 安装可视化扩展库

在 Windows 7 下安装 Python 扩展库常用 pip 命令来实现，如输入命令 pip install matplotlib 来安装 Matplotlib 库。安装完成后，可在 Windows 命令行中输入 Python，并在进入 Python 界面后输入以下命令：

```
import matplotlib
import pandas
import numpy
```

2. 导入可视化扩展库

在安装完以上扩展库后，可以在 cmd 命令中查看是否成功导入了上述库，如果导入成功，则可以进行后续的 Python 数据清洗操作。

7.2 Python 数据清洗基础

本节主要介绍Python中各种扩展库的详细用法，以帮助读者通过编程来实现数据清洗。

7.2.1 NumPy 库的使用

NumPy 库主要用于数据计算与分析，在进行数据清洗时经常需要使用到 NumPy 库中的计算功能。

1. NumPy 库的特点

NumPy 库具有以下特点：

（1）NumPy 库中最核心的部分是 ndarray 对象，它封装了同构数据类型的 n 维数组，其功能将通过演示代码的形式呈现。

（2）在数组中所有元素的类型必须一致，且在内存中占有相同的大小。

（3）数组元素可以使用索引来描述，索引序号从 0 开始。

（4）NumPy 数组的维数称为秩（rank），一维数组的秩为 1，二维数组的秩为 2，以此类推。在 NumPy 中，每一个线性的数组称为一个轴（axes），秩其实是描述轴的数量。

值得注意的是，NumPy 数组和标准 Python 序列之间有以下几个重要区别：

（1）NumPy 数组在创建时就会有一个固定的尺寸，这一点和 Python 中的 list 数据类型是不同的。

（2）在数据量较大时，使用 NumPy 进行高级数据运算和其他类型的操作是更为方便的。通常情况下，这样的操作比使用 Python 的内置序列更有效，执行代码更少。

2. NumPy 库的使用

（1）数组的创建与查看。

在 NumPy 库中创建数组可以使用以下语法：

```
numpy.array
```

该语句表示通过引入 NumPy 库创建了一个 ndarray 对象。

在创建数组时，可以加入以下参数：

```
numpy.array(object, dtype = None, copy = True, order = None, subok = False, ndmin = 0)
```

参数具体含义如表 7.1 所示。

表 7.1 array 参数的具体含义

参数名称	含义
object	任何暴露数组接口方法的对象都会返回一个数组或任何（嵌套）序列
dtype	数组的所需数据类型，可选
copy	可选，默认为 true，对象是否被复制
order	C（按行）、F（按列）或 A（任意，默认）
subok	默认情况下，返回的数组被强制为基类数组；如果为 true，则返回子类
ndmin	指定返回数组的最小维数

【例 7-1】创建数组对象。

```
import numpy as np
a = np.array([1,2,3])
print (a)
```

该例首先引入了 NumPy 库，接着定义了一个一维数组 a，最后将数组输出显示。运行该程序，结果如图 7-1 所示。

```
>>> import numpy
>>> import numpy as np
>>> a=np.array([1,2,3])
>>> print(a)
[1 2 3]
>>>
```

图 7-1　数组的定义

在定义了数组后可以查看该数组的 ndarray 属性，如表 7.2 所示。ndarray 创建数组的方法与函数如表 7.3 所示。

表 7.2　ndarray 属性

参数名称	含义
ndarray.ndim	数组秩的个数
ndarray.shape	数组在每个维度上的大小，对于矩阵，为 n 行 m 列
ndarray.size	数组元素的个数
ndarray.dtype	数组元素的数据类型
ndarray.data	数组元素的缓冲区地址
ndarray.flat	数组元素的迭代器
ndarray.itemsize	数组中每个元素的字节大小

表 7.3　ndarray 创建数组的方法与函数

参数（方法）名称	含义
np.arange(n)	元素从 0 到 n-1 的 ndarray 类型，如 np.arange(3)，则创建的数组是 0,1,2
np.eye(n)	创建一个正方的 n*n 单位矩阵，对角线为 1，其余为 0
np.ones(shape)	根据 shape 生成一个全 1 数组，shape 是元组类型
np.zeros(shape)	根据 shape 生成一个全 0 数组，shape 是元组类型
np.ones_like(a)	按数组 a 的形状生成全 1 数组
np.zeros_like(a)	根据数组 a 的形状生成一个全 0 数组
np.linspace()	根据起止数据等间距地生成数组（等差数组）
np.concatenate()	将两个或多个数组合并成一个新的数组
.reshape(shape)	不改变数组元素，返回一个 shape 形状的数组，原数组不变
.flatten()	对数组进行降维，返回折叠后的一维数组，原数组不变
.swapaxes(ax1, ax2)	将数组 n 个维度中的两个维度进行调换

【例 7-2】创建数组对象并查看属性。

```
import numpy as np
a = np.array([10,20,30])
print (a)
a.shape
a.dtype
```

该例首先引入了 NumPy 库，接着定义了一个一维数组 a 并将数组输出显示，最后查看该数组在每个维度上的大小以及数组元素的数据类型，运行该程序的结果如图 7-2 所示。

```
>>> import numpy as np
>>> a=np.array([1,2,3])
>>> print(a)
[1 2 3]
>>> a.shape
(3,)
>>> a.dtype
dtype('int32')
>>>
```

图 7-2　数组的定义与查看

（2）ndarray 对象的计算模块、线性代数模块、三角函数和随机函数模块。

NumPy 包含用于数组内元素或数组间求和、求积以及进行差分的模块（如表 7.4 所示），numpy.linalg 模块（提供线性代数所需的所有功能，此模块中的一些重要功能如表 7.5 所示），三角函数模块（如表 7.6 所示）和计算随机函数的模块（如表 7.7 所示）。

表 7.4　NumPy 计算模块

模块名称	功能
prod()	返回指定轴上的数组元素的乘积
sum()	返回指定轴上的数组元素的总和
cumprod()	返回沿给定轴的元素的累积乘积
cumsum()	返回沿给定轴的元素的累积总和
diff()	计算沿指定轴的离散差分
gradient()	返回数组的梯度
cross()	返回两个（数组）向量的叉积
trapz()	使用复合梯形规则沿给定轴积分
mean()	算术平均数
np.abs(x)	计算基于元素的整型、浮点或复数的绝对值
np.sqrt(x)	计算每个元素的平方根
np.square(x)	计算每个元素的平方
np.sign(x)	计算每个元素的符号
np.ceil(x)	计算大于或等于每个元素的最小值
np.floor(x)	计算大于或等于每个元素的最大值

表 7.5 NumPy 线性代数模块

模块名称	功能
dot()	计算两个数组的点积
vdot()	计算两个向量的点积
inner ()	计算两个数组的内积
matmul()	计算两个数组的矩阵积
determinant()	计算数组的行列式
solve()	计算线性矩阵方程
inv()	计算矩阵的乘法逆矩阵

表 7.6 NumPy 三角函数模块

函数名称	功能
sin(x[, out])	正弦值
cos(x[, out])	余弦值
tan(x[, out])	正切值
arcsin(x[, out])	反正弦
arccos(x[, out])	反余弦
arctan(x[, out])	反正切

表 7.7 NumPy 随机函数模块

函数名称	功能
seed()	确定随机数生成器
permutation()	返回一个序列的随机排序或一个随机排列的范围
normal()	产生正态分布的样本值
binomial()	产生二项分布的样本值
rand()	返回一组随机值，根据给定维度生成 [0,1) 间的数据
randn()	返回一个样本，具有标准正态分布
randint(low[, high, size])	返回随机的整数，位于半开区间 [low, high)
random_integers(low[, high, size])	返回随机的整数，位于闭区间 [low, high]
random()	返回随机的浮点数，位于半开区间 [0.0, 1.0)
bytes()	返回随机字节

【例 7-3】根据给定维度随机生成 [0,1) 间的数据，包含 0，不包含 1。

```
import numpy as np
a = np.random.rand(3,2)
print(a)
```

该例随机生成的数值均位于 [0,1)，rand(3,2) 表示 3 行 2 列，运行该程序，如图 7-3 所示。

```
>>> import numpy as np
>>> a=np.random.rand(3,2)
>>> print(a)
[[0.1798699  0.55166101]
 [0.96441078 0.54930846]
 [0.83514632 0.35320567]]
>>>
```

图 7-3　NumPy 中的随机函数

【例 7-4】创建指定形状的多维数组，数值范围在 0 和 1 之间。

```
import numpy as np
a = np.random.rand(3,3,4)
print(a)
```

该例随机生成了多维数值，均在 [0,1)，rand(3,3,4) 表示三维数组，每维数组都是 3 行 4 列，运行该程序，如图 7-4 所示。

```
>>> import numpy as np
>>> a=np.random.rand(3,3,4)
>>> print(a)
[[[0.44005832 0.54346287 0.30303308 0.24248098]
  [0.38912898 0.73240243 0.01840464 0.42424356]
  [0.89758497 0.27481679 0.15282655 0.16892236]]

 [[0.17039175 0.97847472 0.51105746 0.14804747]
  [0.4876987  0.68246769 0.73943572 0.75571931]
  [0.95542878 0.25266426 0.66840216 0.15241717]]

 [[0.77602149 0.73269389 0.2397148  0.85510952]
  [0.92799064 0.20425483 0.36422436 0.87804642]
  [0.73398015 0.66191196 0.70830637 0.23917704]]]
>>>
```

图 7-4　NumPy 随机生成多维数值

【例 7-5】创建一个数组，数组元素符合标准正态分布。

```
import numpy as np
a = np.random.randn(3,4)
print(a)
```

该例创建了三组正态分布的函数，运行该程序，如图 7-5 所示。

```
>>> import numpy as np
>>> a=np.random.randn(3,4)
>>> print(a)
[[-0.11262585 -0.25301366 -0.66571123  1.38567182]
 [-1.03478533 -0.26085708  0.78337757 -1.12767615]
 [ 0.30942378 -1.16749591 -0.61222807 -0.15062544]]
>>>
```

图 7-5　NumPy 中的正态分布函数

3. NumPy 库中的数据清洗常见函数

（1）split() 函数：可将数组分割为子数组。

【例 7-6】使用 split() 对数组进行分割。

```
import numpy as np
x = np.arange(9)
np.split(x,3)
print(a)
```

运行该程序，如图 7-6 所示。

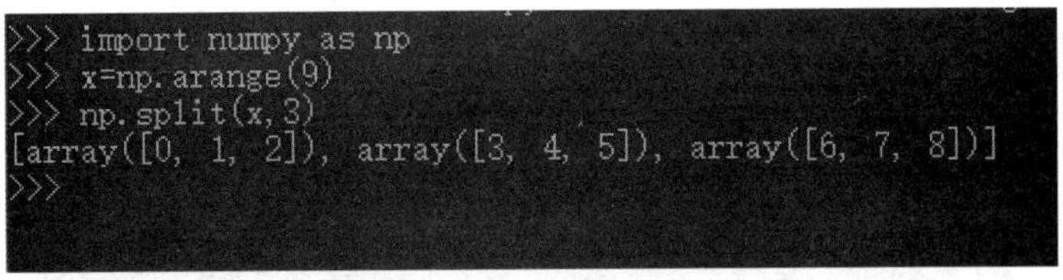

```
>>> import numpy as np
>>> x=np.arange(9)
>>> np.split(x,3)
[array([0, 1, 2]), array([3, 4, 5]), array([6, 7, 8])]
>>>
```

图 7-6　使用 split() 对数组进行分割

（2）tolist() 函数：将数组转换为列表。

【例 7-7】使用 tolist() 将数组转换为列表。

```
import numpy as np
x = np.arange(9).reshape(3,3)
x1=x.tolist()
print(x1)
```

运行该程序，如图 7-7 所示。

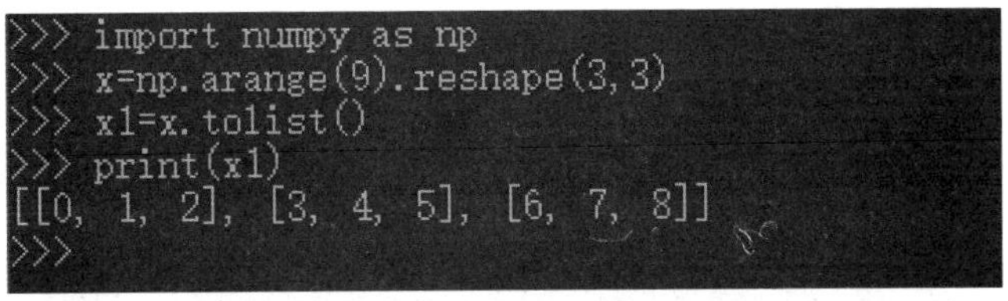

```
>>> import numpy as np
>>> x=np.arange(9).reshape(3,3)
>>> x1=x.tolist()
>>> print(x1)
[[0, 1, 2], [3, 4, 5], [6, 7, 8]]
>>>
```

图 7-7　使用 tolist() 将数组转换为列表

（3）append() 函数：在数组的末尾添加元素。

【例 7-8】使用 append() 在数组的末尾添加元素。

```
import numpy as np
x = np.array([[1,2,3],[4,5,6]])
print(np.append(x,[[7,8,9],[10,11,12]],axis=0))
```

运行该程序，如图 7-8 所示。

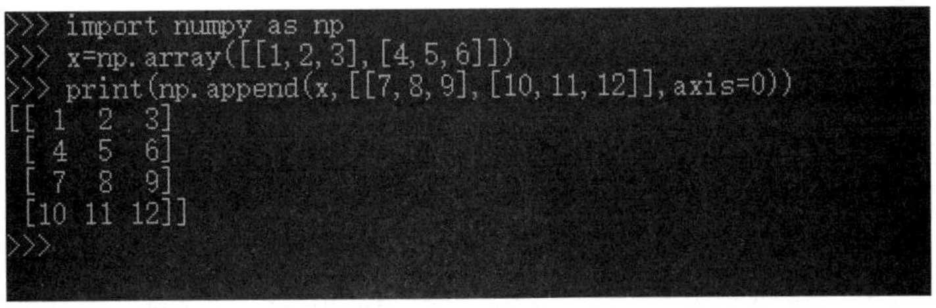

```
>>> import numpy as np
>>> x=np.array([[1,2,3],[4,5,6]])
>>> print(np.append(x,[[7,8,9],[10,11,12]],axis=0))
[[ 1  2  3]
 [ 4  5  6]
 [ 7  8  9]
 [10 11 12]]
>>>
```

图 7-8　使用 append() 在数组的末尾添加元素

（4）amax() 函数和 amin() 函数：amax() 表示求数组的最大值，amin() 表示求数组的最小值。

【例 7-9】使用 amax() 函数和 amin() 函数求数组的最大值和最小值。

```
import numpy as np
 a=[1,2,56,78,23,31,89,36]
x1=np.amax(a)
x2=np.min(a)
print(x1)
print(x2)
```

运行该程序，如图 7-9 所示。

```
>>> import numpy as np
>>> a=[1,2,56,78,23,31,89,36]
>>> x1=np.amax(a)
>>> x2=np.min(a)
>>> print(x1)
89
>>> print(x2)
1
>>>
```

图 7-9　使用 amax() 函数和 amin() 函数求数组的最大值和最小值

（5）sort() 函数：用于给数组排序。

【例 7-10】使用 sort() 给数组排序。

```
import numpy as np
 a=[1,4,56,78,34,61]
print(np.sort(a))
```

运行该程序，如图 7-10 所示。

```
>>> import numpy as np
>>> a=[1,4,56,78,34,61]
>>> print(np.sort(a))
[ 1  4 34 56 61 78]
>>>
```

图 7-10　使用 sort() 给数组排序

（6）std() 函数和 var() 函数：std() 表示求标准差，var() 表示求方差。

【例 7-11】使用 std() 函数和 var() 函数求数组的标准差和方差。

```
import numpy as np
x=np.arange(10).reshape(5,2)
x1=np.std9(x)
x2=np.var(x)
print(x1)
print(x2)
```

运行该程序，如图 7-11 所示。

```
>>> import numpy as np
>>> x=np.arange(10).reshape(5,2)
>>> x1=np.std(x)
>>> x2=np.var(x)
>>> print(x1)
2.8722813232690143
>>> print(x2)
8.25
>>>
```

图 7-11　使用 std() 函数和 var() 函数求数组的标准差和方差

7.2.2　Pandas 库的使用

Pandas 库的使用

Pandas 是 Python 下的一个集数据处理、分析、可视化于一身的扩展库，使用它可以轻松实现数据分析与数据可视化。

1. Pandas 库的特点

Pandas 库中有两个最基本的数据类型：Series 和 DataFrame，其中 Series 数据类型表示一维数组，与 NumPy 中的一维 array 类似，并且二者与 Python 基本的数据结构 List 也很相近。而 DataFrame 数据类型则代表二维的表格型数据结构，也可以将 DataFrame 理解为 Series 的容器。Pandas 库中的基本数据类型及含义如表 7.8 所示。

表 7.8 Pandas 库中的基本数据类型及含义

数据类型	含义
Series	Pandas 库中的一维数组
DataFrame	Pandas 库中的二维数组

Series 是能够保存任何类型数据（整数、字符串、浮点数、Python 对象等）的一维标记数组，并且每个数据都有自己的索引。在 Pandas 库中仅由一组数据即可创建最简单的 Series。

DataFrame 是一个表格型的数据类型。它含有一组有序的列，每列可以是不同的类型（数值、字符串等）。DataFrame 类型既有行索引又有列索引，因此它可以被看作是由 Series 组成的字典。

2. Pandas 库的应用

（1）Series。Series 是能够保存任何类型数据（整数、字符串、浮点数、Python 对象等）的一维标记数组，并且每个数据都有自己的索引。

【例 7-12】创建 Series。

```
import pandas as pd
 x=pd.Series([-1,3,5,8])
x
```

运行该程序，如图 7-12 所示。

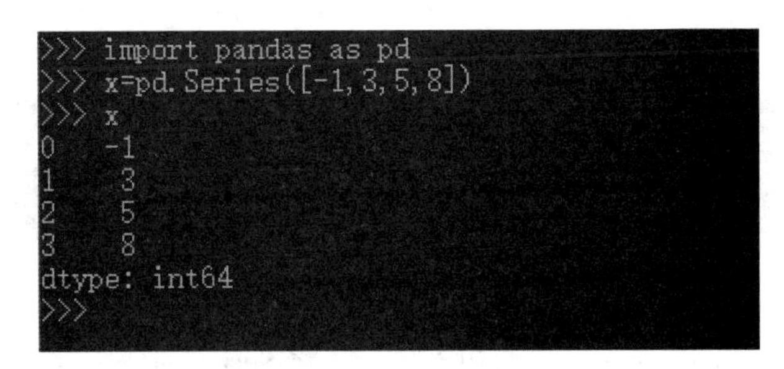

图 7-12 创建 Series

从图 7-12 中可以看出，Series 数组的表现方式为：索引在左边，从 0 开始标记；值在右边，由用户自己定义。

值得注意的是，在创建 Series 时，可以由用户通过 Series 中的 index 属性为数据值定义标记的索引。

【例 7-13】创建 Series 并自定义索引。

```
import pandas as pd
x=pd.Series([-1,3,5,8],index=['a','b','c','d'])
x
```

运行该程序，如图 7-13 所示。

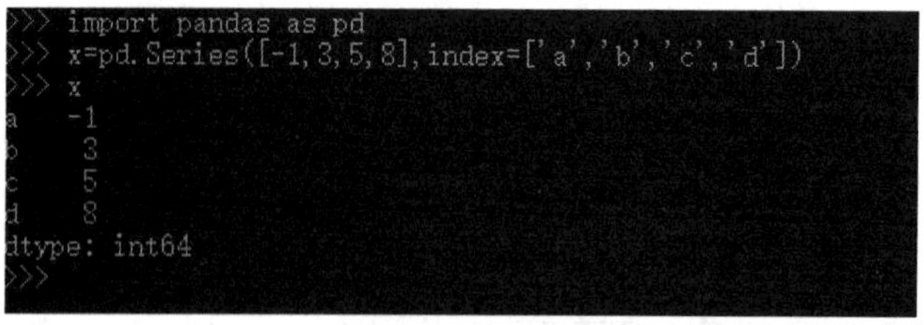

```
>>> import pandas as pd
>>> x=pd.Series([-1,3,5,8],index=['a','b','c','d'])
>>> x
a   -1
b    3
c    5
d    8
dtype: int64
>>>
```

图 7-13　创建 Series 并自定义索引

从图 7-13 中可以看出，该例中的索引依次为 a、b、c、d。

【例 7-14】使用常数创建一个 Series。

```
import pandas as pd
x=pd.Series(10,index=[0,1,2,3])
x
```

运行该程序，如图 7-14 所示。

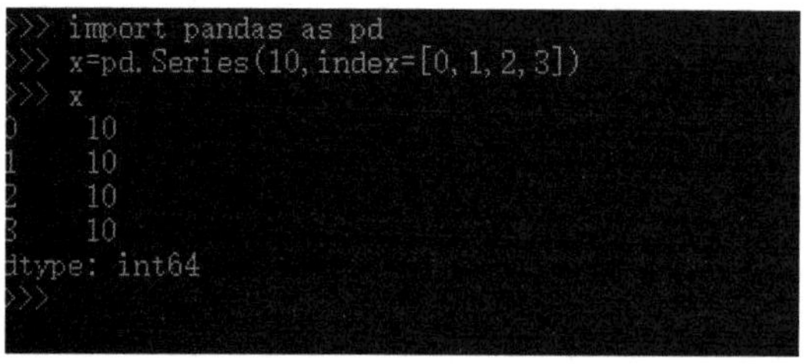

```
>>> import pandas as pd
>>> x=pd.Series(10,index=[0,1,2,3])
>>> x
0    10
1    10
2    10
3    10
dtype: int64
>>>
```

图 7-14　使用常数创建 Series

【例 7-15】创建 Series 并选择 Series 中的某个值。

```
import pandas as pd
x=pd.Series([10,20,30,40],index=['a','b','c','d'])
x['b']
```

运行该程序，如图 7-15 所示。

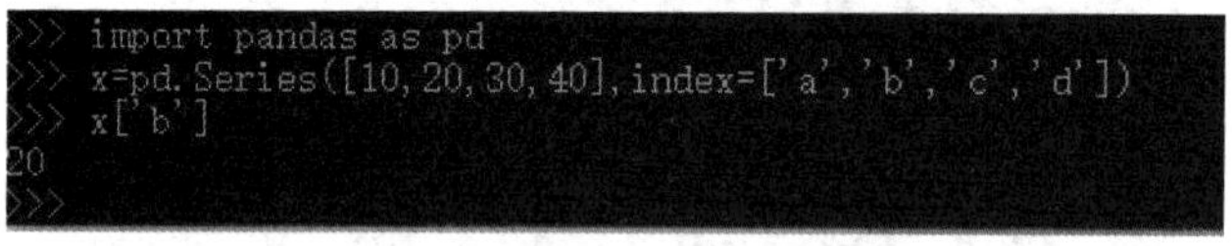

```
>>> import pandas as pd
>>> x=pd.Series([10,20,30,40],index=['a','b','c','d'])
>>> x['b']
20
>>>
```

图 7-15　创建 Series 并选择 Series 中的某个值

（2）DataFrame。DataFrame 设计的初衷是为了将 Series 的使用场景由一维扩展到多维，在 DataFrame 中其数据结构由按照一定顺序排列的多列数据组成，并且各列的数据类型可以不同。

此外，DataFrame 还可以理解为一个由 Series 组成的字典，其中每一列的名称是字典的键，所形成的 DataFrame 列的 Series 作为字典的值。

【例 7-16】创建 DataFrame 对象。

```
import pandas as pd
Data={'id':['001','002','003','004'],'name':['morre','owen','mount','jack']}
frame=pd.DataFrame(data)
frame
```

运行该程序，如图 7-16 所示。

```
>>> import pandas as pd
>>> data={'id':['001','002','003','004'],'name':['morre','owen','mount','jack']}
>>> frame=pd.DataFrame(data)
>>> frame
    id   name
0  001  morre
1  002   owen
2  003  mount
3  004   jack
>>>
```

图 7-16　创建 DataFrame

【例 7-17】创建 DataFrame 对象并指定列名。

```
import pandas as pd
Data={'id':['001','002','003','004'],'name':['morre','owen','mount','jack']}
frame=pd.DataFrame(data, columns=['name','id'])
frame
```

运行该程序，如图 7-17 所示。

```
>>> import pandas as pd
>>> data={'id':['001','002','003','004'],'name':['morre','owen','mount','jack']}
>>> frame=pd.DataFrame(data,columns=['name','id'])
>>> frame
    name   id
0  morre  001
1   owen  002
2  mount  003
3   jack  004
>>>
```

图 7-17　创建 DataFrame 并指定列名

在创建 DataFrame 时可以自定义列名，用 columns 来实现。

【例 7-18】用数组创建 DataFrame 对象。

```
import pandas as pd
import numpy as np
data=pd.DataFrame(np.arange(6).reshape(2,3))
data
```

运行该程序，如图 7-18 所示。

```
>>> import pandas as pd
>>> import numpy as np
>>> data=pd.DataFrame(np.arange(6).reshape(2,3))
>>> data
   0  1  2
0  0  1  2
1  3  4  5
>>>
```

图 7-18　用数组创建 DataFrame 对象

该例用 NumPy 来创建数组并生成 DataFrame 对象。

【例 7-19】创建 DataFrame 对象并选取其中的元素。

```
import pandas as pd
Data={'id':['001','002','003','004'],'name':['morre','owen','mount','jack']}
frame=pd.DataFrame(data,columns=['id','name'])
frame
```

选择所有的元素：

```
frame.values
```

运行该程序，如图 7-19 所示。

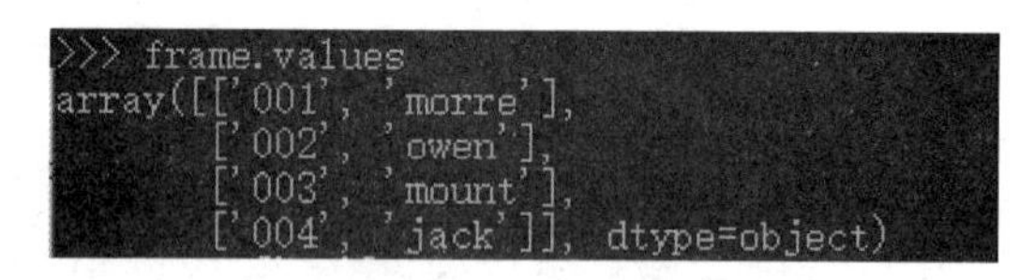

图 7-19　选择所有的元素

选择某一列元素，如 id 或 name：

```
frame['id'],frame['name']
```

运行结果如图 7-20 所示。

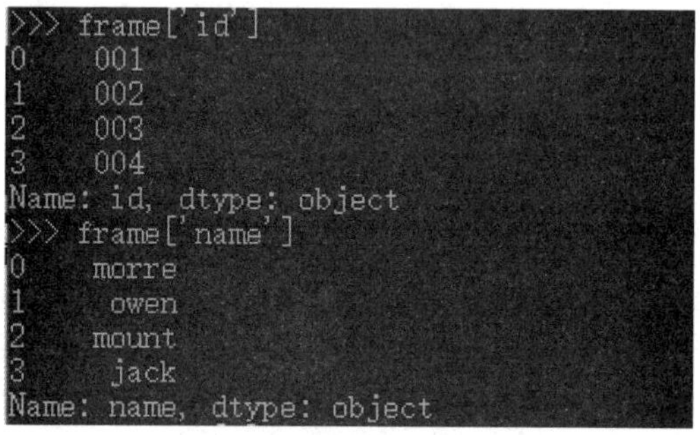

```
>>> frame['id']
0    001
1    002
2    003
3    004
Name: id, dtype: object
>>> frame['name']
0    morre
1     owen
2    mount
3     jack
Name: name, dtype: object
```

图 7-20　选择某一列的元素

选择某一行的元素，如数据表中的第 2 行元素：

```
frame.id[1],frame.name[1]
```

运行结果如图 7-21 所示。

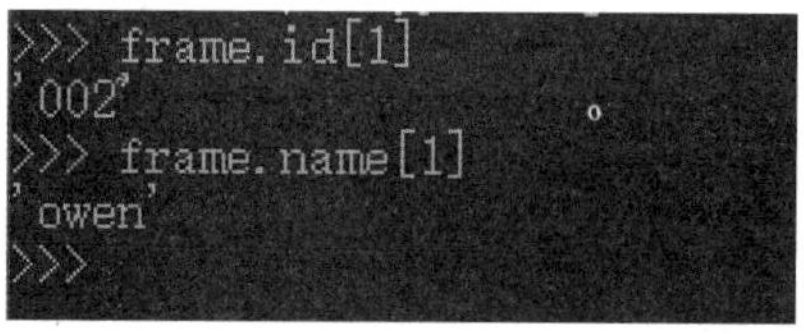

```
>>> frame.id[1]
'002'
>>> frame.name[1]
'owen'
>>>
```

图 7-21　选择某一行的元素

要选择多行元素，可使用切片来实现，如选择在数据表中第 1 行到第 3 行的 name 元素：

```
frame.name[0:3]
```

运行结果如图 7-22 所示。

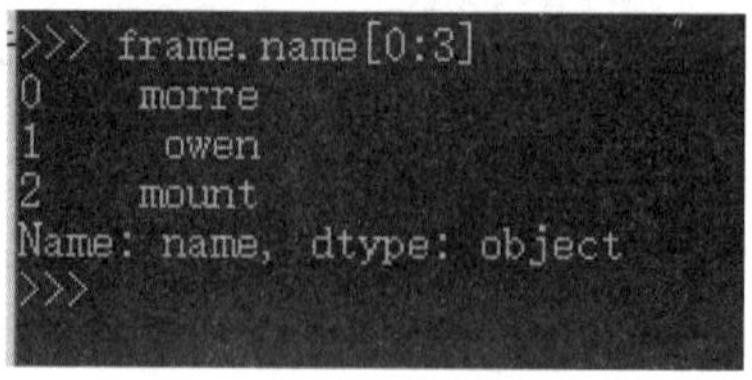

```
>>> frame.name[0:3]
0    morre
1     owen
2    mount
Name: name, dtype: object
>>>
```

图 7-22　选择多行的元素

【例 7-20】创建 DataFrame 对象并进行逻辑判断和查找。

```
import pandas as pd
Data={'id':['001','002','003','004'],'name':['morre','owen','mount','jack'],'score':['80','85','82','95']}
frame=pd.DataFrame(data,columns=['id','name'])
frame
```

在该例中加入列 score，运行结果如图 7-23 所示。

```
>>> import pandas as pd
>>> data={'id':['001','002','003','004'],'name':['morre','owen','mount','jack'],'score':['80','85','82','95']}
>>> frame=pd.DataFrame(data)
>>> frame
    id   name score
0  001  morre    80
1  002   owen    85
2  003  mount    82
3  004   jack    95
```

图 7-23　加入了列 score

判断是否有 score 大于 85 的数据：

frame['score'].'85'

运行结果如图 7-24 所示。

```
>>> frame['score']>'85'
0    False
1    False
2    False
3     True
Name: score, dtype: bool
>>>
```

图 7-24　逻辑判断 score

找出 score 大于 85 的数据：

frame[frame['score']>'85']

运行结果如图 7-25 所示。

```
>>> frame[frame['score']>'85']
    id  name score
3  004  jack    95
>>>
```

图 7-25　查找数据值

在数据表中查找是否有 score 等于 82 的数据值：

frame[frame.isin(['score','82'])]

运行结果如图 7-26 所示。

```
>>> frame[frame.isin(['score','82'])]
    id name score
0  NaN  NaN   NaN
1  NaN  NaN   NaN
2  NaN  NaN    82
3  NaN  NaN   NaN
>>>
```

图 7-26　查找数据值 score

在数据表中查找是否有 name 等于 jack 的数据值：

frame[frame.isin(['name','jack'])]

运行结果如图 7-27 所示。

```
>>> frame[frame.isin(['name','jack'])]
    id  name score
0  NaN   NaN   NaN
1  NaN   NaN   NaN
2  NaN   NaN   NaN
3  NaN  jack   NaN
>>>
```

图 7-27　查找数据值 name

【例 7-21】用数组来创建 DataFrame 对象并删除其中的元素。

```
import pandas as pd
data={'id':['001','002','003','004'],'name':['morre','owen','mount','jack'],'score':['80','85','82','95']}
frame=pd.DataFrame(data,columns=['id','name'])
frame
```

用 del 删除某一列元素：

```
del frame['score']
```

运行结果如图 7-28 所示。

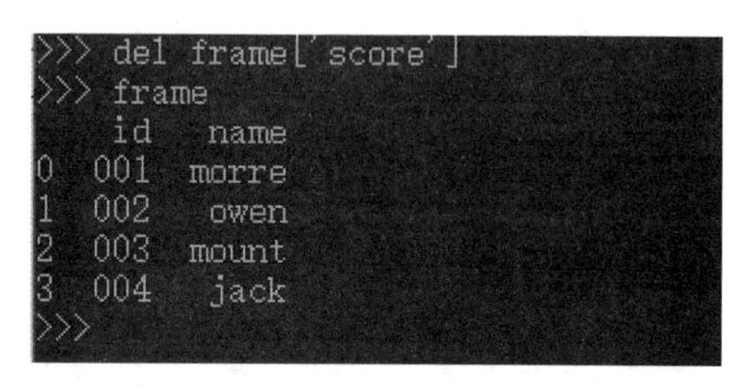

```
>>> del frame['score']
>>> frame
   id   name
0  001  morre
1  002   owen
2  003  mount
3  004   jack
>>>
```

图 7-28　用 del 删除某一列元素

用 pop 删除某一列元素：

```
frame.pop('score')
```

运行结果如图 7-29 所示。

```
>>> frame.pop('score')
0    80
1    85
2    82
3    95
Name: score, dtype: object
>>> frame
   id   name
0  001  morre
1  002   owen
2  003  mount
3  004   jack
>>>
```

图 7-29　用 pop 删除某一列元素

【例 7-22】创建 DataFrame 对象并进行数据运算。

创建 data1 和 data2，如图 7-30 所示。

```
>>> import numpy as np
>>> import pandas as pd
>>> data1=pd.DataFrame(np.arange(6).reshape(2,3),columns=['a','b','c'])
>>> data2=pd.DataFrame(np.arange(8).reshape(2,4),columns=['a','b','c','d'])
>>> data1
   a  b  c
0  0  1  2
1  3  4  5
>>> data2
   a  b  c  d
0  0  1  2  3
1  4  5  6  7
```

图 7-30　创建 data1 和 data2

对 data1 和 data2 执行加、减、乘、除的运算，如图 7-31 所示。

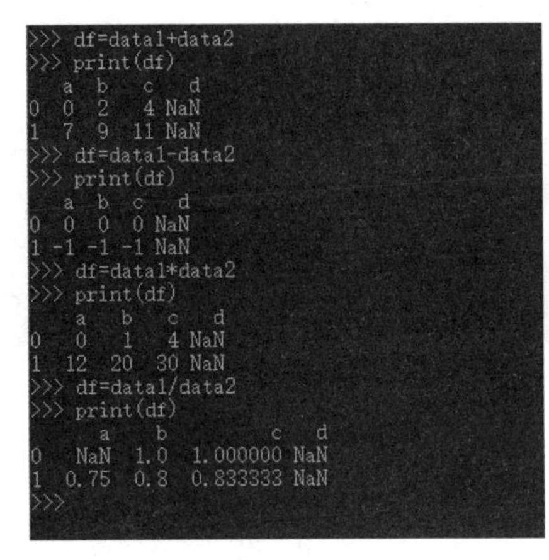

图 7-31 对 data1 和 data2 执行运算

3. 使用 Pandas 实现数据清洗中的统计功能

（1）数据分组。在使用 Pandas 的时候，有些场景需要对数据内部进行分组处理，如一组全校学生成绩的数据，我们想通过班级进行分组，或者再对班级分组后的性别进行分组来进行分析，这时通过 Pandas 下的 groupby() 函数就可以解决。在使用 Pandas 进行数据分析时，groupby() 函数将会是一个数据分析辅助的利器。

【例 7-23】数据分组。

建立数据：

```
data={'id':['001','002','003','004'],'name':['morre','owen','mount','jack'],'score':['80','85','82','95']}
```

使用 groupby() 函数对数据进行分组：

```
grouped=frame.groupby('id')
```

运行完整代码如图 7-32 所示。

```
>>> import numpy as np
>>> import pandas as pd
>>> data={'id':['001','002','003','004'],'name':['morre','owen','mount','jack'],'score':['80','85','82','95']}
>>> frame=pd.DataFrame(data)
>>> frame
    id   name score
0  001  morre    80
1  002   owen    85
2  003  mount    82
3  004   jack    95
>>> grouped=frame.groupby('id')
>>> for name,group in grouped:
...     print(name)
...     print(group)
...
001
    id   name score
0  001  morre    80
002
    id  name score
1  002  owen    85
003
    id   name score
2  003  mount    82
004
    id  name score
3  004  jack    95
>>>
```

图 7-32 数据分组

值得注意的是，在对 groupby() 函数进行学习之前，首先需要明确的是，通过对 DataFrame 对象调用 groupby() 函数返回的结果是一个 DataFrameGroupby 对象，而不是一个 DataFrame 或者 Series 对象，所以它们中的一些方法或者函数是无法直接调用的，需要按照 Groupby 对象中具有的函数和方法进行调用。

该例中读取 groupby() 类型返回值如图 7-33 所示。

```
>>> grouped=frame.groupby('id')
>>> print(type(grouped))
<class 'pandas.core.groupby.generic.DataFrameGroupBy'>
>>> print(grouped)
<pandas.core.groupby.generic.DataFrameGroupBy object at 0x000001168A65D7C0>
>>>
```

图 7-33 groupby() 类型返回值

（2）数据统计。DataFrame 中常见的统计函数及含义如表 7.9 所示。

表 7.9 DataFrame 中常见的统计函数及含义

函数名称	含义
count()	求非空值的数量
max()	求最大值
min()	求最小值
mean()	求平均值
median()	求中位数
describe()	返回基本统计量
var()	求方差
std()	求标准差

【例 7-24】数据统计。

创建数据，如图 7-34 所示。

```
>>> import numpy as np
>>> import pandas as pd
>>> data={'A':[67,78,69,80],'B':[90,61,73,77],'C':[85,81,82,95]}
>>> frame=pd.DataFrame(data)
```

图 7-34 创建数据

查看各列数据，如图 7-35 所示。

frame

```
>>> frame
    A   B   C
0  67  90  85
1  78  61  81
2  69  73  82
3  80  77  95
```

图 7-35 查看数据

统计各列的最大值，如图 7-36 所示。

frame.max(axis=0)

```
>>> frame.max(axis=0)
A    80
B    90
C    95
dtype: int64
```

图 7-36 统计最大值

统计各列的最小值，如图 7-37 所示。

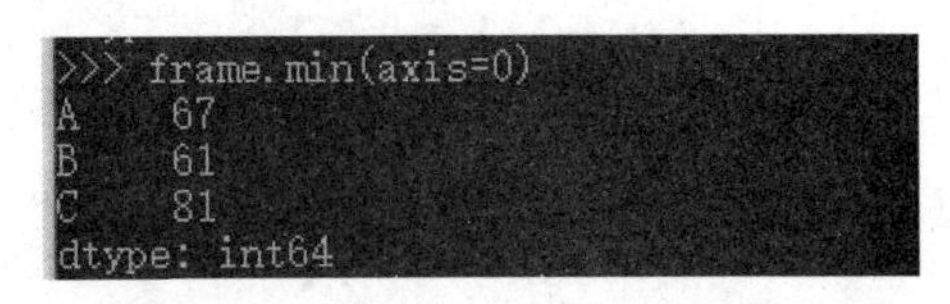

```
>>> frame.min(axis=0)
A    67
B    61
C    81
dtype: int64
```

图 7-37　统计最小值

统计各列的平均值，如图 7-38 所示。

```
>>> frame.mean(axis=0)
A    73.50
B    75.25
C    85.75
dtype: float64
```

图 7-38　统计平均值

统计各列的中位数，如图 7-39 所示。

```
>>> frame.median(axis=0)
A    73.5
B    75.0
C    83.5
dtype: float64
```

图 7-39　统计中位数

统计各列的方差，如图 7-40 所示。

```
>>> frame.var(axis=0)
A     41.666667
B    142.916667
C     40.916667
dtype: float64
```

图 7-40　统计方差

在该例中，axis=0 表示按照列来实现。

（3）数据排序。排序是一个非常基本的需求，在 Pandas 中将这个需求进一步细分成了根据索引排序和根据值排序。

【例 7-25】Series 排序。

在 Series 中排序方法有两个：一个是 sort_index，顾名思义根据 Series 中的索引对这些值进行排序；另一个是 sort_values，根据 Series 中的值来排序。这两个方法都会返回一个新的 Series。

首先创建数据，接着使用 sort_index 对索引排序，并使用 sort_values 对数据值排序，运行如图 7-41 所示。

【例 7-26】DataFram 排序。

对于 DataFrame 来说同样有根据值排序和根据索引排序这两个功能。但是由于 DataFrame 是一个二维的数据，所以在使用上会有些不同。最简单的差别是，Series 只有一列，我们明确地知道排序的对象，但是 DataFrame 当中的索引就分为两种，分别是行索引和列索引，所以在排序的时候需要指定我们想要排序的轴，也就是 axis。

```
>>> import numpy as np
>>> from pandas import DataFrame,Series
>>> data=pd.Series([1,6,34,89,31],index=['a','b','c','d','e'])
>>> print(data.sort_index())
a     1
b     6
c    34
d    89
e    31
dtype: int64
>>> print(data.sort_values())
a     1
b     6
e    31
c    34
d    89
dtype: int64
>>>
```

图 7-41 排序

首先创建数据，接着使用 sort_index 对索引排序，运行如图 7-42 所示。

```
>>> import numpy as np
>>> from pandas import DataFrame,Series
>>> data=pd.DataFrame(np.random.randn(3,4),index=['a','b','c'],columns=[1,2,3,4])
>>> data
          1         2         3         4
a  0.364966  0.241345  0.407736 -0.105463
b -0.870145 -1.907061  1.825092  1.001006
c  1.395475  1.051916 -0.882195 -0.655429
>>> data.sort_index()
          1         2         3         4
a  0.364966  0.241345  0.407736 -0.105463
b -0.870145 -1.907061  1.825092  1.001006
c  1.395475  1.051916 -0.882195 -0.655429
```

图 7-42 对索引排序

对数据值排序时，由于 DataFrame 的值排序有所不同，因此不能对行进行排序，只能针对列。通过 by 参数传入希望排序参照的列，其中参数可以是一列也可以是多列。运行如图 7-43 所示。

```
>>> data.sort_values(by=1)
          1         2         3         4
b -0.870145 -1.907061  1.825092  1.001006
a  0.364966  0.241345  0.407736 -0.105463
c  1.395475  1.051916 -0.882195 -0.655429
>>> data.sort_values(by=2)
          1         2         3         4
b -0.870145 -1.907061  1.825092  1.001006
a  0.364966  0.241345  0.407736 -0.105463
c  1.395475  1.051916 -0.882195 -0.655429
>>> data.sort_values(by=[3,4])
          1         2         3         4
c  1.395475  1.051916 -0.882195 -0.655429
a  0.364966  0.241345  0.407736 -0.105463
b -0.870145 -1.907061  1.825092  1.001006
>>>
```

图 7-43 对数据值排序

（4）数据排名。有的时候希望得到元素的排名，我们会希望知道当前元素在整体当中排第几，Pandas 中就提供了这个功能，即 rank 方法。

【例 7-27】Series 排名。

首先创建数据，接着使用 rank(method='first') 来对元素出现的先后顺序进行排名，运行如图 7-44 所示。

【例 7-28】DataFrame 排名。

首先创建数据，接着使用 rank() 来对每一行数据进行排名，并可使用 rank(axis=1) 来对每一列数据进行排名，运行如图 7-45 所示。

```
>>> import numpy as np
>>> from pandas import DataFrame,Series
>>> data=pd.Series([1,2,5,8,2,2,5,8])
>>> data.rank(method='first')
0    1.0
1    2.0
2    5.0
3    7.0
4    3.0
5    4.0
6    6.0
7    8.0
dtype: float64
>>>
```

图 7-44　Series 排名

```
>>> import numpy as np
>>> from pandas import DataFrame,Series
>>> data=pd.DataFrame(np.random.randn(3,4),index=['a','b','c'],columns=[1,2,3,4])
>>> data
          1         2         3         4
a  0.183078  1.055447  0.201545  0.713196
b  0.287557  1.344028 -0.741592  0.750071
c  0.302323 -2.045501  0.090007 -0.564208
>>> data.rank()
     1    2    3    4
a  1.0  2.0  3.0  2.0
b  2.0  3.0  1.0  3.0
c  3.0  1.0  2.0  1.0
>>> data.rank(axis=1)
     1    2    3    4
a  1.0  4.0  2.0  3.0
b  2.0  4.0  1.0  3.0
c  4.0  1.0  3.0  2.0
>>>
```

图 7-45　DataFrame 排名

4. 使用 Pandas 库读取外部文件

Pandas 中处理 CSV 文件的方法主要是 read_csv() 和 to_csv()，read_csv() 表示读取 CSV 文件的内容并返回 DataFrame，to_csv() 则是其逆过程。

（1）读取外部文件。

【例 7-29】Pandas 读取 CSV 文件。

在 Pandas 中读取 CSV 文件的语法如下：

```
pd.read_csv("filename")
```

其中 filename 表示要读取的 CSV 文件的名称。

准备 farequote.csv 文件，其中部分内容如图 7-46 所示。

	A	B	C	D	E	F
1	time	airline	responsetime	sourcetype		
2	2014-06-23 00:00:00Z	AAL	132.2046	farequote		
3	2014-06-23 00:00:00Z	JZA	990.4628	farequote		
4	2014-06-23 00:00:00Z	JBU	877.5927	farequote		
5	2014-06-23 00:00:00Z	KLM	1355.4812	farequote		
6	2014-06-23 00:00:00Z	NKS	9991.3981	farequote		
7	2014-06-23 00:00:00Z	TRS	412.1948	farequote		
8	2014-06-23 00:00:00Z	DAL	401.4948	farequote		
9	2014-06-23 00:00:00Z	FFT	181.5529	farequote		
10	2014-06-23 00:00:00Z	SWA	160.214	farequote		
11	2014-06-23 00:00:00Z	SWR	2308.0191	farequote		
12	2014-06-23 00:00:00Z	UAL	9.225	farequote		
13	2014-06-23 00:00:00Z	AMX	20.8454	farequote		
14	2014-06-23 00:00:00Z	VRD	325.255	farequote		
15	2014-06-23 00:00:00Z	ACA	20.2368	farequote		
16	2014-06-23 00:00:00Z	AWE	20.0409	farequote		
17	2014-06-23 00:00:00Z	ASA	66.1587	farequote		
18	2014-06-23 00:00:00Z	BAW	182.1066	farequote		
19	2014-06-23 00:00:00Z	BAW	204.9968	farequote		
20	2014-06-23 00:00:00Z	EGF	197.4412	farequote		
21	2014-06-23 00:00:00Z	JAL	503.7342	farequote		
22	2014-06-23 00:00:07Z	AWE	20.4649	farequote		
23	2014-06-23 00:00:20Z	JAL	525.3308	farequote		
24	2014-06-23 00:00:59Z	AAL	136.2361	farequote		

farequote

图 7-46　文件的部分内容

使用 pandas 读取该文件，运行如图 7-47 所示。

```
import numpy as np
import pandas as pd
df=pd.read_csv("farequote.csv")
print(df.head())
print(df.responsetime.describe())
```

```
==================== RESTART: E:/教材案例/Python数据分析/例7-29.py ============
=========
                   time airline  responsetime  sourcetype
0  2014-06-23 00:00:00Z     AAL      132.2046   farequote
1  2014-06-23 00:00:00Z     JZA      990.4628   farequote
2  2014-06-23 00:00:00Z     JBU      877.5927   farequote
3  2014-06-23 00:00:00Z     KLM     1355.4812   farequote
4  2014-06-23 00:00:00Z     NKS     9991.3981   farequote
count    86275.000000
mean       549.492172
std       1449.437637
min          4.252500
25%         20.739200
50%        187.903800
75%        406.406400
max      10334.943000
Name: responsetime, dtype: float64
```

图 7-47 读取外部文件

该例首先读取了 farequote.csv，代码如下：

```
df=pd.read_csv("farequote.csv")
```

显示数据集的前 5 行内容，代码如下：

```
print(df.head())
```

显示数据集中 responsetime 的统计结果，代码如下：

```
print(df.responsetime.describe())
```

此外，在读取数据集的时候还可以查看数据集的特征信息，代码如下：

```
print(df.info())
```

运行如图 7-48 所示。

```
<class 'pandas.core.frame.DataFrame'>
RangeIndex: 86275 entries, 0 to 86274
Data columns (total 4 columns):
 #   Column        Non-Null Count  Dtype
---  ------        --------------  -----
 0   time          86275 non-null  object
 1   airline       86275 non-null  object
 2   responsetime  86275 non-null  float64
 3   sourcetype    86275 non-null  object
dtypes: float64(1), object(3)
memory usage: 2.6+ MB
None
>>> |
```

图 7-48 显示数据集特征信息

【例 7-30】Pandas 读取 JSON 文件。

在 Python 中如果要读取 JSON 文件，需要添加 json 模块，代码如下：

```
json.load(file,encoding="utf-8")
```

在这里 flie 表示要读取的文件名称。

该例首先将 json 数据写入到文件中，再用 Python 来读取，代码如下：

```
import json
data=[{'id':'001','name':'owen','score':'85'}]
```

```
file=open('e:/json/json1.txt','w')
json.dump(data,file)
file.close()
file=open('e:/json/json1.txt')
data=json.load(file,encoding="utf-8")
print(data)
```

这里使用 json.dump 来存储文件，json.load 来读取文件，运行如图 7-49 所示。

```
===========
{'id': '001', 'name': 'owen', 'score': '85'}]
>>
```

图 7-49　读取 JSON 文件

（2）读取外部 CSV 文件并进行分析和清洗。

【例 7-31】Pandas 读取 CSV 文件并进行分析和清洗。

该例首先读取 farequote.csv，接着在该数据集中查看 airline 的唯一值，代码如下：

```
import numpy as np
import pandas as pd
df=pd.read_csv("farequote.csv")
print(np.unique(df.airline))
```

运行如图 7-50 所示。

```
========
['AAL' 'ACA' 'AMX' 'ASA' 'AWE' 'BAW' 'DAL' 'EGF' 'FFT' 'JAL' 'JBU' 'JZA'
 'KLM' 'NKS' 'SWA' 'SWR' 'TRS' 'UAL' 'VRD']
>>>
```

图 7-50　查看 airline 的唯一值

使用 query() 获取记录值，代码如下：

```
import numpy as np
import pandas as pd
df=pd.read_csv("farequote.csv")
print(df.query(' airline =="AAL"'))
print(df.query('airline=="FFT"'))
print(df.query('airline==" DAL "'))
```

这里读取了 airline 分别为 AAL、FFT 和 DAL 的记录，运行如图 7-51 所示。

5. Pandas 数据清洗的应用

本节主要讲述使用 Pandas 来处理数据缺失值、数据重复值和数据异常值。

（1）Pandas 处理数据缺失值。当人们用 Python 进行数据处理时会遇到很多缺失值，一般用 None 或 NaN 来表示。缺失值一般是由于人们所处理的数据本身的特性、当初录入的失误或者其他原因导致的，比如读入数据的空值、做 0/0 等计算时这些数据都被处理成缺失值。对于缺失值我们的处理是直接删除或者进行填补。

在处理数据缺失值时，一般先使用函数 isnull() 来检测，接着使用函数 fillna() 来进行填充，或直接用函数 dropna() 来丢失缺失值。

```
                         time airline  responsetime sourcetype
0      2014-06-23 00:00:00Z     AAL      132.2046  farequote
22     2014-06-23 00:00:59Z     AAL      136.2361  farequote
37     2014-06-23 00:02:32Z     AAL      104.9828  farequote
50     2014-06-23 00:04:03Z     AAL      103.3344  farequote
65     2014-06-23 00:05:28Z     AAL      108.0178  farequote
...                     ...     ...           ...        ...
86242  2014-06-27 23:57:06Z     AAL      132.5779  farequote
86253  2014-06-27 23:57:47Z     AAL      121.0821  farequote
86255  2014-06-27 23:58:06Z     AAL       81.9181  farequote
86264  2014-06-27 23:58:59Z     AAL      132.2607  farequote
86265  2014-06-27 23:59:02Z     AAL      121.6967  farequote

[8728 rows x 4 columns]
                         time airline  responsetime sourcetype
7      2014-06-23 00:00:00Z     FFT      181.5529  farequote
26     2014-06-23 00:01:12Z     FFT      221.8693  farequote
41     2014-06-23 00:03:06Z     FFT      221.1585  farequote
63     2014-06-23 00:05:19Z     FFT      201.3483  farequote
94     2014-06-23 00:08:09Z     FFT      198.8344  farequote
...                     ...     ...           ...        ...
86218  2014-06-27 23:54:25Z     FFT      227.1941  farequote
86220  2014-06-27 23:54:27Z     FFT      177.6384  farequote
86228  2014-06-27 23:54:57Z     FFT      216.5173  farequote
86252  2014-06-27 23:57:45Z     FFT      146.7983  farequote
86272  2014-06-27 23:59:54Z     FFT      251.5730  farequote

[5655 rows x 4 columns]
                         time airline  responsetime sourcetype
6      2014-06-23 00:00:00Z     DAL      401.4948  farequote
72     2014-06-23 00:06:08Z     DAL      399.6682  farequote
88     2014-06-23 00:07:27Z     DAL      401.8385  farequote
159    2014-06-23 00:14:47Z     DAL      399.8418  farequote
221    2014-06-23 00:20:28Z     DAL      425.9013  farequote
...                     ...     ...           ...        ...
86101  2014-06-27 23:42:33Z     DAL      421.1999  farequote
86123  2014-06-27 23:44:50Z     DAL      397.2333  farequote
86177  2014-06-27 23:50:18Z     DAL      410.8724  farequote
86251  2014-06-27 23:57:41Z     DAL      404.6105  farequote
86263  2014-06-27 23:58:57Z     DAL      396.1305  farequote

[1726 rows x 4 columns]
```

图 7-51　查看选取的记录值

【例 7-32】在 Series 中使用 isnull() 检测缺失值。

```
import numpy as np
import pandas as pd
data=pd.Series(['car','horse','mouse',np.nan])
data.isnull()
```

运行如图 7-52 所示。

```
>>> import numpy as np
>>> import pandas as pd
>>> data=pd.Series(['car','horse','mouse',np.nan])
>>> data.isnull()
0    False
1    False
2    False
3     True
dtype: bool
>>>
```

图 7-52　使用 isnull() 检测缺失值

【例 7-33】在 DataFrame 中使用 isnull() 检测缺失值。

创建 DataFrame 并显示该数据集，代码如下：

```
import numpy as np
import pandas as pd
data=pd.DataFrame([[3,57,81],[None,None,31]])
data
```

运行如图 7-53 所示。

```
>>> import numpy as np
>>> import pandas as pd
>>> data=pd.DataFrame([[3,57,81],[None,None,31]])
>>> data
     0     1   2
0  3.0  57.0  81
1  NaN   NaN  31
>>>
```

图 7-53 显示数据缺失值

使用 isnull() 来检测缺失值，其中 True 表示缺失数据，运行如图 7-54 所示。

```
>>> print(data.isnull())
       0      1      2
0  False  False  False
1   True   True  False
>>>
```

图 7-54 使用 isnull() 来检测缺失值

【例 7-34】使用 fillna() 填充缺失值。

```
import numpy as np
import pandas as pd
data=pd.DataFrame([[3,57,81],[None,None,31]])
data.fillna(1)
```

使用 1 来填充缺失值，运行如图 7-55 所示。

```
>>> data.fillna(1)
     0     1   2
0  3.0  57.0  81
1  1.0   1.0  31
>>>
```

图 7-55 使用 fillna() 来填充缺失值举例 1

使用前面出现的值来填充后面同列中出现的缺失值，语句为 fill(method='fill')，运行如图 7-56 所示。

```
>>> data.fillna(method='ffill')
     0     1   2
0  3.0  57.0  81
1  3.0  57.0  31
>>>
```

图 7-56 使用 fillna() 来填充缺失值举例 2

还可以使用后面出现的值来填充前面同列中出现的缺失值，语句为 fill(method='backfill')，运行如图 7-57 所示。

```
>>> import numpy as np
>>> import pandas as pd
>>> data=pd.DataFrame([[3,57,81],[None,None,31],[21,67,90]])
>>> data
      0     1   2
0   3.0  57.0  81
1   NaN   NaN  31
2  21.0  67.0  90
>>> data.fillna(method='backfill')
      0     1   2
0   3.0  57.0  81
1  21.0  67.0  31
2  21.0  67.0  90
>>>
```

图 7-57 使用 fillna() 来填充缺失值举例 3

【例 7-35】使用 dropna 丢失缺失值。

首先在 Series 中生成数据集，再使用 dropna() 来删除其中的缺失值，运行如图 7-58 所示。

```
>>> import numpy as np
>>> import pandas as pd
>>> from numpy import nan as NaN
>>> data=pd.Series([12,45,NaN,NaN,89,90])
>>> data
0    12.0
1    45.0
2     NaN
3     NaN
4    89.0
5    90.0
dtype: float64
>>> data.dropna()
0    12.0
1    45.0
4    89.0
5    90.0
dtype: float64
```

图 7-58 使用 dropna() 来丢失缺失值

在 DataFrame 中处理缺失值比较复杂，需要判断是丢弃全部的 NaN 还是部分 NaN。在默认情况下，dropna() 会剔除任何包含缺失值的整行数据，运行如图 7-59 所示。

```
>>> import numpy as np
>>> import pandas as pd
>>> data=pd.DataFrame([[3,57,81],[None,None,31],[21,67,90]])
>>> data
      0     1   2
0   3.0  57.0  81
1   NaN   NaN  31
2  21.0  67.0  90
>>> data.dropna()
      0     1   2
0   3.0  57.0  81
2  21.0  67.0  90
>>>
```

图 7-59 使用 dropna() 来丢失缺失值

在 DataFrame 中只丢弃全为 NaN 的行，可以使用语句 dropna(how='all') 来实现，运行如图 7-60 所示。

```
>>> import numpy as np
>>> import pandas as pd
>>> from numpy import nan as NaN
>>> data=pd.DataFrame([[1,2,3],[None,None,None],[12,13,14],[13,None,89]])
>>> data
      0     1     2
0   1.0   2.0   3.0
1   NaN   NaN   NaN
2  12.0  13.0  14.0
3  13.0   NaN  89.0
>>> data.dropna(how='all')
      0     1     2
0   1.0   2.0   3.0
2  12.0  13.0  14.0
3  13.0   NaN  89.0
>>>
```

图 7-60 使用 dropna(how='all') 来丢失缺失值

（2）Pandas 处理数据重复值。在 Pandas 中可使用语句 duplicated() 来查找重复值，再使用语句 drop_ duplicates() 来清洗重复值。

值得注意的是，对于 drop_duplicates() 方法来说，去除的是重复数据的后者。

【例 7-36】Pandas 查找重复值并删除。

创建数据集并使用语句 duplicated() 来查找其中的重复值，True 表示找到了重复值，然后使用语句 drop_ duplicates() 来直接删除重复值，运行如图 7-61 所示。

```
>>> import numpy as np
>>> import pandas as pd
>>> data=pd.DataFrame({'a':[1]*3+[4]*2,'b':[3,3,2,5,1]})
>>> data
   a  b
0  1  3
1  1  3
2  1  2
3  4  5
4  4  1
>>> data.duplicated()
0    False
1     True
2    False
3    False
4    False
dtype: bool
>>> data.drop_duplicates()
   a  b
0  1  3
2  1  2
3  4  5
4  4  1
```

图 7-61 查找并清除重复值

如果要删除某一列的重复数据，则在 drop_ duplicates() 指定该列即可，如图 7-62 所示。

```
>>> data.drop_duplicates(['b'])
   a  b
0  1  3
2  1  2
3  4  5
4  4  1
>>>
```

图 7-62 删除指定列的重复值

（3）Pandas 处理数据异常值。异常值也指离群值，有两种类型：单变量和多变量。单变量异常值是仅由一个变量中的极值组成的数据点，而多变量异常值是至少两个变量的组合异常分数。例如在做客户分析时，发现客户的年平均收入是 80 万美元。但是，有两个客户的年收入是 4 美元和 420 万美元。这两个客户的年收入明显不同于其他人，那这两个观察结果将被视为异常值，并且是单变量异常值，当我们看到单变量的分布时，可以找到这些异常值。

在 Pandas 中要处理异常值时首先需要把异常值检测出来（通常，异常值的识别可以借助于 3σ 原则或图形法（如箱型图、散点图、正态分布图）和建模法（如线性回归、聚类算法、K 近邻算法）），再对其进行处理。

箱型图技术实际上就是利用数据的分位数识别其中的异常点，该图形属于典型的统计图形，在学术界和工业界都得到了广泛应用。箱型图的形状特征如图 7-63 所示。

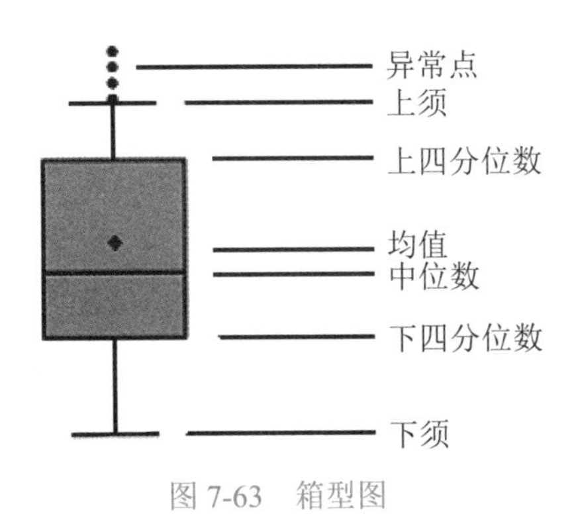

图 7-63 箱型图

箱型图中的下四分位数指的是数据的 25% 分位点所对应的值（Q1），中位数即为数据的 50% 分位点所对应的值（Q2），上四分位数则为数据的 75% 分位点所对应的值（Q3），上须的计算公式为 Q3+1.5(Q3-Q1)，下须的计算公式为 Q1-1.5(Q3-Q1)。其中，Q3-Q1 表示四分位差。如果采用箱型图识别异常值，其判断标准是，当变量的数据值大于箱型图的上须或者小于箱型图的下须时，就可以认为这样的数据点为异常点，如图 7-63 中的多个圆点。

根据箱型图原理可以观察到在图 7-64 中 sciencescore 列和 englishscore 列都存在着异常值（用圆圈表明）。

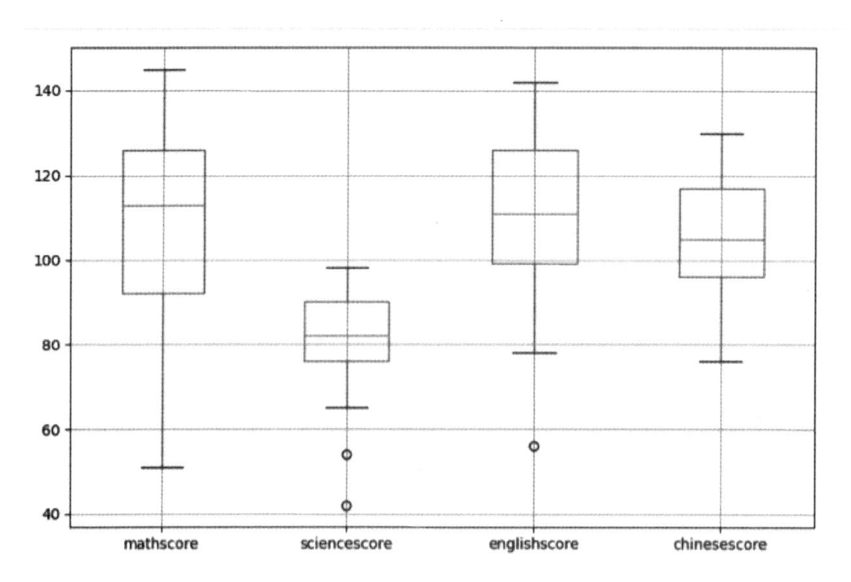

图 7-64　箱型图识别异常值

在使用 3σ 原则来检测异常值时，数据需要服从正态分布。在 3σ 原则下，值如超过 3 倍标准差，那么可以将其视为异常值。正负 3σ 的概率是 99.7%，那么距离平均值 3σ 之外的值出现的概率为 $P(|x-u|>3\sigma)<=0.003$，属于极个别的小概率事件。如果数据不服从正态分布，也可以用远离平均值的多少倍标准差来描述。图 7-65 所示为 3σ 原则检测异常值。在实际应用中用户可利用正态分布知识结合 Python 绘图模块中 pyplot 子模块中的 plot 函数绘制直方图、折线图和散点图，以此来识别异常值。

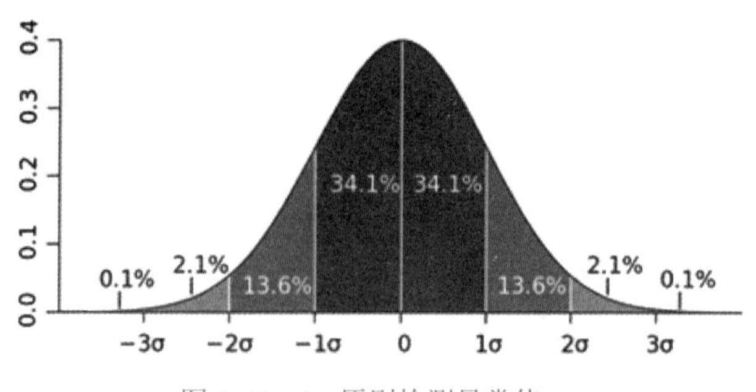

图 7-65　3σ 原则检测异常值

值得注意的是，通过一些检测方法我们可以找到异常值，但所得结果并不是绝对正确的，具体情况还需要自己根据业务的理解加以判断。同样，对于异常值如何处理，是删除、修正还是不处理也需要结合实际情况考虑。

【例 7-37】Pandas 检测异常值并进行替换。

构造数据集：

```
data=pd.DataFrame(np.random.randn(10,4))
```

显示数据特征：

```
data.describe()
```

找出绝对值大于 2 的数据：

```
data[(np.abs(data)>2).any(1)]
```

将这些数据替换为 2：

```
data[(np.abs(data)>2)]=np.sign(data)*2
```

运行如图 7-66 所示。

```
>>> import numpy as np
>>> import pandas as pd
>>> data=pd.DataFrame(np.random.randn(10,4))
>>> data
          0         1         2         3
0  0.693828  0.677566 -0.734439 -0.547037
1 -0.395548  1.858747 -0.675358 -0.533593
2 -0.016984 -0.668252  0.014498  0.875811
3 -0.580417 -0.192853  0.094323 -1.335773
4 -0.854350 -1.993387  0.734661  0.295186
5  0.680064  2.207338 -0.658569  0.426928
6 -0.616367  1.193525  1.177396 -0.797014
7 -0.539705  1.009323 -1.902934  0.682767
8 -0.459481  0.803211  1.111036 -0.661909
9 -0.327897 -0.785890 -0.878283  0.574243
>>> data.describe()
               0          1          2          3
count  10.000000  10.000000  10.000000  10.000000
mean   -0.241686   0.410933  -0.171767  -0.102039
std     0.534700   1.302180   0.982979   0.757912
min    -0.854350  -1.993387  -1.902934  -1.335773
25%    -0.570239  -0.549402  -0.719669  -0.633191
50%    -0.427514   0.740389  -0.322036  -0.119204
75%    -0.094712   1.147474   0.574576   0.537414
max     0.693828   2.207338   1.177396   0.875811
>>> data[(np.abs(data)>2).any(1)]
          0         1         2         3
5  0.680064  2.207338 -0.658569  0.426928
>>> data[(np.abs(data)>2)]=np.sign(data)*2
>>> data
          0         1         2         3
0  0.693828  0.677566 -0.734439 -0.547037
1 -0.395548  1.858747 -0.675358 -0.533593
2 -0.016984 -0.668252  0.014498  0.875811
3 -0.580417 -0.192853  0.094323 -1.335773
4 -0.854350 -1.993387  0.734661  0.295186
5  0.680064  2.000000 -0.658569  0.426928
6 -0.616367  1.193525  1.177396 -0.797014
7 -0.539705  1.009323 -1.902934  0.682767
8 -0.459481  0.803211  1.111036 -0.661909
9 -0.327897 -0.785890 -0.878283  0.574243
>>>
```

图 7-66 异常值检测处理

【例 7-38】Pandas 绘制散点图检测异常值。

构造数据集：

```
s = pd.DataFrame(np.random.randn(1000)+10,columns = ['value'])
```

显示数据前几行：

```
s.head()
```

绘制散点图：

```
plt.scatter(s.index, s.values)
plt.show()
```

运行如图 7-67 所示。

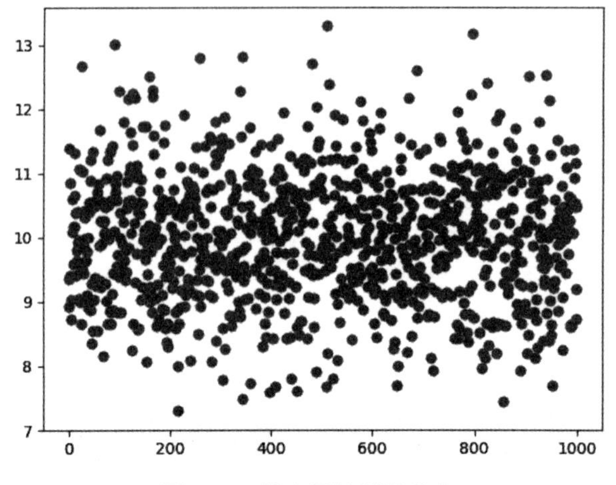

图 7-67 散点图检测异常值

可以观察到图 7-67 中没有明显的异常值。

完整代码如下：

```
import numpy as np
import pandas as pd
import matplotlib.pyplot as plt
s = pd.DataFrame(np.random.randn(100)+10,columns = ['value'])
print(s.head())
plt.scatter(s.index, s.values)
plt.show()
```

【例 7-39】Pandas 绘制直方图检测异常值。

构造数据集：

```
s = pd.DataFrame(np.random.randn(1000)+10,columns = ['value'])
```

显示数据前几行：

```
s.head()
```

绘制直方图：

```
fig = plt.figure(figsize = (10,6))
ax2 = fig.add_subplot(2,1,2)      # 创建子图
s.hist(bins=30,alpha = 0.5,ax = ax2)
s.plot(kind = 'kde', secondary_y=True,ax = ax2)
plt.show()
```

运行如图 7-68 所示，该直方图呈现出非常明显的正态分布特性。

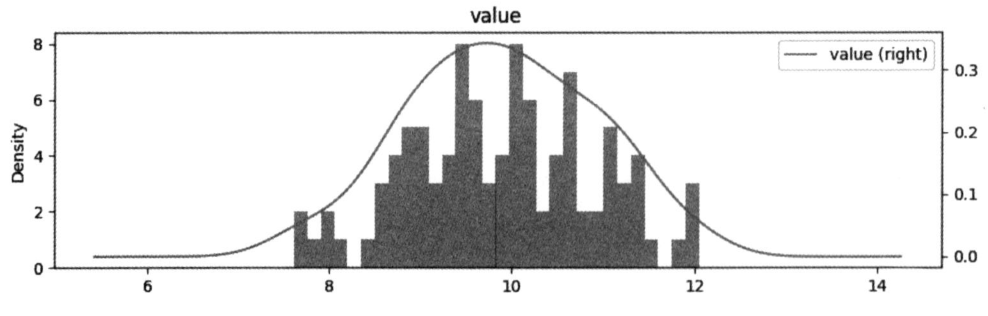

图 7-68 直方图检测异常值

7.3 机器学习中的数据清洗

本章将应用 Python 中的机器学习扩展库来进行数据清洗。

7.3.1 Seaborn 库

Seaborn 库

Seaborn 是基于 Matplotlib 的图形可视化 Python 包。它提供了一种高度交互式界面，便于用户做出各种有吸引力的统计图表。

1. Seaborn 绘图原理

Seaborn 是斯坦福大学开发的一个非常好用的可视化包，也是基于 Matplotlib 的 Python 数据可视化库。与 Matplotlib 相比，Seaborn 提供更高层次的 API 封装，使用起来更加方便快捷。因此，从开发者的角度讲，Seaborn 是 Matplotlib 的扩充。但是值得注意的是，由于 Seaborn 是以 Matplotlib 为基础，因此在使用 Seaborn 前，应先学习 Matplotlib 的相关知识。

在 Python3 中，Seaborn 绘图库或函数常见导入语句如下：

```
import numpy as np
import pandas as pd
import matplotlib.pyplot as plt
import Seaborn as sns
```

语句 from scipy import stats, integrate 表示导入了 scipy 库。scipy 是一款方便、易于使用、专为科学和工程设计的 Python 工具包，它包括统计、优化、整合、线性代数模块、傅立叶变换、信号和图像处理、常微分方程求解器等。

scipy 库由一些特定功能的模块组成，它们全都依赖于 NumPy 库。表 7.10 列出了 scipy 库中常见的模块及含义。

表 7.10 scipy 库中常见的模块及含义

模块名称	含义
scipy.cluster	K-均值
scipy.constants	物理和数学常数
scipy.fftpack	傅立叶变换
scipy.integrate	积分程序
scipy.interpolate	插值
scipy.io	数据输入输出
scipy.linalg	线性代数程序
scipy.signal	信号处理
scipy.sparse	稀疏矩阵
scipy.spatial	空间数据结构和算法
scipy.stats	统计

在 Seaborn 中常用的 scipy 模块主要有 integrate 和 stats，因此在可视化中只需导入这两个模块。scipy.stats 模块的主要功能有产生随机数、求概率密度函数、求累计概率密度

函数、求累计分布函数的逆函数等，scipy.integrate 模块的主要功能有求解多重积分、求解高斯积分、求解常微分方程等。

2. Seaborn 绘图实现数据清洗

Seaborn 可绘制各种图形以进行数据分析和清洗。要实现 Seaborn 可视化，先要了解 Seaborn 中常见的绘图函数。Seaborn 中的常见绘图函数名称及含义如表 7.11 所示，常见图形名称及含义如表 7.12 所示。

表 7.11 Seaborn 中的常见函数名称及含义

函数名称	含义
sns.set()	调用 Seaborn 默认绘图样式
sns.set_style()	调用 Seaborn 中的绘图主题风格
plt.subplot()	同 matplotlib，绘制子图
sinplot()	绘制图形，主要是绘制曲线
sns.despine()	移除坐标轴线
sns.axes_style()	临时设定图形样式
sns.set_context()	设置绘图的上下文参数
sns.color_palette()	设置调色板

表 7.12 Seaborn 中的常见图形名称及含义

图形名称	含义
kdeplot()	密度曲线图
boxplot()	箱型图
jointplot()	联合分布图
heatmap()	热点图
scatter()	散点图
countplot()	特征统计图
violinplot()	小提琴图
pointplot()	点图
lineplot()	线图
relplot()	关系图
lmplot()	回归图
barplot()	条形图
clustermap()	聚类图
stripplot()	分布散点图
distplot()	直方图
pairplot()	成对关系图

（1）密度曲线图：可用于对单变量和双变量进行核密度估计并可视化，通过核密度估计图可以比较直观地看出数据样本本身的分布特征。

（2）小提琴图：这种图表结合了箱型图和密度图的特征，主要用来展示多组数据的分布状态和概率密度。

（3）线图：用于绘制折线图和置信区间。

（4）点图：表示通过散点图点的位置对数值变量的中心趋势的估计，一般用于集中在一个或多个分类变量的不同级别之间的比较，它有时比条形图更有用。

（5）关系图：用于可视化统计量间的关系。

（6）成对关系图：用于进行数据分析时画两两特征图。

【例 7-40】在 Seaborn 中绘制直方图。

```
import numpy as np
import pandas as pd
from scipy import stats, integrate
import matplotlib.pyplot as plt
import seaborn as sns
sns.set(color_codes=True)
np.random.seed(sum(map(ord, "distributions")))
x = np.random.normal(size=100)
sns.distplot(x, kde=True, bins=20, rug=True)
plt.show()
```

在语句 np.random.seed(sum(map(ord, "distributions"))) 中，ord() 函数以一个字符（长度为 1 的字符串）作为参数，返回对应的 ASCII 数值或 Unicode 数值，并利用 np.random.seed() 函数设置相同的 seed，每次生成的随机数相同，如果不设置 seed，则每次会生成不同的随机数。语句 sns.distplot 绘制了直方图，其中参数 kde 控制是否绘制核密度估计曲线，默认为 True；参数 bins 用于确定直方图中显示直方的数量，默认为 None；参数 rug 控制是否绘制对应 rugplot 的部分，默认为 False。运行该例，如图 7-69 所示。

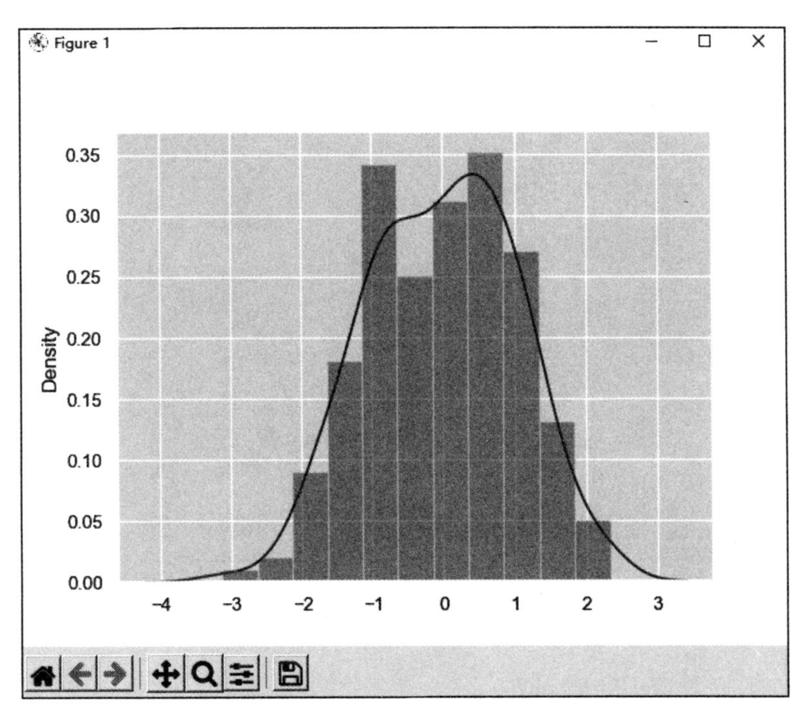

图 7-69 Seaborn 绘制直方图

【例 7-41】在 Seaborn 中绘制核密度估计图，该图主要是估计连续密度分布。

```
import numpy as np
import pandas as pd
from scipy import stats, integrate
import matplotlib.pyplot as plt
import seaborn as sns
sns.set(color_codes=True)
np.random.seed(sum(map(ord, "distributions")))
x = np.random.normal(size=100)
sns.kdeplot(x)
sns.kdeplot(x, bw=1, label="bw: 1")
sns.kdeplot(x, bw=2, label="bw: 2")
plt.show()
```

语句 sns.set(color_codes=True) 设置颜色。

语句 np.random.seed(sum(map(ord, "distributions"))) 中，ord() 函数以一个字符（长度为 1 的字符串）作为参数，返回对应的 ASCII 数值或 Unicode 数值，并利用 np.random.seed() 函数设置相同的 seed，每次生成的随机数相同，如果不设置 seed，则每次会生成不同的随机数。

语句 x = np.random.normal(size=100) 设置正态分布的曲线。

语句 sns.kdeplot(x) 设置图形为核密度图。

语句 sns.kdeplot(x, bw=1, label="bw: 1") 设置正态分布曲线的宽度为 1。

语句 sns.kdeplot(x, bw=2, label="bw: 2") 设置正态分布曲线的宽度为 2。

运行该例，如图 7-70 所示。

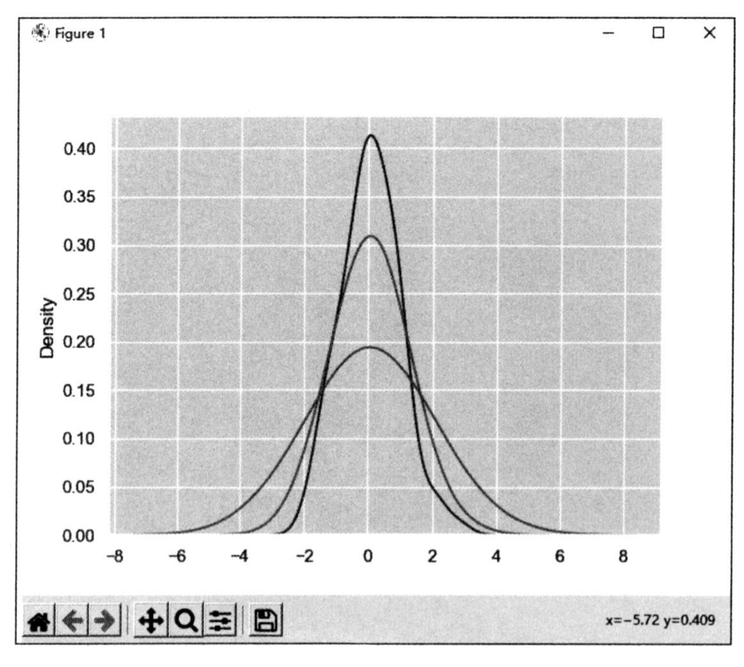

图 7-70 Seaborn 绘制核密度图

7.3.2 对机器学习中的数据集进行分析清洗

普通用户可使用在机器学习中的大量开源数据集进行数据分析清洗。

1. iris 数据集

iris 数据集是常用的分类实验数据集，也称鸢尾花卉数据集，是一类多重变量分析的数据集。数据集包含 150 个数据样本，分为 3 类，每类 50 个数据，每个数据包含 4 个属性。可通过花萼长度、花萼宽度、花瓣长度、花瓣宽度 4 个属性预测鸢尾花卉属于 Setosa、Versicolour、Virginica 三个种类中的哪一类。

2. iris 数据集分析清洗

iris 数据集部分数据如图 7-71 所示。

	A	B	C	D	E	F
1		Sepal.Leng	Sepal.Widt	Petal.Leng	Petal.Widtl	Species
2	1	5.1	3.5	1.4	0.2	setosa
3	2	4.9	3	1.4	0.2	setosa
4	3	4.7	3.2	1.3	0.2	setosa
5	4	4.6	3.1	1.5	0.2	setosa
6	5	5	3.6	1.4	0.2	setosa
7	6	5.4	3.9	1.7	0.4	setosa
8	7	4.6	3.4	1.4	0.3	setosa
9	8	5	3.4	1.5	0.2	setosa
10	9	4.4	2.9	1.4	0.2	setosa
11	10	4.9	3.1	1.5	0.1	setosa
12	11	5.4	3.7	1.5	0.2	setosa
13	12	4.8	3.4	1.6	0.2	setosa
14	13	4.8	3	1.4	0.1	setosa
15	14	4.3	3	1.1	0.1	setosa
16	15	5.8	4	1.2	0.2	setosa
17	16	5.7	4.4	1.5	0.4	setosa
18	17	5.4	3.9	1.3	0.4	setosa
19	18	5.1	3.5	1.4	0.3	setosa
20	19	5.7	3.8	1.7	0.3	setosa
21	20	5.1	3.8	1.5	0.3	setosa
22	21	5.4	3.4	1.7	0.2	setosa
23	22	5.1	3.7	1.5	0.4	setosa
24	23	4.6	3.6	1	0.2	setosa

iris

图 7-71 iris 数据集部分数据

【例 7-42】iris 数据集分析。

（1）导入数据集。

```
df = pd.read_csv("iris.csv")
```

（2）显示前几条数据。

```
print(df.head())
```

（3）查看缺失值。

```
print(df.isnull().sum())
```

（4）查看数据特征。

```
print(df.describe())
```

（5）查看样本数据特征前 10 行。

```
print(df[:10])
```

（6）查看样本属性。

```
print(df.shape)
```

运行结果如图 7-72 所示。

```
================ RESTART: E:/教材案例/python数据分析/鸢尾花数据集 与分析/机器学
习1.py ===============
   Unnamed: 0  Sepal.Length  Sepal.Width  Petal.Length  Petal.Width Species
0           1           5.1          3.5           1.4          0.2  setosa
1           2           4.9          3.0           1.4          0.2  setosa
2           3           4.7          3.2           1.3          0.2  setosa
3           4           4.6          3.1           1.5          0.2  setosa
4           5           5.0          3.6           1.4          0.2  setosa
Unnamed: 0      0
Sepal.Length    0
Sepal.Width     0
Petal.Length    0
Petal.Width     0
Species         0
dtype: int64
       Unnamed: 0  Sepal.Length  Sepal.Width  Petal.Length  Petal.Width
count  150.000000    150.000000   150.000000    150.000000   150.000000
mean    75.500000      5.843333     3.057333      3.758000     1.199333
std     43.445368      0.828066     0.435866      1.765298     0.762238
min      1.000000      4.300000     2.000000      1.000000     0.100000
25%     38.250000      5.100000     2.800000      1.600000     0.300000
50%     75.500000      5.800000     3.000000      4.350000     1.300000
75%    112.750000      6.400000     3.300000      5.100000     1.800000
max    150.000000      7.900000     4.400000      6.900000     2.500000
   Unnamed: 0  Sepal.Length  Sepal.Width  Petal.Length  Petal.Width Species
0           1           5.1          3.5           1.4          0.2  setosa
1           2           4.9          3.0           1.4          0.2  setosa
2           3           4.7          3.2           1.3          0.2  setosa
3           4           4.6          3.1           1.5          0.2  setosa
4           5           5.0          3.6           1.4          0.2  setosa
5           6           5.4          3.9           1.7          0.4  setosa
6           7           4.6          3.4           1.4          0.3  setosa
7           8           5.0          3.4           1.5          0.2  setosa
8           9           4.4          2.9           1.4          0.2  setosa
9          10           4.9          3.1           1.5          0.1  setosa
(150, 6)
>>>
```

图 7-72 iris 数据集分析

分析得知 iris 数据集并没有异常数据和缺失数据。

完整代码如下：

```
import matplotlib.pyplot as plt
import pandas as pd
plt.rcParams['font.sans-serif'] = ['SimHei']        #设置字体
df = pd.read_csv("iris.csv")
print(df.head())
print(df.isnull().sum())
print(df.describe())
print(df[:10])
print(df.shape)
```

7.4 Python 中的时间序列

时间序列是在规律性时间间隔上记录的观测值序列，简单地说就是各时间点上形成的数值序列，在进行数据清洗的时候会用到它。

7.4.1 时间序列基础 datetime

时间序列是在规律性时间间隔上记录的观测值序列，依赖于观测值的频率。典型的时间序列可分为以每小时、每天、每周、每月、每季度和每年为单位记录。

1. datetimc 模块简介

在 Python 中可以使用标准库 datetime 模块来处理日期与时间数据。

【例 7-43】在 Python 中使用 datetime 创建一个日期。

```
from datetime import datetime
a1=datetime(2021,7,5)
a1
```

运行结果如图 7-73 所示。

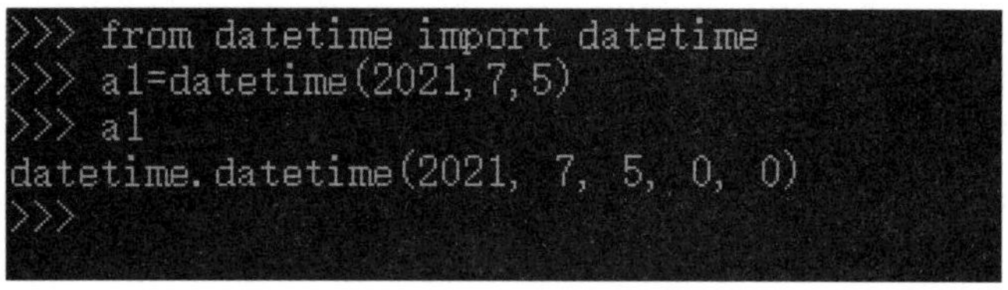

```
>>> from datetime import datetime
>>> a1=datetime(2021,7,5)
>>> a1
datetime.datetime(2021, 7, 5, 0, 0)
>>>
```

图 7-73 使用 datetime 创建一个日期

2. datetime 模块应用

【例 7-44】在 Python 中使用 datetime 输出日期是星期几。

```
from datetime import datetime
a2=datetime(year=2021,month=7,day=5)
a2
a2.strftime('%A')
```

运行结果如图 7-74 所示。

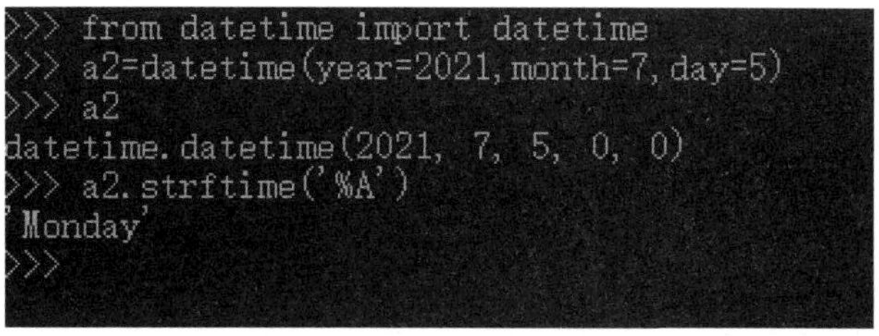

```
>>> from datetime import datetime
>>> a2=datetime(year=2021,month=7,day=5)
>>> a2
datetime.datetime(2021, 7, 5, 0, 0)
>>> a2.strftime('%A')
'Monday'
>>>
```

图 7-74 使用 datetime 输出日期是星期几

【例 7-45】在 Python 中使用 datetime 返回当前时刻、年、月、日和星期几。

```
from datetime import datetime
datetime.now()
datetime.now().year
datetime.now().month
datetime.now().day
datetime.now().weekday()+1
```

运行结果如图 7-75 所示。

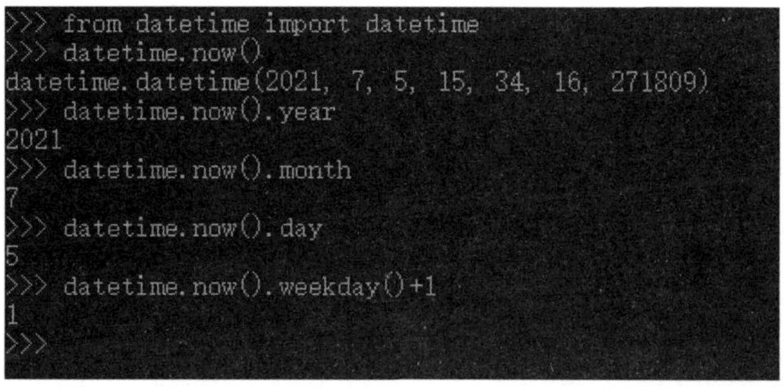

```
>>> from datetime import datetime
>>> datetime.now()
datetime.datetime(2021, 7, 5, 15, 34, 16, 271809)
>>> datetime.now().year
2021
>>> datetime.now().month
7
>>> datetime.now().day
5
>>> datetime.now().weekday()+1
1
>>>
```

图 7-75 使用 datetime 返回当前时刻、年、月、日和星期几

7.4.2 Pandas 中的日期与时间工具

Pandas 所有关于日期与时间的处理方法都是通过 Timestamp 对象实现的，通过一组 Timestamp 对象就可以创建一个作为 Series 或 DateFrame 索引的 DatetimeIndex。

1. Pandas 时间序列简介

Pandas 时间序列创建最为常用的方式有以下两种：

（1）pd.date_range()：创建指定日期范围。

（2）pd.Timestamp()：时间戳对象，从其首字母大写的命名方式可以看出这是 Pandas 中的一个类，实际上相当于 Python 标准库中 datetime 的定位，在创建时间对象时可接受日期字符串、时间戳数值或分别指定年月日时分秒等参数三类，仅能生成单一时间点。

此外，在 Pandas 中从日期格式到字符串格式的转换通常有以下两种方式：

（1）pd.to_datetime：字符串格式转时间格式。

（2）dt.astype(str)：时间提取字符串。

其中 pd.to_datetime 可接受单个或多个日期数值，具体类型包括数值型、字符串、数组或 pd.series 等序列，其中字符串日期格式几乎包含了所有可能的组成形式，例如“年 / 月 / 日”“月 / 日 / 年”和“月 - 日 - 年”等形式，字符串转换成日期也是实际应用中最为常见的需求。反之，对于日期格式转换为相应的字符串形式，Pandas 则提供了时间格式的 dt 属性，类似于 Pandas 为字符串类型提供了 str 属性及相应方法，时间格式的 dt 属性也支持大量丰富的接口。例如 dt.date 可提取日期，dt.time 可提取时间。

2. Pandas 时间序列应用

【例 7-46】在 Python 中使用 datetime 返回 Timestamp 对象。

```
import pandas as pd
a1=pd.to_datetime('20210706')
a1
a1.date()
```

运行结果如图 7-76 所示。

```
>>> import pandas as pd
>>> a1=pd.to_datetime('20210706')
>>> a1
Timestamp('2021-07-06 00:00:00')
>>> a1.date()
datetime.date(2021, 7, 6)
>>>
```

图 7-76 在 Python 中使用 datetime 返回 Timestamp 对象

【例 7-47】在 Python 中获取某天是星期几。

```
import pandas as pd
date=pd.to_datetime('5th of July,2021')
date
date.strftime('%A')
```

运行结果如图 7-77 所示。

```
>>> import pandas as pd
>>> date=pd.to_datetime('5th of July,2021')
>>> date
Timestamp('2021-07-05 00:00:00')
>>> date.strftime('%A')
'Monday'
>>>
```

图 7-77　在 Python 中获取某天是星期几

【例 7-48】在 Python 中通过时间索引来创建 Series 对象。

```
import pandas as pd
index=pd.DatetimeIndex(['2019-07-05','2020-07-06','2021-07-07'])
data=pd.Series([0,1,2],index=index)
data
```

运行结果如图 7-78 所示。

```
>>> import pandas as pd
>>> index=pd.DatetimeIndex(['2019-07-05','2020-07-06','2021-07-07'])
>>> data=pd.Series([0,1,2],index=index)
>>> data
2019-07-05    0
2020-07-06    1
2021-07-07    2
dtype: int64
>>>
```

图 7-78　在 Python 中通过时间索引来创建 Series 对象

【例 7-49】在 Python 中通过 to_datetime 将字符串转换为时间戳。

```
import pandas as pd
pd.to_datetime(pd.Series(['2021-07-08',None]))
```

运行结果如图 7-79 所示。

```
>>> import pandas as pd
>>> pd.to_datetime(pd.Series(['2021-07-08',None]))
0   2021-07-08
1          NaT
dtype: datetime64[ns]
>>>
```

图 7-79　在 Python 中通过 to_datetime 将字符串转换为时间戳

7.5　实训

1. 对 iris 数据集绘制图形显示变量之间的关系。

（1）导入数据集。

```
iris= pd.read_csv("iris.csv")
```

（2）设置绘图格式，使用 Seaborn 实现。

```
f, axes = plt.subplots(2, 2, figsize=(8, 8), sharex=True)
sns.despine(left=True)
```

（3）绘制小提琴图，以展示变量之间的关系。

```
sns.violinplot(x='Species', y='Sepal.Length', data=iris, ax=axes[0, 0])
sns.violinplot(x='Species', y='Sepal.Width', data=iris,  ax=axes[0, 1])
sns.violinplot(x='Species', y='Petal.Length', data=iris,  ax=axes[1, 0])
```

```
sns.violinplot(x='Species', y='Petal.Width', data=iris, ax=axes[1, 1])
plt.show()
```

运行结果如图 7-80 所示。

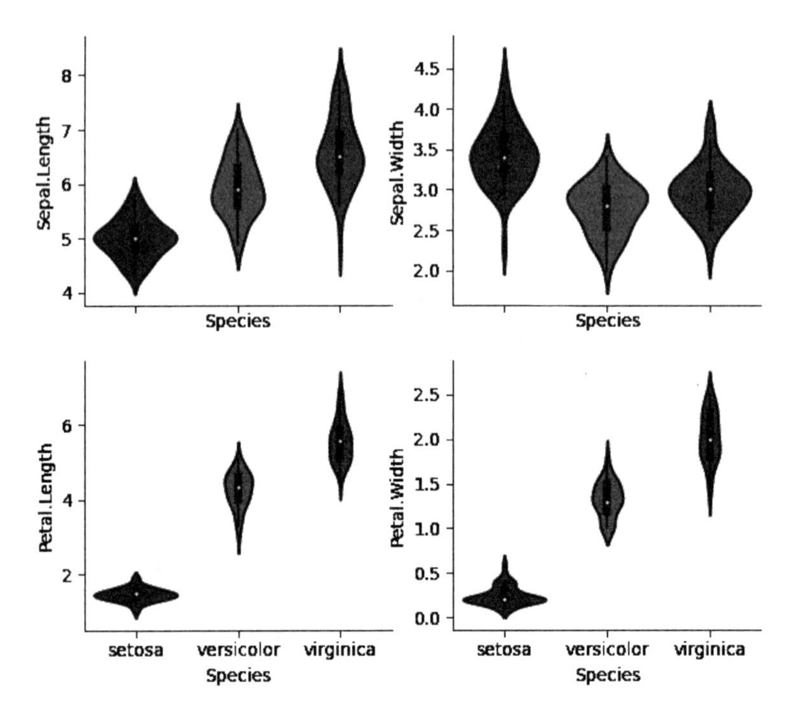

图 7-80 iris 数据集绘制小提琴图

代码如下：

```
import numpy as np
import pandas as pd
import seaborn as sns
import matplotlib.pyplot as plt
iris= pd.read_csv("iris.csv")
f, axes = plt.subplots(2, 2, figsize=(8, 8), sharex=True)
sns.despine(left=True)
sns.violinplot(x='Species', y='Sepal.Length', data=iris, ax=axes[0, 0])
sns.violinplot(x='Species', y='Sepal.Width', data=iris,  ax=axes[0, 1])
sns.violinplot(x='Species', y='Petal.Length', data=iris,  ax=axes[1, 0])
sns.violinplot(x='Species', y='Petal.Width', data=iris, ax=axes[1, 1])
plt.show()
```

（4）绘制点图，观察各特征与品种之间的关系。

```
f, axes = plt.subplots(2, 2, figsize=(8, 8), sharex=True)
sns.despine(left=True)
sns.pointplot(x='Species', y='Sepal.Length', data=iris, ax=axes[0, 0])
sns.pointplot(x='Species', y='Sepal.Width', data=iris,  ax=axes[0, 1])
sns.pointplot(x='Species', y='Petal.Length', data=iris,  ax=axes[1, 0])
sns.pointplot(x='Species', y='Petal.Width', data=iris,  ax=axes[1, 1])
plt.show()
```

运行结果如图 7-81 所示。

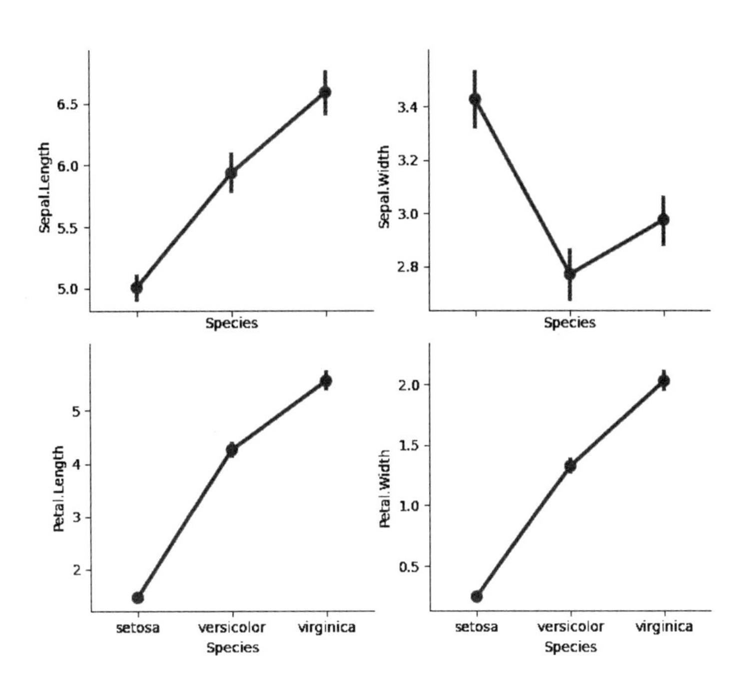

图 7-81 iris 数据集绘制点图

代码如下：

```
import numpy as np
import pandas as pd
import seaborn as sns
import matplotlib.pyplot as plt
iris= pd.read_csv("iris.csv")
f, axes = plt.subplots(2, 2, figsize=(8, 8), sharex=True)
sns.despine(left=True)
sns.pointplot(x='Species', y='Sepal.Length', data=iris, ax=axes[0, 0])
sns.pointplot(x='Species', y='Sepal.Width', data=iris,  ax=axes[0, 1])
sns.pointplot(x='Species', y='Petal.Length', data=iris,  ax=axes[1, 0])
sns.pointplot(x='Species', y='Petal.Width', data=iris,  ax=axes[1, 1])
plt.show()
```

（5）生成各特征之间关系的矩阵图。

```
g = sns.pairplot(data=iris,hue= 'Species')
```

运行结果如图 7-82 所示。

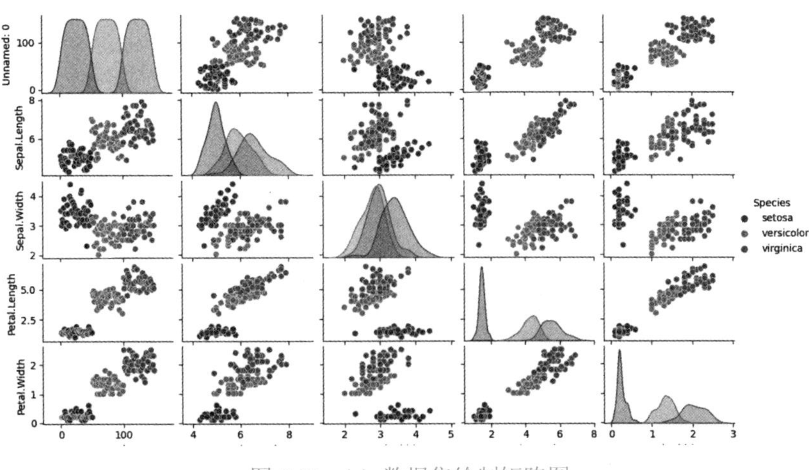

图 7-82 iris 数据集绘制矩阵图

代码如下：

```
import numpy as np
import pandas as pd
import seaborn as sns
import matplotlib.pyplot as plt
iris= pd.read_csv("iris.csv")
f, axes = plt.subplots(2, 2, figsize=(8, 8), sharex=True)
sns.despine(left=True)
g = sns.pairplot(data=iris,hue= 'Species')
plt.show()
```

（6）使用 jointplot 绘制散点图。

```
sns.jointplot(x='Sepal.Length', y='Petal.Length', data=iris)
```

运行结果如图 7-83 所示。

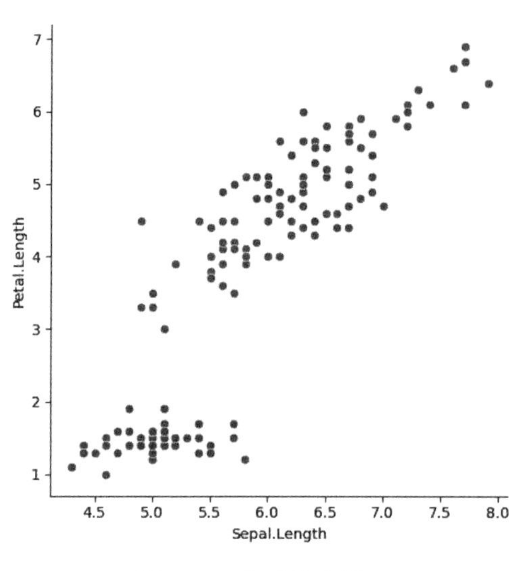

图 7-83　生成散点图

（7）对散点进行线性拟合。

```
sns.jointplot(x='Sepal.Length', y='Petal.Length', data=iris,kind="reg")
```

运行结果如图 7-84 所示。

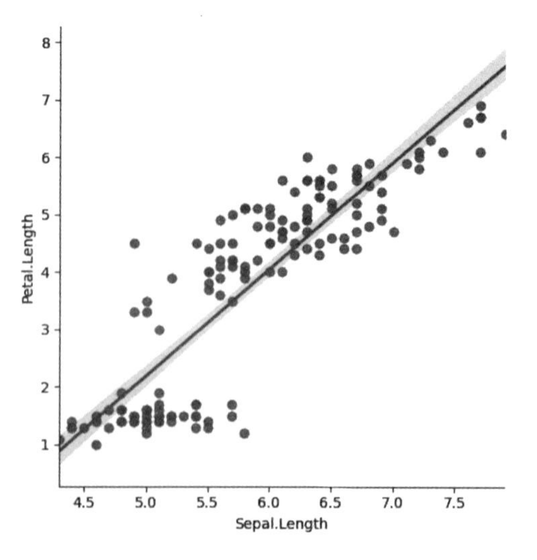

图 7-84　对散点进行线性拟合

2．导入外部文件进行数据分析与清洗。

（1）准备 stu.csv 文件，内容如图 7-85 所示。

	A	B	C	D	E	F
1	编号	姓名	学历	专业	成绩	年龄
2	1	张明	本科	计算机	89	26
3	2	周星星	本科	电子	78	28
4	3	吴嘉行	专科	通信		34
5	4	陈志	博士	机械	89	
6	5	张文涛	研究生	计算机	67	32
7	6	罗东	本科	通信	83	33
8	7	夏仁	专科		182	24
9						
10						

图 7-85　CSV 文件内容

（2）读取该文件，显示数据内容，然后丢弃“学历”和“年龄”列，运行结果如图 7-86 所示。

```
df=pd.read_csv('stu.csv',encoding='gb2312')
print(df)
print(df.drop(['学历','年龄'],axis=1))
```

```
=============
   编号   姓名   学历   专业    成绩   年龄
0   1    张明   本科  计算机   89.0  26.0
1   2   周星星   本科   电子   78.0  28.0
2   3   吴嘉行   专科   通信    NaN  34.0
3   4    陈志   博士   机械  89.0   NaN
4   5   张文涛  研究生   计算机   67.0  32.0
5   6    罗东   本科   通信  83.0  33.0
6   7    夏仁   专科  NaN  182.0  24.0
   编号   姓名   专业    成绩
0   1    张明  计算机   89.0
1   2   周星星   电子   78.0
2   3   吴嘉行   通信    NaN
3   4    陈志   机械  89.0
4   5   张文涛  计算机    67.0
5   6    罗东   通信  83.0
6   7    夏仁  NaN  182.0
```

图 7-86　显示 CSV 文件

（3）用该 CSV 文件中的“姓名”和“成绩”绘制柱状图。

```
plt.rcParams['font.sans-serif'] = ['SimHei']       #设置字体
x=df['姓名']
y=df['成绩']
plt.title('成绩分析')
plt.bar(x,y)      #竖的条形图
plt.show()
```

运行结果如图 7-87 所示。

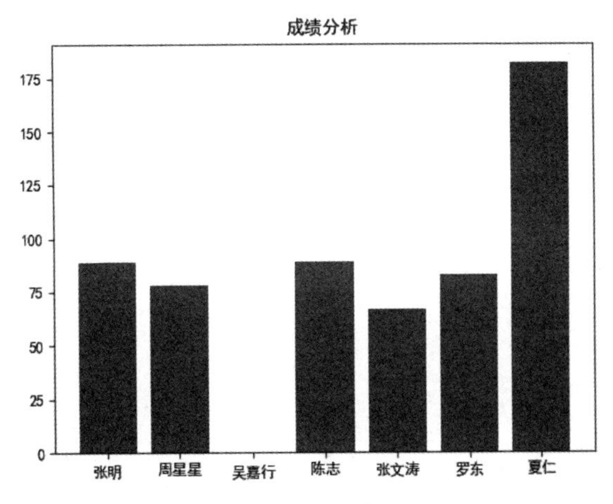

图 7-87　绘制柱状图

完整代码如下：

```
import numpy as np
import pandas as pd
import matplotlib.pyplot as plt
df=pd.read_csv('stu.csv',encoding='gb2312')
print(df)
print(df.drop(['学历','年龄'],axis=1))
plt.rcParams['font.sans-serif'] = ['SimHei']      #设置字体
x=df['姓名']
y=df['成绩']
plt.title('成绩分析')
plt.bar(x,y)      #竖的条形图
plt.show()
```

3．对顾客消费数据集进行清洗和分析。

顾客消费数据集 tips 中的部分数据如图 7-88 所示，字段含义如下：

total_bill：总账单。

tip：小费。

sex：性别。

smoker：是否吸烟。

day：星期几。

time：进餐时间。

size：进餐人数。

	A	B	C	D	E	F	G
1	total_bill	tip	sex	smoker	day	time	size
2	16.99	1.01	Female	No	Sun	Dinner	2
3	10.34	1.66	Male	No	Sun	Dinner	3
4	21.01	3.5	Male	No	Sun	Dinner	3
5	23.68	3.31	Male	No	Sun	Dinner	2
6	24.59	3.61	Female	No	Sun	Dinner	4
7	25.29	4.71	Male	No	Sun	Dinner	4
8	8.77	2	Male	No	Sun	Dinner	2
9	26.88	3.12	Male	No	Sun	Dinner	4
10	15.04	1.96	Male	No	Sun	Dinner	2
11	14.78	3.23	Male	No	Sun	Dinner	2
12	10.27	1.71	Male	No	Sun	Dinner	2
13	35.26	5	Female	No	Sun	Dinner	4
14	15.42	1.57	Male	No	Sun	Dinner	2
15	18.43	3	Male	No	Sun	Dinner	4
16	14.83	3.02	Female	No	Sun	Dinner	2
17	21.58	3.92	Male	No	Sun	Dinner	2
18	10.33	1.67	Female	No	Sun	Dinner	3
19	16.29	3.71	Male	No	Sun	Dinner	3
20	16.97	3.5	Female	No	Sun	Dinner	3
21	20.65	3.35	Male	No	Sat	Dinner	3
22	17.92	4.08	Male	No	Sat	Dinner	2
23	20.29	2.75	Female	No	Sat	Dinner	2
24	15.77	2.23	Female	No	Sat	Dinner	2

tips

图 7-88 数据集中的部分内容

（1）在 Python 中导入该数据集并显示前几行数据：

```
import numpy as np
import pandas as pd
import seaborn as sns
import matplotlib.pyplot as plt
tips= pd.read_csv("tips.csv")
print(tips.head(5))
```

运行结果如图 7-89 所示。

```
================= RESTART: E:/教材案例/python数据分析/顾客消费数据集 与分析/1.py
=================
   total_bill   tip     sex smoker  day    time  size
0       16.99  1.01  Female     No  Sun  Dinner     2
1       10.34  1.66    Male     No  Sun  Dinner     3
2       21.01  3.50    Male     No  Sun  Dinner     3
3       23.68  3.31    Male     No  Sun  Dinner     2
4       24.59  3.61  Female     No  Sun  Dinner     4
>>> |
```

图 7-89　导入并显示前几行数据

（2）绘制总账单的箱型图。

```
import numpy as np
import pandas as pd
import seaborn as sns
import matplotlib.pyplot as plt
tips= pd.read_csv("tips.csv")
sns.boxplot(x=tips["total_bill"])
plt.show()
```

运行结果如图 7-90 所示。

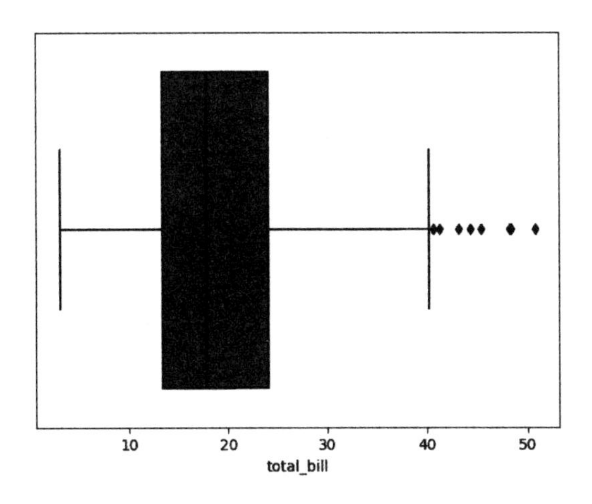

图 7-90　绘制总账单的箱型图

（3）以天为单位绘制总账单的箱型图。

```
sns.boxplot(x="day", y="total_bill", data=tips)
```

运行结果如图 7-91 所示。

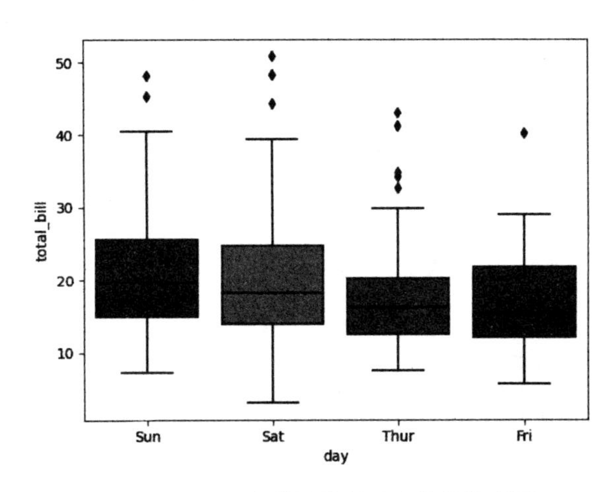

图 7-91　以天为单位绘制总账单的箱型图

（4）绘制总账单的直方图。

```
sns.distplot(tips["total_bill"])
```

运行结果如图 7-92 所示。

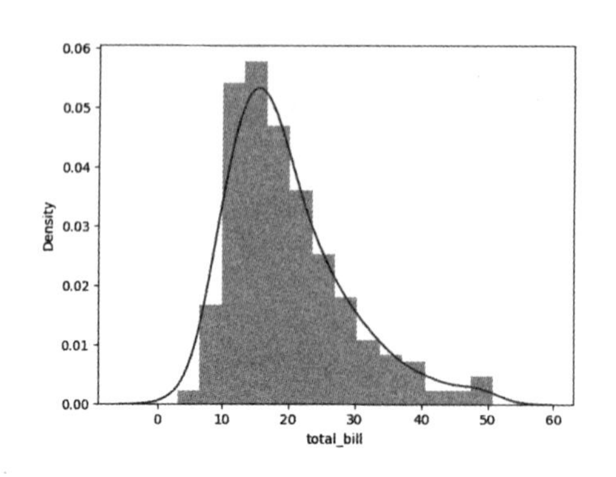

图 7-92 绘制总账单的直方图

（5）绘制总账单的密度图。

```
sns.distplot(tips["total_bill"], rug=True, hist=False)
```

运行结果如图 7-93 所示。

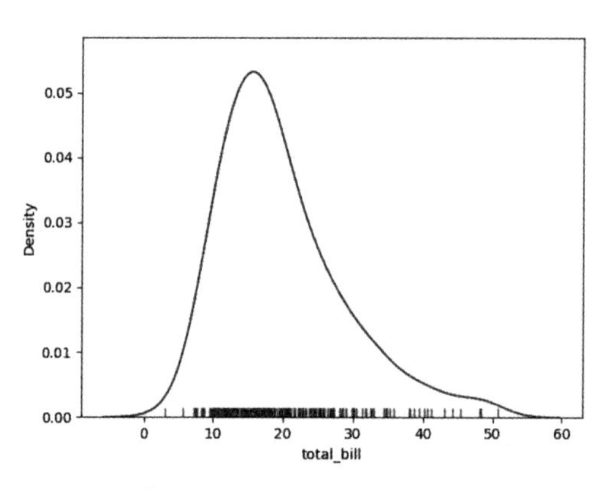

图 7-93 绘制总账单的密度图

（6）绘制进餐人数和小费关系图。

```
sns.regplot(tips["size"],tips["total_bill"])
```

运行结果如图 7-94 所示。

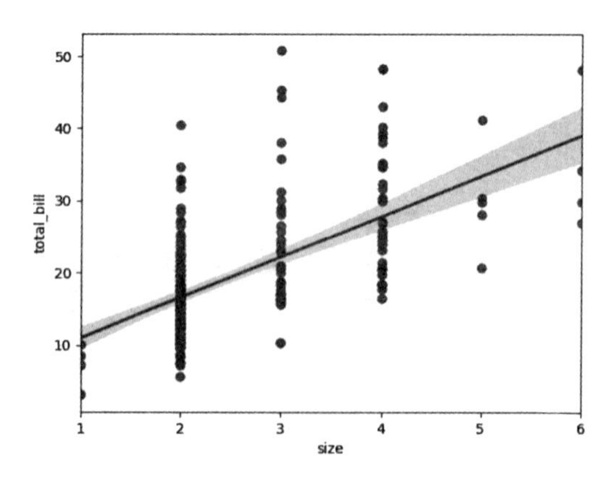

图 7-94 绘制进餐人数和小费关系图

（7）对该关系图进行离散化修正，让数据左右浮动，显得平滑。

```
sns.regplot(tips["size"],tips["total_bill"],x_jitter=.05)
```

运行结果如图 7-95 所示。

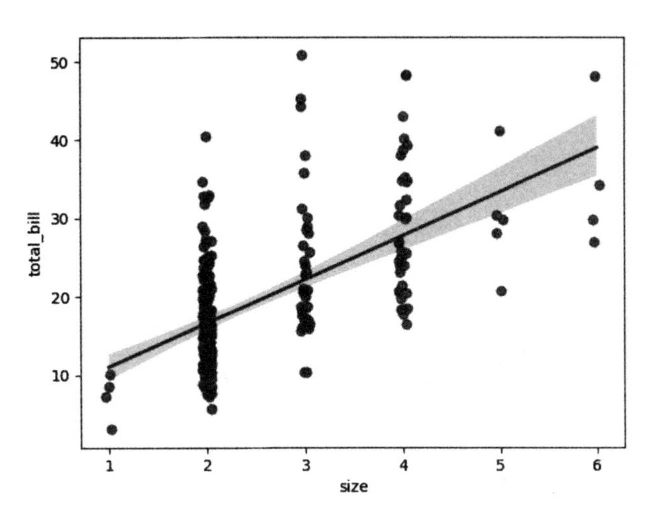

图 7-95 对关系图进行离散化修正

（8）绘制日期和总账单的小提琴图。

```
sns.violinplot(tips["day"],tips["total_bill"])
```

运行结果如图 7-96 所示。

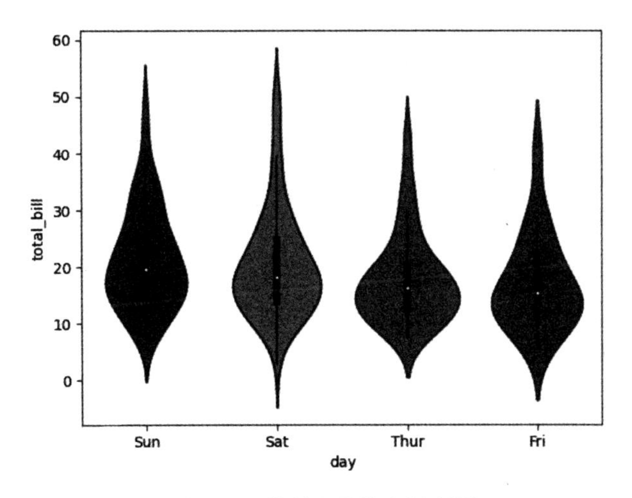

图 7-96 绘制账单的小提琴图

练习 7

1．简述 NumPy 库的特点。
2．简述如何清洗缺失数据。
3．简述如何清洗异常数据。
4．简述如何使用 Pandas 来读取外部文件。
5．简述 Seaborn 的可视化应用。

第 8 章　数据清洗综合实训

本章导读

本章通过综合实训让读者熟练掌握数据清洗的应用。

本章要点

- Kettle 综合实训
- Python 综合实训

8.1　Kettle 输入记录排序

Kettle 输入记录排序

1. 实训目的

本实训要求学生能够应用 Kettle 进行输入记录排序。

2. 实训步骤

（1）准备 file3-12. xls 文件，内容如图 8-1 所示。

	A	B	C
1	姓名	成绩	
2	蔡明	68	
3	张敏	57	
4	刘健	47	
5	王天一	78	
6	徐红	67	
7	洪智	84	
8	周明	61	
9	李凡	70	
10	刘甜	63	
11	张晓晓	89	
12	宗树生	73	
13	张婕	73	
14	夏于洁	94	
15	夏娟	84	
16			

图 8-1　文件内容

（2）成功运行 Kettle 后在菜单栏中选择“文件”→“新建”→“转换”选项，在“输入”中选择“Excel 输入”选项，在“转换”中选择“增加序列”选项，在“转换”中选择“排序记录”选项，在“输出”中选择“文本文件输出”选项，将其一一拖动到右侧工作区中并建立彼此之间的节点连接关系，最终生成的工作如图 8-2 所示。

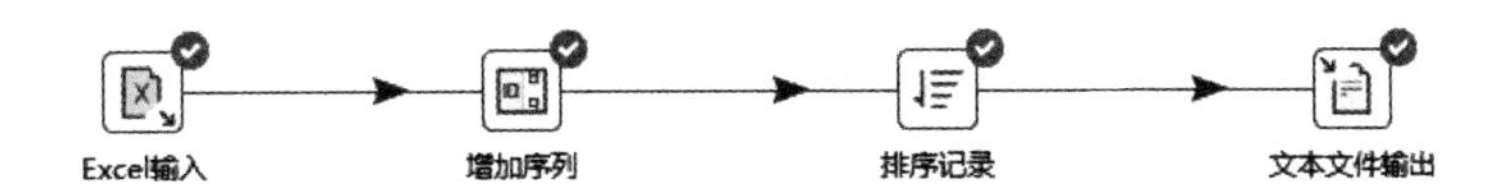

图 8-2　建立流程

（3）双击“Excel 输入”选项，在“文件”选项卡中导入 file3-12.xls，如图 8-3 所示；在“工作表”选项卡中将 file3-12.xls 的 Sheet1 加进去，如图 8-4 所示；在“字段”选项卡中获取 file3-12.Xls 的字段内容，如图 8-5 所示；单击“预览记录”按钮查看生成的记录，如图 8-6 所示。

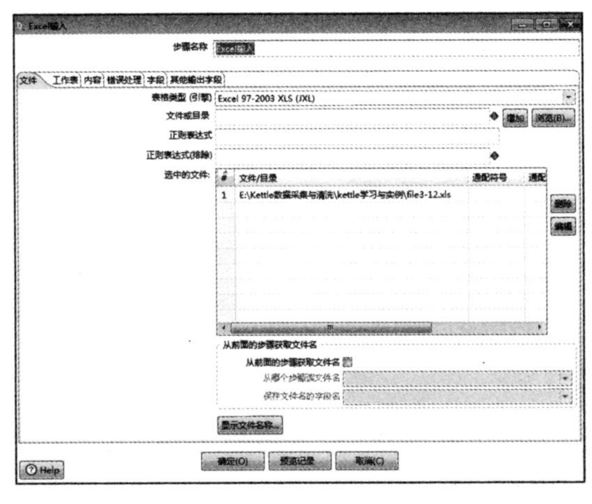

图 8-3　读取文件

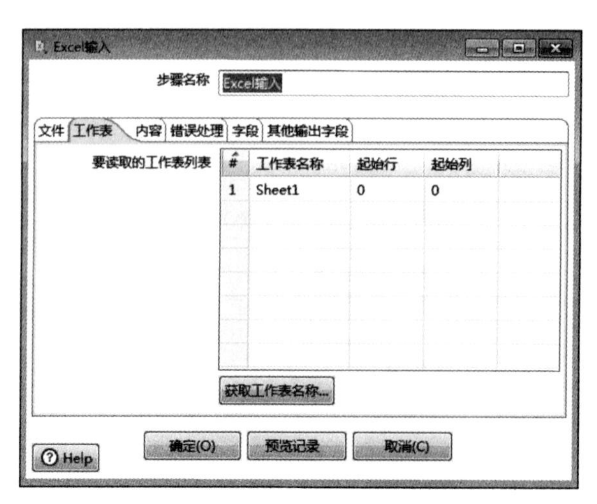

图 8-4 导入工作表

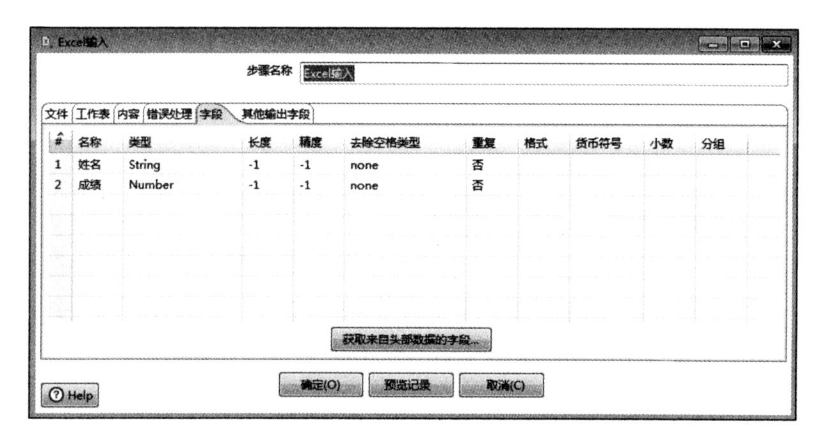

图 8-5 设置字段

图 8-6 预览记录

（4）双击“增加序列”选项，在“值的名称”文本框中输入学号，勾选“使用计数器来计算 sequence”，设置“起始值”和“增长根据”均为 1，如图 8-7 所示。

图 8-7 设置增加序列

（5）双击“排序记录”选项，在“字段”中设置“字段名称”为“成绩”,“升序”为“否”,“大小写敏感”为“否”，如图 8-8 所示。

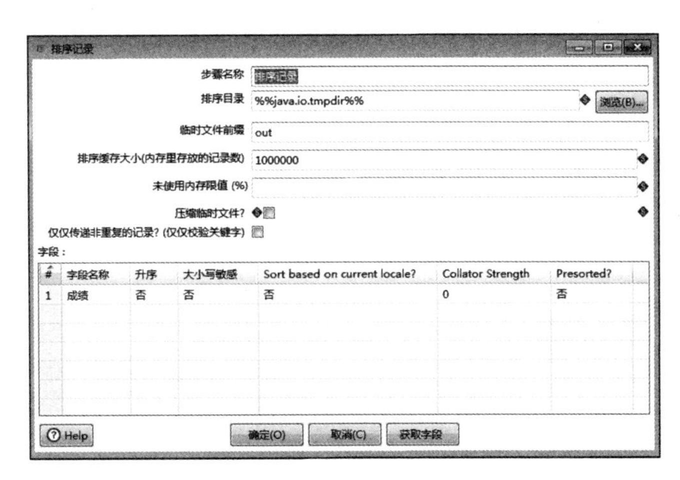

图 8-8 设置排序记录

（6）双击“文本文件输出”选项，在“文件”选项卡中设置“文件名称”为 file8，如图 8-9 所示；在“字段”选项卡中获取字段，如图 8-10 所示。

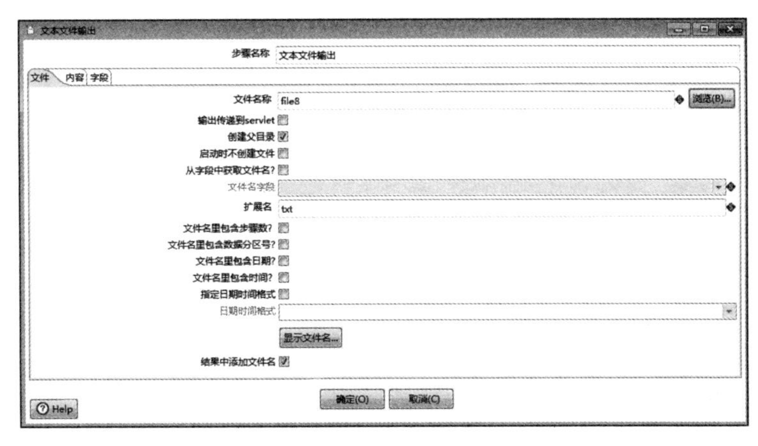

图 8-9 设置排序记录

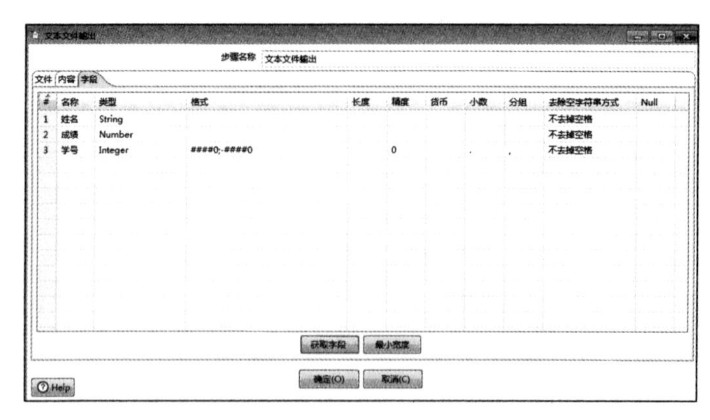

图 8-10 设置排序记录

（7）保存该文件，选择“运行这个转换”选项，在“执行结果”栏中可以查看该次操作的运行结果，Excel 输入、增加序列、排序记录、文本文件输出如图 8-11 至图 8-14 所示。

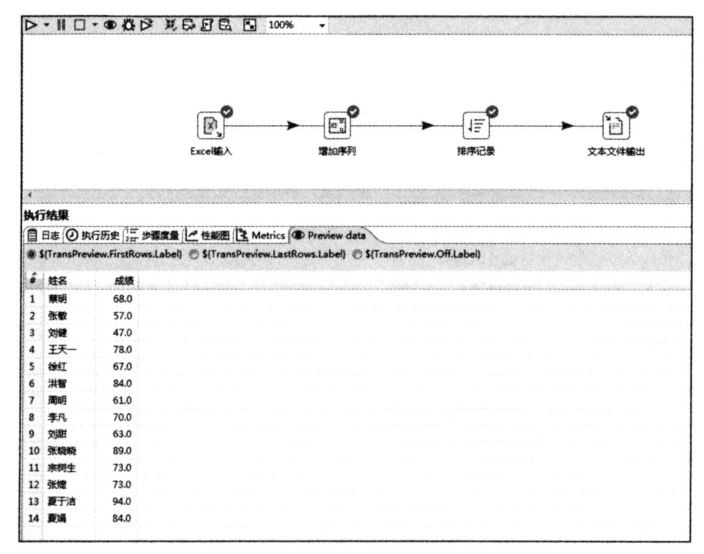

图 8-11 Excel 输入

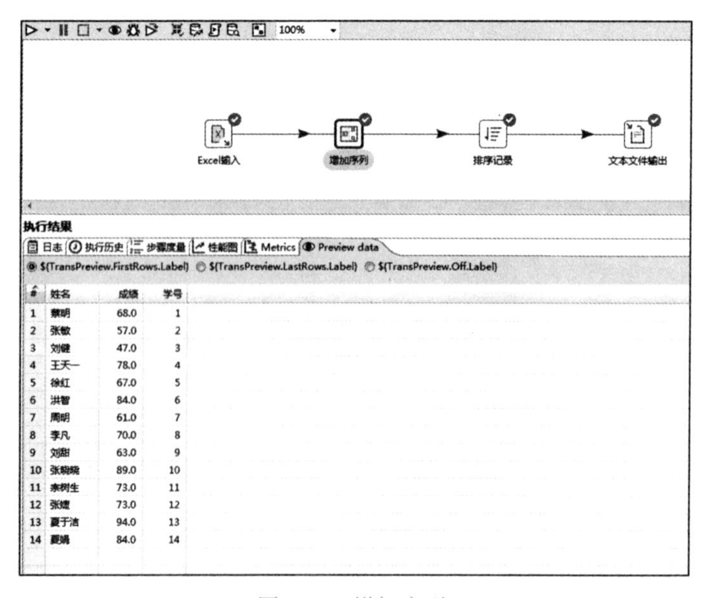

图 8-12 增加序列

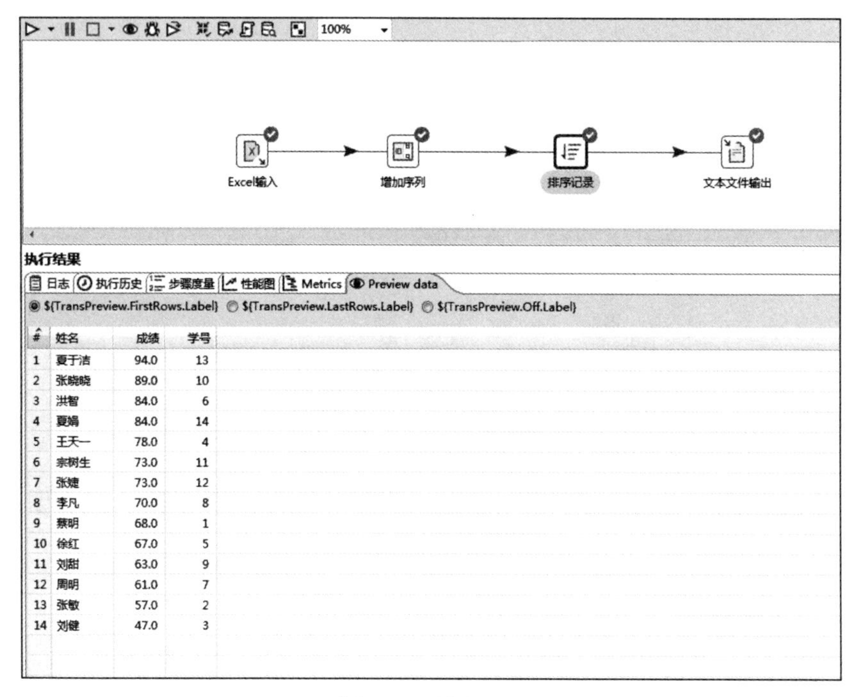

图 8-13　排序记录

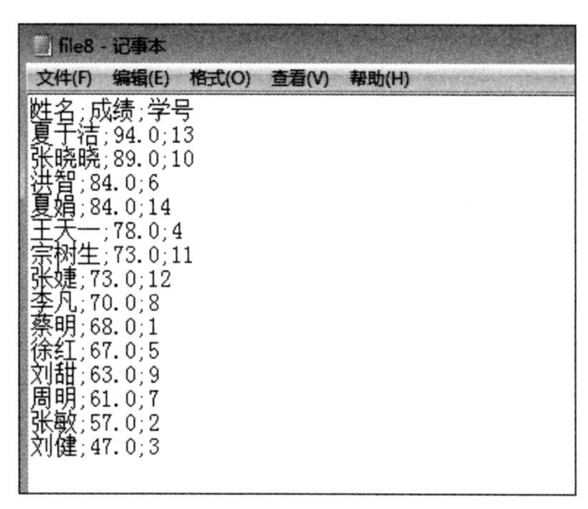

图 8-14　文本文件输出

Kettle 数据流优先级排序

8.2　Kettle 数据流优先级排序

1. 实训目的

本实训要求学生能够应用 Kettle 进行数据流优先级排序。

2. 实训步骤

（1）成功运行 Kettle 后在菜单栏中选择“文件”→“新建”→“转换”选项，在“输入”中选择“自定义常量数据”选项，在“流程”中选择“数据流优先级排序”选项，在“应用”中选择“写日志”选项，将“自定义常量数据”选项拖动三次到右侧工作区中并改名为 source_1、source_2 和 source_3，建立彼此之间的节点连接关系，最终生成的工作如图 8-15 所示。

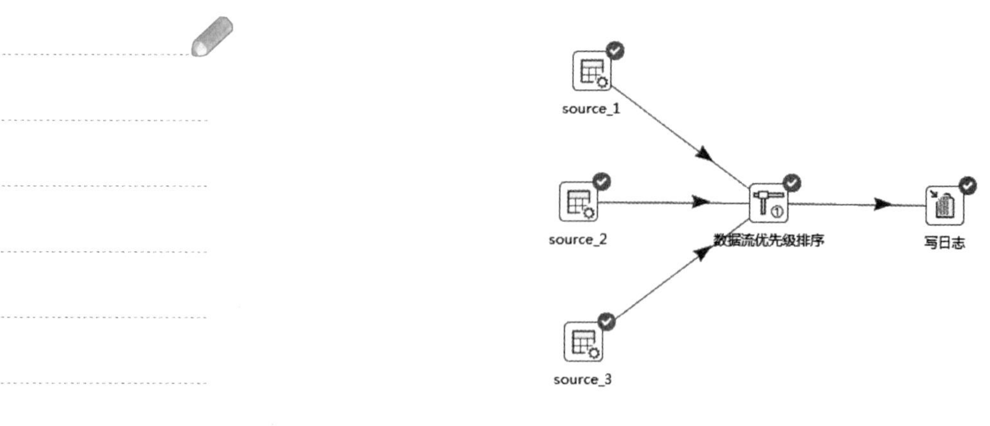

图 8-15 建立流程

（2）双击 source_1，在“元数据”和“数据”选项卡中进行设置，如图 8-16 和图 8-17 所示。

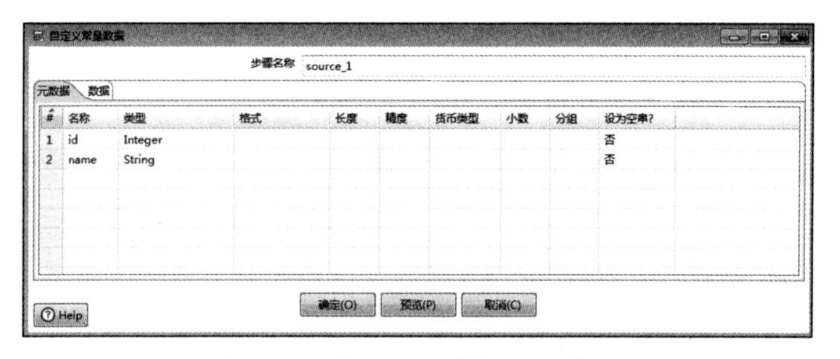

图 8-16 设置“元数据”选项卡

图 8-17 设置“数据”选项卡

（3）双击 source_2，在“元数据”和“数据”选项卡中进行设置，如图 8-18 和图 8-19 所示。

图 8-18 设置“元数据”选项卡

图 8-19　设置“数据”选项卡

（4）双击 source_3，在“元数据”和“数据”选项卡中进行设置，如图 8-20 和图 8-21 所示。

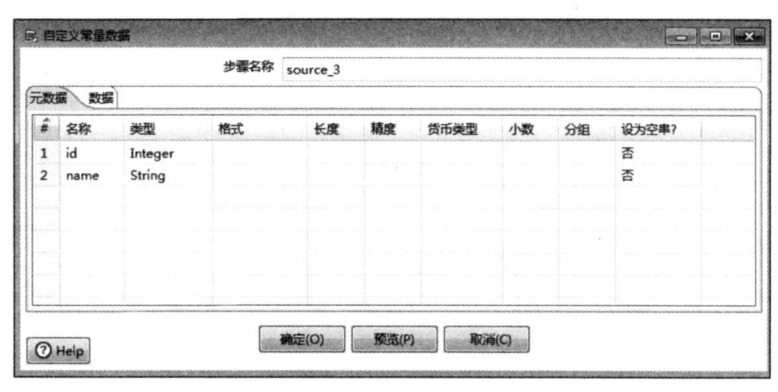

图 8-20　设置“元数据”选项卡

图 8-21　设置“数据”选项卡

（5）双击“数据流优先级排序”选项，将步骤优先级排序设置为 source_2、source_1 和 source_3，如图 8-22 所示。

（6）双击“写日志”选项，在“字段”选项卡中进行设置，如图 8-23 所示。

（7）保存该文件，选择“运行这个转换”选项，在“执行结果”栏中可以查看该次操作的运行结果，可以发现输出中已经按照 id 的优先级进行了排序，如图 8-24 所示。

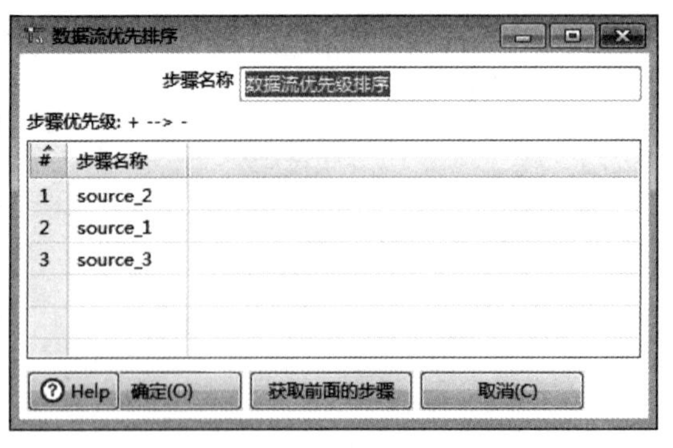

图 8-22 设置数据流优先级排序

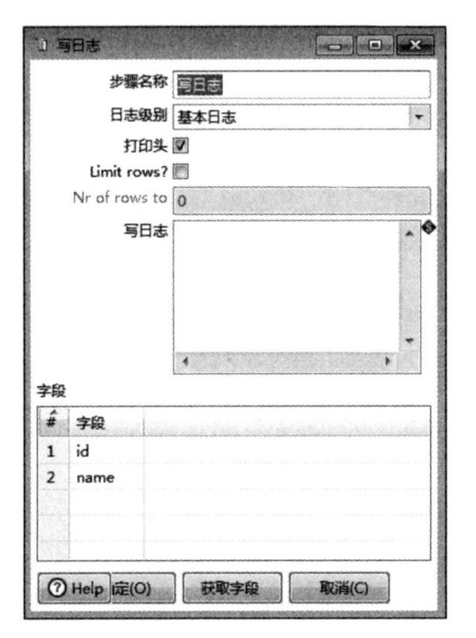

图 8-23 写日志

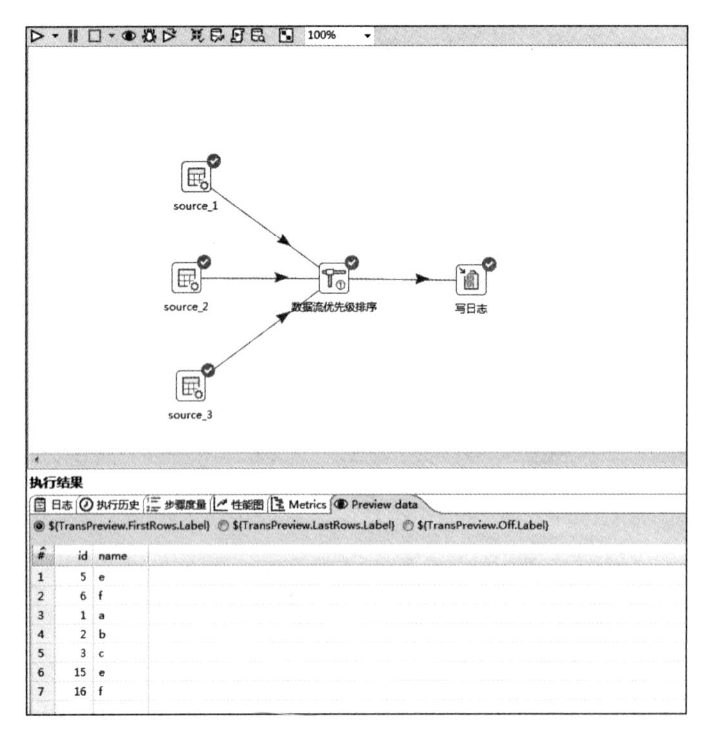

图 8-24 运行结果

8.3　Kettle 生成记录排序

1. 实训目的

本实训要求学生能够应用 Kettle 进行生成记录排序。

2. 实训步骤

（1）成功运行 Kettle 后在菜单栏中选择“文件”→“新建”→“转换”选项，在“输入”中选择“生成记录”选项，在“转换”中选择“排序记录”选项，在“流程”中选择“过滤记录”选项，在“流程”中选择“空操作”选项，将其一一拖动到右侧工作区中（生成记录拖动三次并分别命名为生成记录 1、生成记录 2 和生成记录 3），将“空操作”改名为“优秀”和“良好”，建立彼此之间的节点连接关系，最终生成的工作如图 8-25 所示。

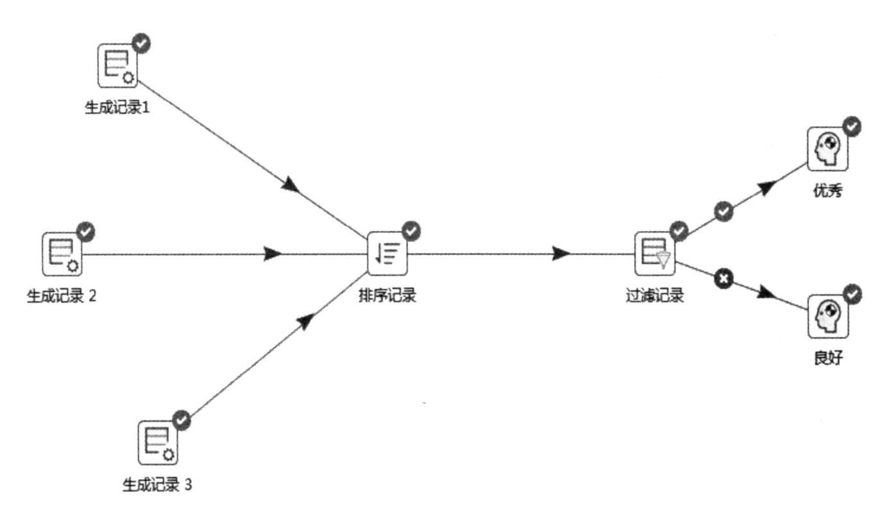

图 8-25　建立流程

（2）双击“生成记录 1”选项，在“字段”中设置“名称”分别为 name 和 score，“值”分别为 huang 和 90，如图 8-26 所示。

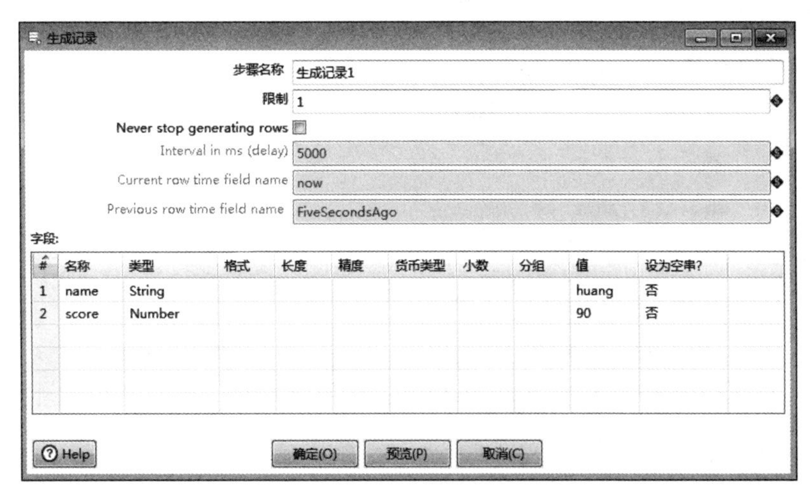

图 8-26　设置生成记录 1

（3）双击“生成记录 2”选项，在“字段”中设置“名称”分别为 name 和 score，“值”分别为 zhang 和 80，如图 8-27 所示。

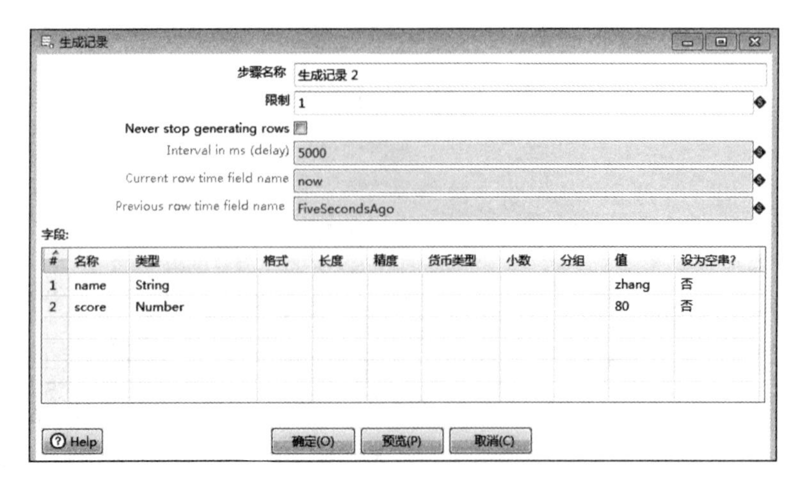

图 8-27　设置生成记录 2

（4）双击“生成记录 3”选项，在“字段”中设置“名称”分别为 name 和 score，“值”分别为 zhao 和 91，如图 8-28 所示。

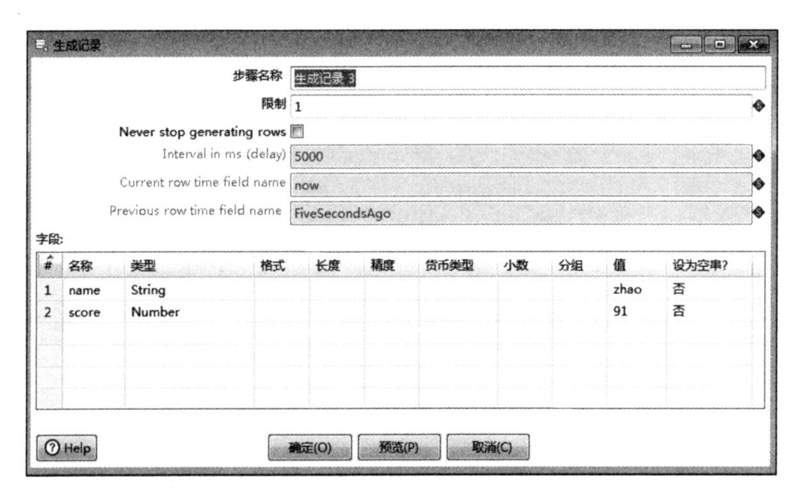

图 8-28　设置生成记录 3

（5）双击“排序记录”选项，设置按照字段 score 来降序排列，如图 8-29 所示。

图 8-29　设置排序记录

（6）双击“过滤记录”选项，在“条件”文本框中输入 score>=90，并在“发送 true 数据给步骤”中设置为“优秀”，在“发送 false 数据给步骤”中设置为“良好”，如图 8-30 所示。

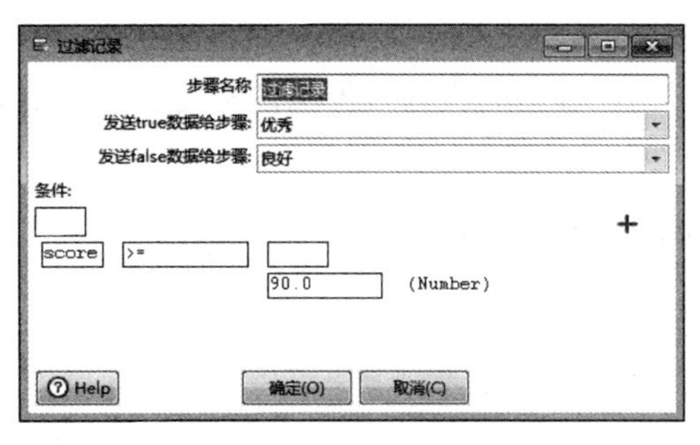

图 8-30 设置过滤记录

（7）保存该文件，选择“运行这个转换”选项，在“执行结果”栏中可以查看该次操作的运行结果，可以发现该结果中已经对数据进行了过滤，如图 8-31 和图 8-32 所示。

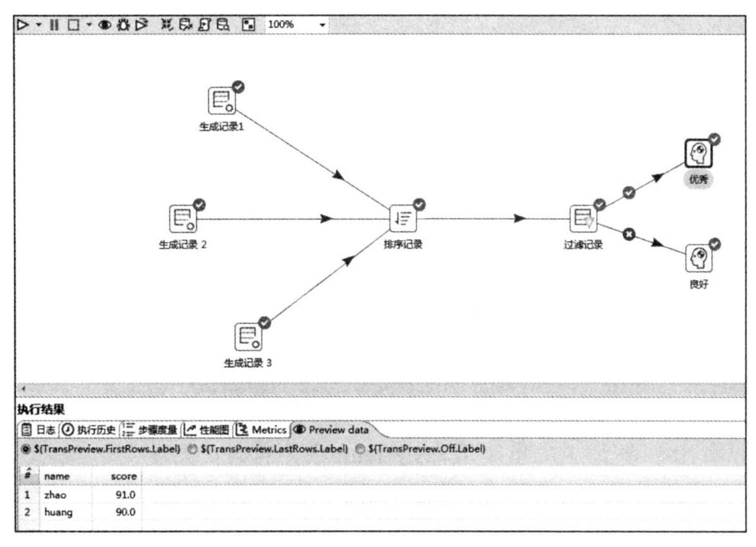

图 8-31 过滤结果

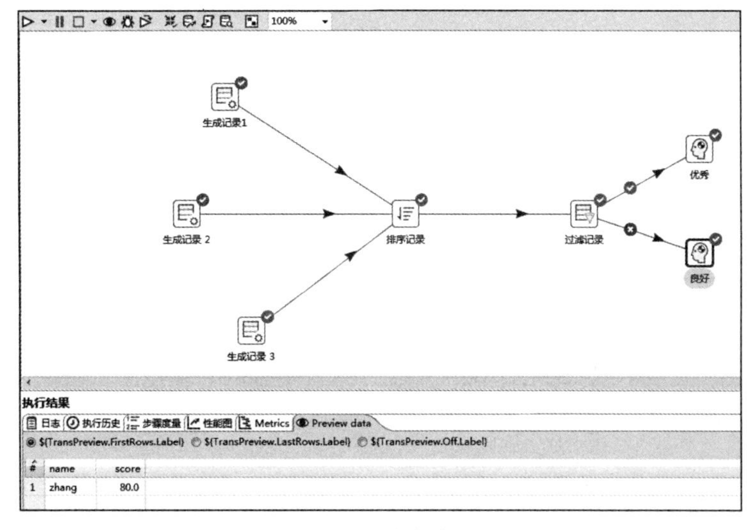

图 8-32 过滤结果

8.4 使用 Python 清洗数据

1. 实训目的

本实训要求学生能够应用 Python 进行数据清洗与转换。

2. 实训步骤

（1）构造数据并查找重复值。

1）构造数据。

```
import pandas as pd
data = pd.DataFrame({'k1': ['one', 'two'] * 3 + ['two'],'k2': [1, 1, 2, 1, 3, 1, 1]})
print(data)
```

运行结果如下：

```
   k1  k2
0  one  1
1  two  1
2  one  2
3  two  1
4  one  3
5  two  1
6  two  1
```

2）查找重复值。

```
print(data.duplicated().value_counts())
```

运行结果如下：

```
False    4
True     3
dtype: int64
```

在这里可以看出存在着 3 个重复值，用 True=3 来描述。

3）删除指定列的重复数据。

```
print(data.drop_duplicates(['k1']))
```

运行结果如下：

```
   k1  k2
0  one  1
1  two  1
```

（2）构造数据并加入新列。

1）构造数据。

```
import pandas as pd
data1 = pd.DataFrame({'food': ['bacon', 'pulled pork', 'bacon', 'Pastrami', 'corned beef', 'Bacon', 'pastrami',
 'honey ham', 'nova lox'], 'ounces': [4, 3, 12, 6, 7.5, 8, 3, 5, 6]})
print(data1)
```

运行结果如下：

```
        food    ounces
0       bacon     4.0
1  pulled pork    3.0
2       bacon    12.0
3    Pastrami     6.0
```

```
4  corned beef  7.5
5       Bacon   8.0
6    pastrami   3.0
7   honey ham   5.0
8    nova lox   6.0
```

2）加入新列并显示。

```
meat_to_animal = {
  'bacon': 'pig',
  'pulled pork': 'pig',
  'pastrami': 'cow',
  'corned beef': 'cow',
  'honey ham': 'pig',
  'nova lox': 'salmon'
}
lowercased = data1['food'].str.lower()
data1['animal'] = lowercased.map(meat_to_animal)
print(data1)
```

运行结果如下：

```
         food  ounces  animal  animal2
0       bacon     4.0     pig      pig
1 pulled pork     3.0     pig      pig
2       bacon    12.0     pig      pig
3    Pastrami     6.0     cow      cow
4 corned beef     7.5     cow      cow
5       Bacon     8.0     pig      pig
6    pastrami     3.0     cow      cow
7   honey ham     5.0     pig      pig
8    nova lox     6.0  salmon   salmon
```

（3）构造数据并替换值。

1）构造数据。

```
import pandas as pd
import numpy as np
data = pd.Series([1., -999., 2., -999., -1000., 3.])
print(data)
```

运行结果如下：

```
0       1.0
1    -999.0
2       2.0
3    -999.0
4   -1000.0
5       3.0
dtype: float64
```

2）将 -999 替换为空值。

```
print(data.replace(-999, np.nan))
```

运行结果如下：

```
0    1.0
1    NaN
2    2.0
3    NaN
```

```
4    -1000.0
5    3.0
dtype: float64
```

3）将 -999 和 -1000 都替换为空值。

```
data.replace([-999, -1000], np.nan)
```

运行结果如下：

```
0    1.0
1    NaN
2    2.0
3    NaN
4    NaN
5    3.0
dtype: float64
```

4）将 -999 和 -1000 都替换为 0。

```
print(data.replace({-999: 0, -1000: 0}))
```

运行结果如下：

```
0    1.0
1    0.0
2    2.0
3    0.0
4    0.0
5    3.0
dtype: float64
```

8.5 Python 读取 CSV 文档

1. 实训目的

本实训要求学生能够应用 Python 进行数据读取与清洗。

2. 实训步骤

实训 1

（1）准备数据集，部分数据如图 8-33 所示。

A1 “我不是单身，只是在等人”

	A	B	C	D	E	F	G
1	“我不是单身，只是在等人”	华语-流行-治愈	介绍：前段时间，认识三年多的好兄弟在朋友圈高调宣布脱单	5551	594252	30	52
2	正巧此处飘雪，不知可否邀卿共白头？	古风-华语-浪漫	介绍：“听闻姑娘心悦风雪”“小生不才，可否邀请雪中共白	1550	135310	35	31
3	新的一年，希望你喜欢的人也喜欢你	华语-流行	介绍：我最喜欢你的地方还是——你喜欢我。认识你之后，我	76560	6659813	100	1544
4	独立摇滚的引航|照亮航行之路的灯塔	华语-摇滚-另类/独立	介绍：“愿中国青年都摆脱冷气，只是向上走，不必听自暴自	13399	924687	85	74
5	『国摇』一百支乐队一百种精神信仰	华语-摇滚	介绍：作为曾经的“非主流”音乐摇滚的发展从来都是艰难的	14万	8622912	284	1295
6	你的青春里有没有属于你的一首歌？	华语-流行-怀旧	介绍：关于青春里的那首歌，唱的是你和谁的回忆呢？那年你	109万	71995680	135	3961
7	耳朵喜欢你 好听到可以单曲循环	华语-欧美-流行	介绍：偶尔去散散步有时候也会看看自己喜欢的书更多的时间	93万	60722212	140	1344
8	『网易云热歌』热评10w+（持续更新）	欧美-日语-华语	介绍：这里收录的是网易云优质热评点赞十万以上的歌有故事	91万	39611380	198	3750
9	你需要一首BGM，来撑起你的内心戏！	华语-欧美-运动	介绍：地铁上、跑步时......戴起耳机，就是你一个人的舞台	48万	29515726	355	2605
10	予你情诗百首，余生你是我的所有	华语-流行-治愈	介绍：Without youHowever beautiful the city isIt is	67万	32973440	100	2428
11	再见大侠：武侠小说泰斗金庸逝世	华语-经典	介绍：武侠小说泰斗金庸先生逝世，享年94岁。金庸先生是当	20万	7866361	70	11500
12	|车载嗨曲 开车靠的是感觉，不是眼睛|	New Age-欧美-华语	介绍：车载嗨曲 开车靠的是感觉，不是眼睛。	34378	2409319	213	79
13	一个天秤座的听歌列表.	华语-流行-欧美	介绍：来尝一尝天秤的甜与苦吧~~~~我就希望你对每个异性都	73619	3016658	815	4554
14	那些喜欢到循环播放的歌	华语-流行-浪漫	介绍：那些喜欢听到循环播放的歌感谢收听	57万	33462958	258	970
15	好 听 到 可 以 单 曲 循 环（中）	华语-流行-浪漫	介绍：你一笑真真是眼颦春山，眉黛秋波笑声叫醒了漫坡的杜	102万	68858800	107	2113
16	左耳莫文蔚 右耳陈奕迅 心里王菲	华语-粤语-怀旧	介绍：听懂的歌一首接一首 发生的故事一个接一个	29965	1558817	87	283
17	一首陈奕迅一首杨千嬅	粤语-流行-华语	介绍：有些人一旦错过就不在，有一种爱情叫陈奕迅和杨千嬅	67879	2947389	158	664
18	古风伤恋|待到红颜消 音杳无归期	华语-古风-伤感	介绍：问君路远何处去 问君音杳何时闻 莫怕鬓白情难分 已	38万	14333646	206	1182
19	朗朗入耳的歌曲|中文DJ版|音魂不散	华语-舞曲-驾车	介绍：精心挑选出来的精品DJ，还等什么戴上你们的耳机来感	15317	1084168	393	42
20	可爱又迷人的反派角色	华语-流行-说唱	介绍：既然你诚心诚意地发问了那我就大发慈悲地告诉你为了	52358	1645502	877	260
21	人世间有百媚千红 唯独你是我情之所钟	放松-华语	介绍：封面来自于《天官赐福》一本很不错的耽美小说，有兴	36265	985822	96	194
22	2018抖音热门BGM，持续更新（抖音2018）	欧美-华语-流行	介绍：2019年度新歌单，欢迎点开我主页进行收藏。都是自己	19万	13567320	445	365
23	华语精选·怎样惊艳一首歌 才够资格10w+	华语-流行-经典	介绍：『持续更新，第一首固定，其余曲序会打乱』1.没有周	12万	8606404	125	606
24	〔杂〕超甜的歌♡	华语-流行-榜单	介绍：持续更新，内有重复歌曲，但歌手不同，多听就当享受	48166	2627471	2245	299
25	谁说翻唱不好听	流行-翻唱-华语	none	20942	1141887	230	97
26	精选|林宥嘉 薛之谦 徐秉龙 毛不易 李荣浩	华语-流行-伤感	介绍：都是自己喜欢的几个歌手 歌也是自己比较喜欢的	11万	4129007	110	412
27	声控福利 那些声音超好听的小哥哥们！	华语	none	62111	2661832	118	515
28	甜甜的情歌说唱耶	华语-说唱-浪漫	介绍：想找一个会唱情歌的rapper做男友	55157	2061607	289	173
29	致回不去的校园，致那美好的曾经	华语-流行-影视原声	介绍：年轮是岁月在树身上留下的痕迹一圈一圈无声诉说着那	21万	13190598	125	1379
30	『曲作精选』细数古风圈原创作曲人❶	华语-古风-学习	介绍：古风圈曲作一人一首代表作作曲是指一首歌曲，或者是	46万	13367186	200	1880
31	Cover理想男友音_那些好听的男生翻唱	华语-流行-翻唱	介绍：恋爱，是件很美好的事，表白是件需要勇气的事！美好	32620	1494029	159	80
32	2018年度最热新歌TOP100	华语-欧美-榜单	介绍：2018年热度最高的100首新歌出炉！歌单综合参考了201	46万	27943704	100	2739
33	拯救坏情绪→为你唱一首明媚的歌	华语-流行-摇滚	介绍：这个夏天 有些地方阳光很多 有些地方雨水很多不管你	23888	2080794	30	234
34	好想变成雪啊 这样就可以落在先生肩上了	华语-古风-流行	介绍：“好想变成雪啊，这样就可以落在先生的肩上了……”	13万	5322851	43	1393
35	中文女生说唱（封面当然是我大Gil G）	华语-说唱-榜单	介绍：女生说唱能听的真的比较少…	33370	1352875	45	170
36	「华语」哭泣使人乞讨，思念使人奔跑	华语-流行-伤感	介绍：-红尘中，能够将一个人轻轻放在心中，寂然相爱，默	66万	55545428	376	2235

图 8-33 部分数据

（2）编写代码如下：

```
import pandas as pd
import matplotlib.pyplot as plt
df = pd.read_csv('music_message_4.csv', header=None)
df['play'] = df[4]
# 数据排序
names = df.sort_values(by='play', ascending=False)[0][:10]
plays = df.sort_values(by='play', ascending=False)['play'][:10]
# 设置显示数据
names = [i for i in names]
names.reverse()
plays = [i for i in plays]
plays.reverse()
data = pd.Series(plays, index=names)
# 设置图片显示属性、字体及大小
plt.rcParams['font.sans-serif'] = ['Microsoft YaHei']
plt.rcParams['font.size'] = 8
plt.rcParams['axes.unicode_minus'] = False
# 设置图片显示属性
fig = plt.figure(figsize=(16, 8), dpi=80)
ax = plt.subplot(1, 1, 1)
ax.patch.set_color('white')
# 设置坐标轴属性
lines = plt.gca()
# 设置坐标轴颜色
lines.spines['right'].set_color('none')
lines.spines['top'].set_color('none')
lines.spines['left'].set_color((64/255, 64/255, 64/255))
lines.spines['bottom'].set_color((64/255, 64/255, 64/255))
# 设置坐标轴刻度
lines.xaxis.set_ticks_position('none')
lines.yaxis.set_ticks_position('none')
# 绘制柱状图，设置柱状图颜色
data.plot.barh(ax=ax, width=0.7, alpha=0.7, color=(136/255, 43/255, 48/255))
# 添加标题，设置字体属性
ax.set_title('网易云音乐华语歌单播放 TOP10', fontsize=18, fontweight='light')
# 添加歌单收藏数量文本
for x, y in enumerate(data.values):
    num = str(int(y / 10000))
    plt.text(y+1800000, x-0.08, '%s' % (num + '万'), ha='center')
# 显示图片
plt.show()
```

运行结果如图 8-34 所示。

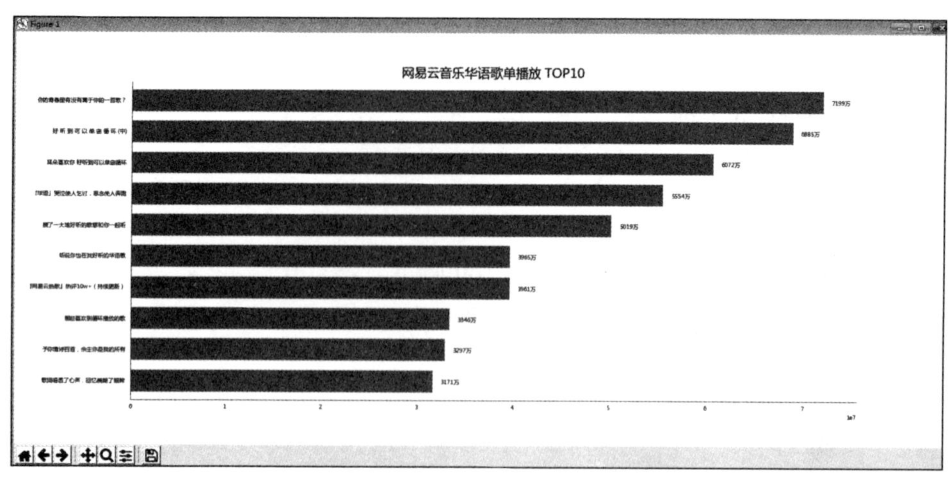

图 8-34 运行结果

实训 2

数据集 Ad_traffic.csv 是关于某产品在不同地区广告投放流量的一部分数据信息，其数据表内容如图 8-35 所示，按要求完成数据清洗。

流量级别	负责人	联系电话	投放地区	访客数	支付转化率	客单价	支付金额
一级	张三	18434813575	A 区	44300	0.1178	58.79	306887.83
一级	李四	13728613059	B 区	30612	0.1385	86.64	367338.10
一级	王五	13384656912	C 区	18389	0.0250	0.28	129.58
一级	赵六	15678459322	D 区	4509	0.1073	64.12	31035.14
一级	王也	13689745211	E 区	3769	0.0573	92.91	20068.20
一级	孙乐	18356485214	F 区	2424	0.2207	89.33	47791.60
一级	钱七	13945621255	G 区	2412	0.0821	56.04	11096.42
二级	张三	18434813575	A 区	29111	0.1066	87.40	271189.23
二级	李四	13728613059	B 区	17165	0.2271	91.22	355662.39
二级	王五	13384656912	C 区	8870	0.0078	44.52	3072.00
三级	张三	18434813575	A 区	45059	0.1366	90.11	554561.22
三级	李四	13728613059	B 区	2133	0.1083	74.48	17204.50
三级	王五	13384656912	C 区	899	0.0990	92.99	8276.50
三级	赵六	15678459322	D 区	31	0.0000		
三级	王也	13689745211	E 区	17	0.0000		

图 8-35 数据表内容

（1）导入相关模块，读取数据集 Ad_traffic.csv，赋值给变量 df，查看数据集的最后五行数据。

```
import pandas as pd
df = pd.read_csv('Ad_traffic.csv',encoding='gbk')
df.tail(5)
```

输出结果为：

	流量级别	负责人	联系电话	投放地区	访客数	支付转化率	客单价	支付金额
10	三级	张三	18434813575	A区	45059	0.1366	90.11	554561.22
11	三级	李四	13728613059	B区	2133	0.1083	74.48	17204.50
12	三级	王五	13384656912	C区	899	0.0990	92.99	8276.50
13	三级	赵六	15678459322	D区	31	0.0000	NaN	NaN
14	三级	王也	13689745211	E区	17	0.0000	NaN	NaN

上述结果表明数据集存在缺失值。

（2）删除数据集中含有缺失值的行的数据。

```
df.dropna(inplace=True)
df.tail()
```

输出结果为：

	流量级别	负责人	联系电话	投放地区	访客数	支付转化率	客单价	支付金额
8	二级	李四	13728613059	B区	17165	0.2271	91.22	355662.39
9	二级	王五	13384656912	C区	8870	0.0078	44.52	3072.00
10	三级	张三	18434813575	A区	45059	0.1366	90.11	554561.22
11	三级	李四	13728613059	B区	2133	0.1083	74.48	17204.50
12	三级	王五	13384656912	C区	899	0.0990	92.99	8276.50

（3）将联系电话中的第 4 位至第 7 位用星号进行替换。

```
df["联系电话"]=df["联系电话"].astype('string').str.slice_replace(3,7,"*"*4)
df["联系电话"].head()
```

输出结果为：

```
0  184****3575
1  137****3059
2  133****6912
3  156****9322
4  136****5211
Name: 联系电话, dtype: string
```

（4）对“流量级别”列的重复数据进行处理。

```
df.drop_duplicates(subset ='流量级别')    #默认为保留第一次出现的重复值
```

输出结果为：

	流量级别	负责人	联系电话	投放地区	访客数	支付转化率	客单价	支付金额
0	一级	张三	184****3575	A区	44300	0.1178	58.79	306887.83
7	二级	张三	184****3575	A区	29111	0.1066	87.40	271189.23
10	三级	张三	184****3575	A区	45059	0.1366	90.11	554561.22

```
df.drop_duplicates(subset ='流量级别',keep = 'last')    # keep = 'last'为保留最后一次出现的重复值
```

输出结果为：

	流量级别	负责人	联系电话	投放地区	访客数	支付转化率	客单价	支付金额
6	一级	钱七	139****1255	G区	2412	0.0821	56.04	11096.42
9	二级	王五	133****6912	C区	8870	0.0078	44.52	3072.00
12	三级	王五	133****6912	C区	899	0.0990	92.99	8276.50

（5）对“支付金额”列的数据进行降序排序。

```
sort_df= df.sort_values('支付金额', ascending = False)
sort_df.head()
```

输出结果为：

	流量级别	负责人	联系电话	投放地区	访客数	支付转化率	客单价	支付金额
10	三级	张三	184****3575	A区	45059	0.1366	90.11	554561.22
1	一级	李四	137****3059	B区	30612	0.1385	86.64	367338.10
8	二级	李四	137****3059	B区	17165	0.2271	91.22	355662.39
0	一级	张三	184****3575	A区	44300	0.1178	58.79	306887.83
7	二级	张三	184****3575	A区	29111	0.1066	87.40	271189.23

（6）对“流量级别”列的数据进行分组，再对分组后的字段进行求和计算。

```
df.groupby('流量级别').sum()
```

输出结果为：

```
            访客数      支付转化率    客单价      支付金额
流量级别
一级        106415      0.7487       448.11      784346.87
三级        48091       0.3439       257.58      580042.22
二级        55146       0.3415       223.14      629923.62
```

分组后，对各级别流量下的访客数和支付金额进行查看：

```
df.groupby('流量级别')['访客数','支付金额'].sum()
```

输出结果为：

```
            访客数      支付金额
流量级别
一级        106415      784346.87
三级        48091       580042.22
二级        55146       629923.62
```

（7）用 cut() 函数对“访客数”列的数据进行分类和打标。

cut() 函数的用法如下：

```
pd.cut(x,bins,right,labels)
```

其中，x 表示要切分的一维数组，可以是列表，也可以是数据框的一列；bins 表示切分的方式，可以自定义传入列表，比如 [a,b,c] 表示按照 a-b 和 b-c 的区间来进行切分，也可以输入数值，比如 bins=5，表示直接指定分成 5 组；right 可以设置为 True 或 False，当为 True 时，表示分组区间是包含右边，不包含左边，False 表示区间含左不含右；labels 表示打标参数，例如将某列数据切分成 3 组，每一组可以设置一个对应的标签，比如 [低 , 中 , 高]。

1）将“访客数”列的数据按 [0,100,1000,10000,1000000] 进行分类：

```
pd.cut(x = df['访客数'],bins =[0,100,1000,10000,1000000])
```

输出结果为：

```
0    (10000, 1000000]
1    (10000, 1000000]
2    (10000, 1000000]
3      (1000, 10000]
4      (1000, 10000]
5      (1000, 10000]
6      (1000, 10000]
7    (10000, 1000000]
8    (10000, 1000000]
9      (1000, 10000]
10   (10000, 1000000]
11     (1000, 10000]
12       (100, 1000]
Name: 访客数, dtype: category
Categories (4, interval[int64]): [(0, 100] < (100, 1000] < (1000, 10000] < (10000, 1000000]]
```

2）将“访客数”列的数据按 [0,100,1000,10000,1000000] 进行分类，并用标签 [' 十级 ', ' 百级 ', ' 千级 ', ' 万级 '] 进行打标：

```
df['分类打标']=pd.cut(x= df['访客数'], bins =[0, 100, 1000, 10000, 1000000],right = False, labels =['十级', '百级', '千级', '万级'])
df[['投放地区','访客数', '分类打标']]
```

输出结果为：

	投放地区	访客数	分类打标
0	A区	44300	万级
1	B区	30612	万级
2	C区	18389	万级
3	D区	4509	千级
4	E区	3769	千级
5	F区	2424	千级
6	G区	2412	千级
7	A区	29111	万级
8	B区	17165	万级
9	C区	8870	千级
10	A区	45059	万级
11	B区	2133	千级
12	C区	899	百级

参考文献

[1] 黄源．大数据技术与应用 [M]．北京：机械工业出版社，2020．
[2] 黄源．大数据分析．[M]．北京：清华大学出版社，2020．
[3] 黄宜华．深入理解大数据．[M]．北京：机械工业出版社，2014．
[4] 邱南森．数据之美 [M]．北京：中国人民大学出版社，2018．
[5] 刘鹏．大数据可视化 [M]．北京：电子工业出版社，2018．
[6] 杨尊琦．大数据导论 [M]．北京：机械工业出版社，2018．
[7] 陈为等．数据可视化的基本原理与方法 [M]．北京：科学出版社，2013．
[8] 黄源．数据清洗 [M]．北京：机械工业出版社，2020．